国家社科基金后期资助项目

藏文识别原理与应用

The Principles and Application of Tibetan Character Recognition

江荻　编著

商务印书馆
The Commercial Press
2012 年·北京

图书在版编目(CIP)数据

藏文识别原理与应用/江荻编著. —北京:商务印书馆,2012
ISBN 978-7-100-08724-7

Ⅰ.①藏… Ⅱ.①江… Ⅲ.①藏语—文字识别—研究 Ⅳ.①TP391.43

中国版本图书馆 CIP 数据核字(2011)第 232378 号

所有权利保留。
未经许可,不得以任何方式使用。

ZÀNGWÉN SHÍBIÉ YUÁNLǏ YǓ YÌNGYÒNG
藏文识别原理与应用
江荻 编著

商 务 印 书 馆 出 版
(北京王府井大街36号 邮政编码100710)
商 务 印 书 馆 发 行
北 京 市 艺 辉 印 刷 厂 印 刷
ISBN 978-7-100-08724-7

2012年6月第1版　　开本 787×1092 1/16
2012年6月北京第1次印刷　印张 16 ½
定价:42.00元

谨以此书纪念伟大的藏文创始人，藏族文化的先行者
土弥·桑布扎(thu mi sambhotta)
To the memory of the great creator of Tibetan writing system
and the forerunner of Tibetan cultures
ཐུ་མི་སམ་བྷོ་ཊ,617—700, A.D.

国家社科基金后期资助项目
出版说明

　　后期资助项目是国家社科基金设立的一类重要项目,旨在鼓励广大社科研究者潜心治学,扶持基础研究的优秀成果。它是经过严格评审,从接近完成的科研成果中遴选立项的。为扩大后期资助项目的影响,更好地推动学术发展,促进成果转化,全国哲学社会科学规划办公室按照"统一标识、统一版式、符合主题、封面各异"的总体要求,组织出版国家社科基金后期资助项目成果。

全国哲学社会科学规划办公室

项目主编：
江荻

编　委：
周学文　龙从军
康才畯　严海林

目 录

序一/倪光南	1
序二/丁晓青	3
前言	4

第一章 绪 论 1
1.1 藏文识别研究的背景 1
1.2 藏文识别研究的技术基础 3
1.3 藏文识别的应用领域 6
1.4 藏文识别研究的现状 7

第二章 藏文的特征 10
2.1 藏文字符的类属特征 10
2.2 藏文字符的字形特征 14
2.3 藏文的结构特征 18
2.4 藏文的其他相关特征 29

第三章 藏文的编码和字体 43
3.1 藏文编码发展简史 43
3.2 藏文编码 50
3.3 藏文字体及其特征 57

第四章 OCR 的理论和方法 61
4.1 OCR 的历史和现状 61
4.2 模式识别和 OCR 64
4.3 文字识别的流程 66
4.4 文字识别的一般原理和方法 67
4.5 OCR 系统的其他关键技术 85
4.6 OCR 系统现状及前景 86

第五章 中、英、藏文 OCR 的实现 90
5.1 OCR 系统分类 90

5.2 汉字 OCR 的实现 …… 91
5.3 中英文混排 OCR 的实现 …… 109
5.4 藏文 OCR 的实现 …… 114

第六章 藏文识别预处理 …… 117
6.1 藏文预处理概述 …… 117
6.2 图像去噪处理 …… 118
6.3 二值化 …… 122
6.4 倾斜校正 …… 124
6.5 字符切分 …… 130
6.6 归一化 …… 133

第七章 藏文印刷体识别 …… 137
7.1 藏文字符及文本特点 …… 137
7.2 藏文基本字符的投影识别算法 …… 137
7.3 基于藏文字特征提取的识别算法 …… 141
7.4 基于藏文笔段提取的识别算法 …… 145
7.5 基于藏文构件的识别算法 …… 152
7.6 基于藏文基本字符和字符块的藏文识别算法 …… 158

第八章 藏文识别后处理 …… 164
8.1 藏文识别后处理概述 …… 164
8.2 相似字丁的识别 …… 166
8.3 隐马尔可夫模型的识别后处理方法 …… 171
8.4 藏文 N-gram 统计语言模型 …… 177
8.5 基于规则的藏文识别后处理方法 …… 183

附录 1　多字体印刷藏文的识别 …… 189
附录 2　藏文识别系统介绍 …… 215
附录 3　藏文国际标准编码 …… 232
附录 4　藏文字体字母对照表(1) …… 238
　　　　藏文字体字母对照表(2) …… 240

参考文献 …… 243
后记 …… 251

序　　一

　　文字识别是模式识别的一个分支,也是计算机视觉智能的重要应用。文字识别是计算机通过光学影像自动识别印刷在纸面上的文字,实现大量文字信息的高速输入,在信息处理中可广泛地应用。

　　在中国,文字识别不仅需要识别汉字,还需要识别各种少数民族语言文字,由于这些语言文字各有特点,解决它们的识别问题除了需要应用一般的识别技术外,还需要针对它们的特点,发展许多专门技术,才能达到高效、高精度的识别效果。这样,民族文字识别技术就成为中国中文信息处理领域中的一门独立性很强的技术之范。

　　人们曾经担心汉字难以进入计算机会成为中国信息化的"瓶颈",但今天,汉字进入计算机已不是难题,各种键盘输入、语音识别输入、文字识别输入的技术和方法呈现百花齐放、百家争艳的可喜局面。就本书主题的文字识别而言,印刷体汉字识别、手写体汉字识别、联机手写汉字输入都已不同程度地逐步走向高效和精确,应用面已扩展至国民经济和人们生活的各个领域。在汉字识别技术的带动下,近十余年来,我国少数民族文字识别技术同样取得了蓬勃的发展,各有关单位吸收汉字处理先进理念和技术方法,开发出藏语、维语、蒙古语等印刷字体的识别技术和产品,把少数民族语言文字识别理论和技术推到一个新的高度,做出了许多重要创新。

　　此处我想强调几个技术侧面。首先,这本书讨论的藏文印刷字体识别跟汉字相似,属于大字符集识别系统,仅在字符的数量上就较之西方字母小字符集识别艰难得多。据近年发布的国家标准,按照预组合形成的藏文字符超过了7200多个;其次,藏文识别同样存在复杂的内包结构识别和多层次叠置结构识别等高难现象,有些转写梵文的藏文字符甚至达到5层之多;再次,藏文相似字符数量不小,也是需要采用高精度处理的对象,增加了处理的复杂性。如果与汉字识别相比,藏文自身结构特点也要求识别技术有更多创新。例如,藏文字符不等高,不仅单字符字母不等高,大量组合型字符叠置层数不同高度也不同;藏文文本包含大量非字母型字符,形成字符不等宽现象，例如出现频率最高的音节字之间的分音点和表示停顿的单垂符（标点符号）宽度仅为某些字符的 1/3 或 1/4。从技术的观点看，开展藏文识别丰富了中文信息处理领域的文字识别理论，开拓了文字识别技术新领域。这里要特别感谢从事这一领域攻关的科学家，正是他们多年如一日的辛勤工作，克服了重重困难，取得了可圈可点的创新成果，为中文信息处理做出了重要贡献。

我很高兴为江荻博士等人的这部新著写序。在当前 21 世纪，中国作为复苏的和崛起的大国，我国科技工作者肩负着光荣而艰巨的历史使命。如果我们的视野能跨越文化的藩篱，善于整合不同文化的知识资源，可以做出很有价值的创新，本书就是一个很好的范例。应当指出，中国是一个多民族和多元文化的国家，我国的语言文字丰富多彩，不仅有"蒙、藏、维"还有"朝、彝、傣"等 100 余种语言和 30 余种传统文字，包括各民族语言文字在内的中文信息处理领域还有许多问题有待于我们去探索和解决。

综上所述，本书全面深入地论述了藏文文字识别，既能紧密地联系实践又能提升到理论高度，是一部优秀的民族文字信息处理著作。我衷心希望，今后有更多像本书这样的著作面世，使中国各民族文字信息处理技术共同走向成熟，基于这些自主技术，中国各民族将共同实现可靠、低成本的信息化之路。

中国工程院院士
中国中文信息学会理事长
倪光南　教授
2011 年 3 月 10 日

序 二

我国是统一的多民族国家,各民族优秀文化是中华民族灿烂文化的重要组成部分。胡锦涛总书记在 2005 年的中央民族工作会议上明确指出:"支持少数民族优秀文化的传承、发展和创新。"推动我国多种民族文字信息化的发展,关系到中华民族文化的发展,对于维护国家民族团结、和谐发展有重要的意义。

藏族是我国主要少数民族之一,藏文化有悠久灿烂的历史,保留有大量历史记载的藏文典籍,是中华文明极其珍贵的文化宝藏。为了保护和弘扬藏族历史文化,非常需要将其数字化和信息化,藏文文字识别是解决藏文信息化的计算机输入"瓶颈"问题的重要和有效手段,因此藏文识别问题受到各方人士的极大关注。

非常高兴地看到江荻博士、周学文工程师等完成的专著《藏文识别原理与应用》即将出版,我被邀为此书写序,感到十分荣幸。《藏文识别原理与应用》一书是作者在长期深入的研究基础上完成的,其中包括了对藏文文字特点的深入分析,对文字识别的理论和方法的详细介绍,对藏文识别预处理、印刷体藏文识别,以及藏文识别后处理进行了仔细的讨论。这是我国出版的第一本有关藏文识别的专著,对广大关心藏文识别或文字识别的读者将有重要的参考价值。该书的出版也反映了我国学术界对少数民族文字识别技术研究的热情,包含了该书作者江荻博士等在藏文识别原理和应用方面的研究成果,我相信它的出版必将推动我国民族文字分析、识别、处理研究的进一步深入发展。

清华大学电子工程系

丁晓青 教授

2009 年 9 月 26 日

前　　言

　　人类学家说：人类的历史可分为"史前"时期和"有史"时期，前者指文字发明和使用之前，后者当然是有了文字和有了书面语言的记录。这样的分期可是把文字放在了人类文明史上重中之重的地位。随着社会从采集、狩猎、游牧、农耕、工业化发展到现代的电子化、信息化，相信当今世界没有哪个主体国家或者地区不使用文字了。

　　最早的文字诞生于约公元前 3500 年的两河流域，即苏美尔人的楔形文字。此后的数千年中，世界各地陆续出现各种文字系统，汉字至迟在公元前 1300 年的商代就已存在，考古发现的甲骨文如此成熟，不能不令人把它的发明上推数千年之久；美洲玛雅文字最早的碑刻遗物约在公元 328 年；古埃及象形文字甚至在公元前 3100 年就已出现。想象一下，跨越了这么久远的历史，文字给人类带来的好处，文字对人类文明的贡献，一直都是那么辉煌，还有哪种文明创造能超越它的伟绩？它把语言的传播、传承、思维、交际等几大功能发挥得如此淋漓尽致，空间上的传播和时间上的传承，让远隔千山万水的人们能够沟通，让今人能够读懂远古的先哲，的确神奇。

　　文字当然也随着时代发展，它的形式、载体、形态无论是勇往直前还是迂回曲折，都走到了新的时代、信息的时代、我们的时代。在这样一个追求效率的时代，聪明的人想着"偷懒"，敲键盘的活儿都要省掉，又发明了叫做 OCR（光学字符识别器）的玩意儿，这是一个奇特的装置。当人用智慧的双眼辨识手书铅印的文字时，他没有忘记让机器来代承他的辛劳。他努力锻造机器的"火眼金睛"，要它把千变万幻的图案转变为书面语言：这是"千、玖、恕"，不是"干、玫、怒"，那是"ཪ、ཚ、ཁ"，不是"ཟ、ཚ、ཇ"。上天保佑，人的历史又向前迈出了一步，"偷懒"大获成功。

　　回到本书的专题上来。史记藏文创制于公元 7 世纪，一个与中原内地鼎盛的唐朝同时代的吐蕃王朝时期。千余年来，藏文经历了多种字形字体的变化，而最典型、文献最丰富的要数历经千年逐渐规范的正楷书体（有头字），目前人们常用的类似雕版印刷而进一步规范的字体，也是本书讨论扫描识别应用的字体。

  这本书的具体内容留给读者阅评,略可概括的是,全书相对比较全面地介绍了藏文的字符分类和各类字形的特征,也详细叙述了藏文的识别模型和处理技术,对预处理、识别处理和后处理等标准识别程序均有讨论,还特别介绍了我们实验室开发的实验系统、清华大学开发的 TH-OCR 2007 多文种文字识别系统。相信本书在民族文字信息化处理蓬勃兴旺的今天,能对伟大祖国的民族文化和技术发展有所奉献。

  本书的一个缺点是没有讨论雕版印刷藏文字体的识别,那是因为迄今还没有任何机构任何人开展过这方面的研究。鉴于此,设立在美国的西藏佛教资源中心(Tibetan Buddhist Resource Center)只好暂时采用扫描文档制作 PDF 文件的方式将大量雕版文献存储备用,拟待 OCR 技术开展之后再予识别。历史上的雕版印刷文献不知凡几,有如《布敦佛教史》《雅隆教法史》《王统世系明鉴》《汉藏史集》《贤者喜宴》《米拉日巴传》《萨迦班智达传》《唐东杰布传》《萨迦世系史》《西藏王臣记》《如意宝树史》《土观宗派源流》《青史》《红史》《新红史》等,还包括各个时代奉为瑰宝的《大藏经》,真希望这是学界和工程界下一个重要的攻关目标。

  在本书出版之际,作为实验项目负责人,我要感谢项目团队的每个成员,他们兢兢业业、努力工作,都是有为的年轻人。还要感谢中国科学院倪光南教授、曹佑琦教授和清华大学丁晓青教授,倪教授是中文信息学会的理事长,曹教授是学会常务副理事长兼秘书长,他们热忱地鼎力支持少数民族语言文字信息处理事业,组织会议、举办讲座,对民族语文信息处理研究给予诸多支持。曹教授称赞几位作者首撰少数民族文字识别研究专著,提议请倪教授为本书写序,倪教授慨然惠允,使我们深感学会领导对藏语文信息处理研究的肯定和支持。丁教授是我国文字识别领域的权威专家,不仅开发了汉文识别,又组织开发了藏文、蒙古文和维吾尔文等文字识别系统。她应允为本书赐序,并欣然同意将她与王华博士合著的"多字体印刷藏文识别系统"附于本书,对培养新学,支持藏文和民族文字识别奉献之多,令人感慨。谢谢了!

江 荻
2009 年 9 月
于北京中关村

第一章 绪 论

文字识别在现代学科分类中属于计算机模式识别与图像处理研究,以及各文字系统的应用领域。简单说,文字识别是利用光电原理将文字图形符号经过光电信号的处理转换为具有一定灰度值的数字信号,进而通过特征提取及匹配识别为计算机存储中可匹配的文字编码符号,这个过程人们通常称为光学字符识别 OCR(Optical Character Recognition),所应用的装置称为光学字符识别发生器。

本书介绍藏文的识别研究和识别方法。由于文字识别方法需要建立确定的模式,在一定程度上依赖对识别对象的特征以及该文字的各种关联属性的认识,包括语言属性,所以本书还将讨论藏文文字的特点和语言的特点。

目前,藏文的识别虽处在起步阶段,国内外所开展的工作却已取得较好进展,除了理论和技术的探讨,也开发出可实用的产品。为了加强和推动这方面的研究和开发工作,本书有意尝试探索藏文光学字符识别的基础研究,并介绍目前藏文识别工作的进展。

1.1 藏文识别研究的背景

藏语是一种非常古老的语言。公元 7 世纪藏民族先民建立了吐蕃王朝,并创制了表征其独特文化的藏文。藏文典籍是一份恢宏的文化遗产,早期文献包括碑文、岩刻、敦煌石窟所藏藏文手卷、竹木简牍等。15 世纪永乐版《甘珠尔》是在南京刻印完成的,这项工作对后世影响极大,此后,木刻刊印的藏文文献在藏区空前兴盛起来,西藏、四川、甘肃、青海等各地较具规模的藏族寺院大量印刷藏文《大藏经》和其他佛教典籍,使得雕版印刷业全面发展起来,藏文文献也日益积累,数不胜数。

浩如烟海的藏文文献内容广泛,有为吐蕃赞普歌功颂德的传记,有记述吐蕃君王与大臣的盟誓，还有吐蕃王国与中原唐朝的会盟祭祀，以及一千多年来的各类古代历史记载、佛教经典编译以及民间神话传说等等。藏文文献是我国除汉文之外，历史最悠久、文献最丰富的语言文化遗产。

正是由于这个原因，藏文古籍、文本的电子化和信息化处理成为当代社会所关注的课题。20世纪80年代初期，汉字进入计算机已取得成功，开发出CCDOS这类汉文操作系统和相应的录入、编辑、排版、打印等应用软件。也就是在这个时期，包括少数民族语言文字处理在内的"计算机中文信息处理"概念也逐步形成。计算机学界和社会上兴起了一股中文计算机热潮，高校也开设了中文信息处理课程。随着1981年中国中文信息学会的成立以及学术活动的开展，1984年从事少数民族语言文字计算机处理的专家学者也举办了第一届学术讨论会(呼和浩特，1984.10)，并于1985年10月成立少数民族语言文字信息处理专业委员会，当时就制定了少数民族语言文字计算机处理系统、编码字符集、字模点阵及数据集和输入键盘布局等标准的研究和开发方向。此后的20年间，藏文信息处理的主要工作是建立藏文操作系统或与英文、汉文兼容的操作系统或系统工作平台，这项工作还包括了藏文字符编码标准、藏文编码输入、藏文编辑排版系统等。

具体来说，藏文计算机应用的开发经历了一些独特的过程。早在20世纪80年代初期，中国社会科学院民族研究所张连生(1983)尝试用计算机进行藏文词汇排序，他根据藏语专家于道泉先生(1982)提出的数码代替藏文字母的方法实验，设计出一种可行的排序方法，此后又在美国伊利诺伊大学利用Plato计算机实现了藏文字符输入、显示和输出的藏文字处理系统，开启了藏文文字计算机处理之先河。此后，航天部710所罗圣仪(1986)也在微机上实现了初级的藏文字处理系统。80年代中后期，有关机构和人员开发出与汉英文兼容的藏文操作系统，例如俞乐(1984)等报道了利用Basic语言在Victor 9000微型计算机上开发了藏文字处理系统，俞汝龙、赵晨星、毛继祖等开发出藏文TCDOS系统，这个系统可算是最早投入使用的藏文操作系统，是在中文操作系统CCDOS基础上开发的，并发明了最早的藏文输入方法(俞汝龙，1987)。其后还有于江苏、葛小冲(1988)提出的藏文信息处理方案和ZWDOS系统，熊涛(1988)等开发的藏汉西文处理系统。到90年代，西藏大学尼玛扎西(1992)等开发出TCE藏汉英信息处理系统，彭寿全(1994)等开发出外挂式藏汉英混合处理系统及东洲藏卡系统，熊涛、于洪志等人合作开发了可挂接在金山WPS下的藏文轻印刷系统——兰海藏文系统(江嘎，1999)。随着计算机技术的发展，进一步开发的主要是基于Windows的藏文系统。西北民族学院于洪志、戴玉刚等2000年开发出基于 Windows 的同元藏文字处理软件(赵晓清,2008),青海师范大学开发出基于 Windows 的班智达藏文字处理软件(才藏太,2005),西藏大学尼玛扎西、洛藏等人 2001 年开发了火狐藏文字处理软件(陈玉忠,2003)。

在工业化实现方面,1989 年,中国藏学研究中心在整理出版"中华大藏经"(藏文版)工作的推动下,与华光集团合作研制藏文计算机排版系统,该系统 1993 年正式应用于藏文《大藏经》排版,取得巨大成功。藏文版华光藏文软件有 9 种字体:6 种正楷和 3 种草写体,有独立的编辑器,也可在 Word 里进行编辑,可编辑藏、梵、汉、英四种文字,可处理公文、报刊、藏文经卷等(赵晓清,2008)。随后,北大方正也研制出了藏文书报排版系统,在全国藏文书报印刷方面占据极大市场份额(赵晓清,2008)。到 21 世纪初,这些系统进一步从 DOS 操作系统迁移到基于 Windows 的系统,迄今一直是我国藏文印刷出版业的主要技术基础和应用产品。可以说,以上各类研究和应用项目铺垫了藏文信息处理的基础,具有筚路蓝缕以启山林之功。

1.2 藏文识别研究的技术基础

围绕藏文输入、输出和信息处理的实践,以及藏文操作系统和排版印刷系统的开发,藏文计算机处理技术获得飞跃发展,其中最突出的进展表现在藏文编码标准、藏文字体标准、键盘输入技术、藏文排版和印刷技术、藏文网络实现技术。这些技术的发展又在一定程度上推进了藏文文本信息处理的进展,也促动了藏文语音识别、文字识别的研究。目前来看,文本研究方面的进展主要有:藏文电子词典建设与索引排序方法、文本资源建设及文献分类、文本统计和熵值计算、分词方法和识别算法,以及藏文的拉丁转写方案等,这些研究都为古籍和文本的信息化奠定了基础。以下我们结合文字识别简略叙述作为藏文识别相关技术基础的研究,这些研究对于藏文文字识别来说都起着关键的作用。

藏文编码标准的建立是藏文信息处理和文字识别最重要的基础支撑技术。1997 年国际标准化组织(ISO/IEC)通过了中国提出的藏文编码字符集方案,中国国家标准委员会 1998 年 1 月也颁布了藏文编码国家标准,使藏文成为 ISO/IEC 10646 通用多八位编码字符集的重要组成部分(国家质量技术监督局标准,1998)。

建立在 ISO10646－1 基本平面 00 组 00 平面的藏文《基本集》(UCS 的基本多文种平面,机内码 0F00－0FBF,占用 192 个码位)提供了 168 个编码字符。其中，辅音字符 41 个、组合用辅音字符 36 个、元音符号 15 个、变音符 13 个、数字符号 20 个，其他是篇章起始符、标点符号、装饰符号等等。后来在国际统一编码(Unicode3.0)之后，藏文编码空间进一步扩展，获得 256 个码位，编码空间是 0F00-0FFF，增添的各种编码达到 201 个(江荻，龙从军，2010)。藏文标准编码的实现为藏文识别构建了文本数据对应技术，通过扫描识别的图形符号可以顺利转化为编码显现形式，利于对扫描识别结果进行判断和取舍，也为进一步的后处理构建了字、词、句的语境分析提供了技术支撑。

近年值得一提的发展是，为了解决藏文字符组合中出现的多种技术难点，例如叠置引擎技术，国内藏文编码专家进一步提出藏文大字符集的编码观点，陆续提出建立预组合字符集方案，目前《信息技术 信息交换用藏文编码字符集 扩充集 A》已由国家标准技术委员会作为国家标准发布，共有 1536 个垂直预组合字符。例如：ཀྱི(kyi)、ཀྲི(kri)、རྐུ(rku)等。《扩充集 A》安置在 GB13000 的基本多文种平面专用用户区，其编码位置是 F300～F8FF，共占用 1536 个编码位置(国家质量技术监督局标准，2007)。另一项标准《信息技术信息交换用藏文编码字符集 扩充集 B》也于 2009 年发布，共收入 5669 个垂直预组合字符。在 GB13000 专用平面 0F 平面上的编码，共占用从 000F0000～000F1624 位置的 5702 个编码位置。

另一项作为藏文识别技术基础的研究是关于藏文文本字符和结构的统计研究。迄今，藏文专家已开展了部分藏文结构的统计分析，提出藏文 25 种字结构形态(参见表 1.1)及其出现比率(江荻，1998)。根据这项研究，藏文"基字＋后加字"结构占全部结构出现比率的 31%，单纯"基字"结构的藏文字占 25%，"前加字＋基字＋后加字"结构占 12%，仅此三项共计占全部结构的近 70% 以上。而出现最少的结构与出现最多的结构之间相差了 1000 倍以上。表 1.1 列出了有关数据。

表 1.1 藏文结构的动态比率数据

	结构类型	比率%		结构类型	比率%
1	基＋后	30.914	9	前＋基	1.777
2	基	25.235	10	上＋基	1.693
3	前＋基＋后	12.109	11	前＋基＋下＋后	1.333
4	基＋下＋后	7.134	12	前＋基＋后＋重	1.283
5	基＋后＋重	4.549	13	基＋下＋后＋重	1.106
6	上＋基＋后	4.501	14	上＋基＋后＋重	1.083
7	基＋下	2.222	15	上＋基＋下	0.682
8	上＋基＋下＋后	1.963	16	前＋基＋下	0.657

续表

	结构类型	比率%		结构类型	比率%
17	前+上+基+后	0.647	22	前+上+基	0.110
18	前+上+基+下+后	0.328	23	前+上+基+下+后+重	0.066
19	前+基+下+后+重	0.225	24	前+上+基+下	0.060
20	上+基+下+重	0.183	25	基+下+下	0.024
21	前+上+基+后+重	0.115			

目前,藏文识别领域有两种识别策略,一种认为应采用预组合整字识别方法,即基字与上、下加字及元音叠置的字符可作为整体模式识别对象(Ding,Wang,2006),另一种认为可按多字母或切分出预组合字符中的字母构件来识别(王维兰,1999)。根据以上结构数据统计,后一策略要解决约30%预组合字符的构件切分问题,考虑到组合种类多,叠置层次复杂,例如上+基、基+下、上+基+下等,这并不是一项易行的方案。前一策略把切分处理的难点转化为前期词典数据,提高识别处理的效率。所以,了解藏文结构及其统计数据对制定识别方案有重要指导作用。

除了藏文结构的分析与统计外,相关的统计还包括藏文字符和藏字(音节字)出现频率的统计,每个结构位置上字符出现概率统计,例如ག(g-)、ད(d-)等5个前加字数据统计和བ(-b)、མ(-m)等后加字数据统计(江荻,1998)。关于藏文音节字的长度统计,也有不同统计方法和不同的结论。例如以现代藏文词典静态数据统计获得藏文音节字平均长度为3.678字符(江荻,1995)。另一项统计计算了藏文音节字占据的编码位置长度,以部分《丹珠尔》文本动态统计的结果是,藏文音节字平均编码位置长度(除去音节点)为2.0(严海林,2005)。

中国国家标准藏文字体(GB16960-1997)和藏文电子词典的开发也是藏文识别重要的技术支撑及应用平台。藏文字体繁多、形体各异,因此设计多字形计算机用藏文字体也是开发藏文OCR系统的重要内容。目前各种藏文计算机系统汇集的字体不一,多寡不一,据估计约有近20种不同藏文计算机用字形,例如,北大方正藏文系统中已有七种字体:白体、黑体、标题黑、新白体、新黑体、竹体、美术体。相关内容可参见北大方正藏文排版系统的产品附录"藏梵文输入法使用手册"。

关于藏文电子词典的开发,目前已有多项报道。词典的规模也已达到相当规模,最早的藏文电子词典由中国社会科学院民族学与人类学研究所建立,首先建立的词典是以口语为主的词典,收词3万余条(江荻,1995),其后又建立了以藏语分词以及句法分析为目的的语法信息词典,每个词条附加了多项词法和句法属性信息,并且添加了词法和句法实例。例如藏语词法的特征属性分别刻画为形态特征、构词特征和句法特征。形态特征能描绘藏语单音动词的时、式变化形式;构词特征描绘藏语动词、名词、形容词和副词构词形式;句法特征描述藏语动词的句法特点,例如带不带宾语、带何种宾语,对主、宾语类型和词格的要求,双宾语的语序和标记,并列和连动结构及所带助词,动词自身述人性、自主性、可控性、致使性等句法语义格式与制约等。

虚词方面,精细地研究了藏语虚词类别和用法。这些虚词主要包括名词或短语词格、复数标记、名词化标记、动词体貌标记、补语标记、句法结构助词、情态语气标记、状语标记等。藏语词格分为 15 类,有施格标记、工具格标记、属格标记、领有格标记、位格标记、与格标记、对象格标记、向格标记、从格/离格标记、同类比较格标记、异类比较格标记、排他格标记、结果格标记等。名词化标记更为复杂,常用的至少有 10 余项;结构助词也分为 10 大类,例如目的助词、同时助词、顺时助词、补语助词、致使助词、小句标记、互动助词、比拟助词、停顿助词等。谓语动词的体貌示证标记也比较独特和复杂,例如将行体-自知示证标记、将行体-推知示证标记、即行体-自知示证标记、即行体-亲知示证标记、即行体-推知示证标记、待行体-自知示证标记、待行体-推知示证标记、实现体-自知示证标记、实现体-推知示证标记、持续体-自知示证标记、结果体-自知示证标记、与境体-亲知示证标记、已行体-外向(受损)示证标记等 20 余种,每类都有自己的独立表现形式(江荻,2005)。

青海师范大学开发的汉藏英三语对照电子词典是一项较大规模的词典,研发的目的是为藏汉机器翻译服务。该词典总规模在 2000 年已达 18 万余条,包括基本词典和科技词典两大部分。其中汉语部分词条及其词法、句法属性主要参照了北京大学计算语言研究所的现代汉语语法信息词典,科技词典部分是根据汉藏双语教学和汉藏机器翻译系统研制的需求,采用了全国藏文名词术语委员会审定的词条,藏文部分还标注了详细的藏语语法、语义信息(陈玉忠,俞士汶,2003)。

综合起来看,藏文电子词典是完善藏文模式识别的一个重要组成部分,它能够为藏文识别提供强有力的在线处理和后处理功能。

1.3　藏文识别的应用领域

文字识别是解决文字输入计算机三大方法之一,相对键盘输入和语音识别输入,文字识别输入具有自身的优势,可以形成批量的、高速的输入方式。不过,各种输入技术都有自身的应用领域,文字识别,包括本书论述的藏文识别的主要应用领域有以下几个方面。

（1）藏族历代古籍文献浩如烟海,这批巨量的古籍资源是中华文明宝贵的财富。在电子化时代,用数字化方式保存、整理和利用古籍资源是必然的发展趋势。但单凭手工整理和键盘录入,操作费力、效率不高,所耗时间和人力也难以估量。反之,如果采用藏文 OCR 技术则可以事半功倍,用较快的速度和较高的质量将藏文古籍数字化,服务于社会。可以说,OCR 技术是藏文古籍整理的新的利器。

（2）办公自动化也一定程度上依赖藏文 OCR 技术。目前我国西藏自治区政府和其他藏族自治地方政府都根据国家宪法使用藏文,藏文是中国政府法定的民族语言文字,使用面较广,可应用于藏区各级政府文件、公函布告和司法文书。显然在这个领域藏文 OCR 产品有着较大的需求和应用场合。

（3）网络应用。由于现代文本多样化,通过互联网传播的藏文文献逐渐增多,其中部分采用的是图形方式或者半图形方式,为此使用者可以通过在线方式直接利用藏文 OCR 技术将图形方式的文件转换为藏文文本。这种技术应该有极广阔的前景,有利于文献的再生和利用。

（4）信息搜索。21 世纪以来,网络越来越发达,网络上的藏文信息也越来越丰富,不过相当部分藏文字符以图形等方式在线存储,只有通过高超的藏文识别技术才能捕捉到这类信息。这方面的需求对知识获取很有帮助,也是我国国家安全的重要防线。

（5）学校藏文教学。目前藏区的教学采用了大量藏文教材,这些教材包含了丰富的内容,学校教师和学生经常需要将部分教材内容转化为可编辑的文本,这也是藏文 OCR 技术应用的场合。

藏文 OCR 技术还有很多应用领域,譬如个人资料电子化,人们可能直接利用联机手写把信息输入手机或计算机,通过笔式扫描识别录入把商业信息、名片信息输入储存器;边境口岸或商务酒店都可通过藏文识别证件技术提高工作效率。藏文识别更多更长远的应用则是智能机器处理的重要组成部分,例如机器翻译的输入端可以是 OCR 识别的文献、资料、文章等;智能机器人朗读机的输入端也可以是纸质文本书刊,通过 OCR 识别播放新闻、报道、小说、故事来服务人们。

1.4　藏文识别研究的现状

中国的藏文识别研究始于 20 世纪末,1998 年中文信息处理国际会议上西北民族学院的王维兰提交论文《现代藏文识别》,该文同年发表于黄昌宁主编的《1998中文信息处理国际会议论文集》。该文在分析藏文文字特征基础上提出,藏文识别最小单位为基本字符,简略阐述了藏文识别的方法。另一篇同期的论文是西北民族学院于洪志和李永忠(1999)提出的《试论藏文识别技术》,阐述了藏文模式匹配和特征抽取技术。此后,藏文识别研究获得较大发展,涉及藏文笔画特征抽取、轮廓识别、相似字丁识别、预处理和后处理各个方面。例如王维兰(1999)《藏文基本字符识别算法研究》;王浩军、赵南元、邓钢轶(2001)《一种现代藏文笔段提取算法》;王浩军、赵南元、邓钢轶(2001)《藏文识别的预处理》;王维兰、丁晓青、戴玉刚(2002)《藏文识别后处理研究》;王维兰、丁晓青、祁坤钰(2002)《藏文识别中相似字丁的区分研究》;严海林、江荻、戴亚平(2004)《基于基线分割的藏文相似字丁识别方法》;康才畯、江荻、戴亚平(2004)《一种基于构件的藏文识别算法》;王华、丁晓青(2004)《一种多字体印刷藏文字符的归一化方法》;王华、丁晓青(2004)《一种多字体印刷藏文字符识别方法》;严海林、江荻(2005)《一种基于三级分类器的藏文识别方法》;吴刚、德熙嘉措、黄鹤鸣(2006)《印刷体藏文识别技术》;孙淑娟、房培玉(2008)《基于蚁群算法的现代藏文字符轮廓提取技术研究》,等等。

在OCR藏文识别系统开发方面,中国社会科学院民族学与人类学研究所与北京理工大学自动化系通过研究生教学开发了一个藏文识别实验系统,理论识别率接近100%,并在相似字丁识别和识别算法诸多方面提出了藏文识别的独特见解。其中《基于字丁的藏文N-gram统计语言模型》论述将N-GRAM模型概念扩及到藏文其他应用领域,有一定的理论和方法论的建树(严海林,2005)。

较为成熟实用的藏文识别系统由清华大学与西北民族大学合作开发,并取得成功。该系统深入分析了藏文字形特征,提出以字丁为单位的分析方法,认为藏文字丁具有如下突出特点(清华大学,2003研制报告):

(1)相似形字符多。根据文本统计,相似形字丁约占全部字丁总量的37.19%。

(2)字丁不等高。这是由于藏文字母本身不等高以及叠置层次不同导致的。

(3)字符不等宽。藏文字母与其他符号,例如音节点、单垂线、数字符、标点符号和修饰符都存在不等宽现象。

该系统探索了藏文识别方面的技术实现路线,具体设计方案是:先实施图像输入、预处理和版面分析模块。由于藏文字符是与汉字不同的非矩形图形,采用了特殊的算法进行藏文文档的倾斜检测和校正。然后,实施行、字切分操作,先从待识别图像区域分离出各文本行,再根据建立的字符切分模型,利用多层次的信息依据由粗到精的过程分离单个字符;同时,根据对字符类型属性的判断(譬如判断是藏、汉、英任意属性之一),调用不同的识别模块。根据识别结果的反馈,进行字符图像块(局部)和文本行(全局)两级优化处理,得到最佳的切分结果。之后,调用藏文字符识别模块对6种常用字体的592个藏文字丁进行识别,其中根据藏文字符的特殊形态,选择恰当的归一化方法,抽取方向线素特征,利用基于置信度的两级统计分类器获得识别结果。最后,设计了一个利用背景信息和先验知识的检测和纠错模块来改善识别性能。与此同时,还利用汉字和英文识别模块强化整个系统的藏、汉、英混排文本处理能力。目前,清华大学与西北民族大学开发的这套印刷体藏文识别系统的识别率达到99.5%,多字体的藏文汉文英文混排系统的文档识别率也达到95%以上,是全球首个能实际应用的多字体印刷藏文文档识别系统。关于该系统的具体情况,本书附录将作介绍。

最后,我们简单介绍国外有关藏文识别的情况。20世纪90年代以来,国外部分机构也逐渐零散开展了藏文技术开发和文献的电子处理。亚洲经典输入工程(ACIP)主要采用拉丁字母将大藏经和格鲁派经师著作输入计算机,目前已有超过500万页的传统梵藏箧本的规模。设立于尼泊尔的藏文计算机公司(Tibetan Computer Company)1992年开始了竹巴噶举传承计划,目前已出版120册藏文文献。2000年设立于美国的西藏佛教资源中心(Tibetan Buddhist Resource Center)也致力收集藏文文献,目前主要采用扫描文档制作PDF文件的方式存储藏文文献,拟待技术进一步成熟后再通过OCR技术转换成藏文可编辑文本(对传统雕版印刷的文献,目前尚未开展识别研究)。总体来说,尽管同样受到藏文编码技术和文本技术未尽完善的制约,国外藏文及文献研究机构仍然采用了各具特色的方法来收集和开发藏文的古籍文献并使之电子化。

第二章　藏文的特征

藏文自身的特征可以从内在特征、分析特征和应用特征三个方面加以了解。内在特征指藏文的字形特征、读音特征、类属特征；分析特征包括结构特征、功能特征和排序特征；应用特征是使用频率、应用编码、书写习惯、拉丁转写、使用领域、符号来源。我们在这一章将较为全面讨论藏文各个方面的特征。①

2.1　藏文字符的类属特征

藏文的内在特征主要指藏文字母及符号的字形特点和字形类别，除此之外，还应该包括藏文的读音、分类特征。关于藏文字母的读音，本书不做专门叙述，读者可参考金鹏(1983)、周季文(1983)、江荻(2002)，江荻，龙从军(2010)，或者其他相关的论述。

藏文当用字母约为 41 个辅音字母、15 个元音字母，另外还有相当数量数字符号、变音符号、标点符号和文本装饰符号。这里应该说明，传统藏文文法一般认为藏文有 30 个辅音字母、4 个元音符号，很少提及其他符号。这里所说的字母和符号数量是根据古代文献和现代藏文文本中出现的字母和符号而言的(江荻，2006)，具体情况可参考下文的讨论。②

还有人认为藏文有数千个符号，国家标准编码委员会颁布的国家标准藏文字符《扩充集 A》收入了预组合字符 1536 个③，而《扩充集 B》收入预组

---

①　本书作者江荻、龙从军在《藏文字符研究》较详细介绍过藏文各类特征，此处主要从藏文识别角度对藏文特征进行分类和讨论。

②　藏文文法或现代教科书一般叙述为 30 个辅音字母和 4 个元音符号。本文作者在另一著作中把藏文字母、辅音字母和元音符号称为藏文字符、辅音字符和元音字符。本书仍沿袭传统名称。

③　预组合字符指藏文基字与上加字、下加字、元音垂直叠加组合的结构，也称为字丁，计算机编码上只占一个码位。参见：国家标准 GB/T20542－2006《信息技术 藏文编码字符集 扩充集 A》。

合字符 5669 个,主要来自藏文转写梵文词语的组合形式。本书并不把这类组合型符号看作藏文基本符号,所以对这类符号不作过多论述。

2.1.1 辅音字母的分类

藏文的 41 个辅音字母符号可分为传统 30 个自创字母和新创的 11 个字母。所谓自创即指古人所创藏文字母,可能借鉴过古代印度的各种梵文系统文字,例如梵文兰扎字母、笈多文字母等,也可能来源于古代象雄王国的古象雄文。这 30 个字母之重要,对于藏族文化和藏族人民来说,无论怎样赞誉都不为过,它是藏族历史和文化的结晶,也是藏族佛教信徒信奉的珍宝珠玑。为阅读方便,表 2.1 用国际音标标注了 30 个字母的读音和拉丁字母转写形式。[①]

表 2.1 藏文传统 30 个辅音字母

编号	1	2	3	4	5	6	7	8	9	10
藏文	ཀ	ཁ	ག	ང	ཅ	ཆ	ཇ	ཉ	ཏ	ཐ
转写	k	kh	g	ng	c	ch	j	ny	t	th
标音	k	k^h	g	ŋ	tɕ	$tɕ^h$	dz	ɲ	t	t^h
编号	11	12	13	14	15	16	17	18	19	20
藏文	ད	ན	པ	ཕ	བ	མ	ཙ	ཚ	ཛ	ཝ
转写	d	n	p	ph	b	m	ts	tsh	dz	w
标音	d	n	p	p^h	b	m	ts	ts^h	dz	w
编号	21	22	23	24	25	26	27	28	29	30
藏文	ཞ	ཟ	འ	ཡ	ར	ལ	ཤ	ས	ཧ	ཨ
转写	zh	z	v	y	r	l	sh	s	h	a
标音	ʑ	z	ɦ	j	r	l	ɕ	s	h	(ʔ)a

传统的 30 个字母按照约定习俗又分为 7 组半,从第一个字母开始,每 4 个字母一组。这样的组群分类恰好与藏文的读音相对应,第一组ཀ、ཁ、ག、ང($k, k^h, g, ŋ$),都是软腭音(也称舌根音、舌后音);第二组ཅ、ཆ、ཇ、ཉ($tɕ, tɕ^h, dz, ɲ$),都是龈腭音;第三组ཏ、ཐ、ད、ན(t, t^h, d, n),都是齿龈音;第四组པ、ཕ、བ、མ(p, p^h, b, m),都是双唇音;第五组ཙ、ཚ、ཛ、ཝ(ts, ts^h, dz, w),多数是齿龈塞擦音,一个是双唇近音;第六组ཞ、ཟ、འ、ཡ($ʑ, z, ɦ, j$),发音部位有差异,但都是擦音或近音;第七组ར、ལ、ཤ、ས($r, l, ɕ, s$),分别是闪音、边音和擦音;第 8 组或称第七组半只有两个音:ཧ、ཨ(h, (ʔ)a),都是喉咽部位的声门音。[②]

[①] 18 世纪后非母语学者逐步形成了藏文转写拉丁字母的传统。本书所用转写方案参见江荻(2006),江荻、龙从军(2010)。藏语辅音字母都包含元音 a,转写时应将独用的字母或充当基字的字母添加元音 a。此处因排版原略去拉丁字母转写的 a。

[②] 不同地方和时期分类有一些差异,例如第五组仅三项:ཙ、ཚ、ཛ(ts, ts^h, dz),第六组也是三项:ཝ、ཞ、ཟ(w, ʑ, z),第七组四项:འ、ཡ、ར、ལ($ɦ, j, r, l$),第八组两项:ཤ、ས($ɕ, s$),第九组两项:ཧ、ཨ(h, a),一共出现九组,比普遍分类多出一组。

藏文字母的这个分类和顺序经历了 1000 多年历史,并没有任何改变,可见藏文字母以及字母的顺序已经彻底化入藏族文化之中。藏族儿童学习藏文和佛教仪轨都是按照这样的文化传统施行的。

在 30 个传统字母之外,我们认为还有部分重要的符号可以看作藏族历史上新创的字母符号。这些符号来源于梵文借词,因为部分梵文的读音在藏文里没有相应的字母对应,因此藏文必须创造一些符号来表示这些梵文读音。

梵文中有五个表达卷舌音素的字母,相互之间具有读音上的相关性,譬如齿龈爆发音、齿龈送气爆发音、齿龈浊爆发音,相应的齿龈鼻音,齿龈清擦音。由于已有的藏文 30 个字母无法表示这些字母,促使历史上的藏族译师不得不新创藏文字母来专门对译这些梵文辅音字母。其实这是一件非常困难的任务,译师们首先要考虑五个字母之间的读音关系,确保它们字形上应具有与读音相关的同质性,例如,采用某种特征表示共同的卷舌共性,或者表示发音部位相接近。还要考虑这五个字母与其他已有字母语音上和字形上的相通和区别,甚至还要考虑新创字母必须与整个藏文字母系统相和谐,风格一致。令人钦佩的是,藏族译师真正解决了所有这类问题,利用已有字母字形上的方向性特征,通过改变字母方向特征完满地获得了新字形字母。这五个字母可以称为梵源藏文字母,也称为梵源藏文反写字母,仅用于对译梵文卷舌辅音字母词语。这 5 个字母可编为第 9 组,31—35 号。

表 2.2 梵源藏文反写字母

编号	31	32	33	34	35
梵文字母	ट	ठ	ड	ण	ष
梵文读音	ṭa	ṭʰa	ḍa	ṇa	ṣa
藏文新创字母	ཊ	ཋ	ཌ	ཎ	ཥ
拉丁转写	tta	ttha	dda	nna	ssha
藏文原型字母	ཏ	ཐ	ད	ན	ཤ
拉丁转写	ta	tha	da	na	sha

梵文中还有五个表示浊送气的塞音或塞擦音字母,藏文佛经对译这些字母词语时没有直接转写成藏文的办法。从字形上看,这些梵文字母基本都是单一字形字母,即घ(gha)、ध(dha)、भ(bha)、झ(jha)、ढ(ḍha)。正如上文所述,在藏文中另创一组可以表示譬如浊送气共同特征的字母,同时还要符合其他可能的条件,这是不容易的。藏族译师们的聪明才智在此可见一斑,他们利用已有的浊塞音或浊塞擦音字母与包含送气意思的ཧ(h)字母组合,把藏文读音没有的这些梵文字母转写成藏文。藏文中没有创制任何新的字形,同样达到转写或音译梵文字母的目的。这是一种非常机智的方法。不过,我们需要先做出一个约定,从对应的五个梵文字母来看,藏文组合出来

的这五个字母应该定性为不可分割的单一音素字母,所以传统文法称为"厚字符"(སྦུག་བཞིའི་ཡིག),本书称作叠置字母。这5个字母编为第十组,36—40号。

表2.3 梵源藏文叠置字母

编号	36	37	38	39	40
藏文字母	གྷ	དྷ	བྷ	ཛྷ	ཊྷ
拉丁转写	gha	dha	bha	dzha	ddha
藏文组合方法	ག+ཧ	ད+ཧ	བ+ཧ	ཛ+ཧ	ཊ+ཧ
拉丁组合形式	g+ha	d+ha	b+ha	dz+ha	dd+ha

藏族译师们之所以能够创造这样的新型叠置字符与藏文的结构密切相关,藏文构造上基字添加上加字或下加字的方法正是构造新型字母的关键(参见下文)。由于能够充当上加字与下加字的字母遵循严格的规则,有相当部分字母既不能充当上加字,也不能作下加字,这样的叠置字符不符合藏文结构规则,也不符合传统藏文拼写心理,所以这样的叠置结构只能看作固定的格式,不能分解。具体说,这组字母上方的ག(g-)、ད(d-)、བ(b-)、ཛ(dz-)、ཊ(dd-)不是上加字,下方的ཧ(-h)也不是下加字,它们在功能上被界定为转写梵文借音字母的藏文特殊字母。

在藏文字母分类中,我们还要提到主要来自汉语借词影响创造的一个新字形"ཧྥ"(hpha),该字母由ཧ+ཕ(h+ph)构成,既不能把ཕ(ph)看作下加字,也不能把ཧ(h)看作上加字,这也是一个不可分割的整体字形,代表借来的语音[f/Φ]。该字母目前主要用于拉萨话,编为第十一组,41号。

表2.4 新创藏文方言字母

编号	藏文	转写
41	ཧྥ	hpha

事实上,藏文历史上发生过非同一般的语音变化(江荻2002),也接触和借用多种其他语言的词语读音,这些语音变化和借用所引起的字母创新远不止以上这些,只是这些创新在藏文拼读上符合藏文结构规则,不必另外创造新的字母表示。例如ཧྱ(hya),拉萨话读作[ça];ལྷ(lh),拉萨话读作[ɬa],但拼写组合形式上把ལ(la)看作上加字,符合藏文的基本组合规则。其他类型的变化还有ཀྲ、ཇ、ཤ等,分别读作[tṣa,tṣa,ṣa](前两个音高或声调上有差别),这些也都是古代文字中没有的读音,但却存在这样的复合辅音组合及读音形式[kra,bra,sra]。

2.1.2 元音符号的分类

传统文法论述的藏文元音符号有4个:ི(i)、ུ(u)、ེ(e)、ོ(o)。实际上古藏文中还有一个读音性质不明的元音符号,即ྀ(ʼi),称为反写i元音符。这些元音符号都是藏文本体元音符号,是藏文创始时期就已经确定的符号。

在藏文文本中,特别是经书文本中,人们还可以发现更多的元音符号,这些符号又可分为两类。第一类是对译梵文长元音形成的,表示方法却是藏文的创造,即在藏文基字或基字与下加字之下添加表示元音读长音的符号ༀ(:),藏语称作འབྲུ(va-chung)。例如ༀ(aa)、ༀ(ii)、ༀ(uu)。由于这类元音还可用于记录其他语言来源的长元音,或者表示藏语自身的长音,例如感叹词,该类元音可归入本体元音。

最后提到的一类是典型的梵文借词转写形成的元音,包括梵文中的复合元音。藏文用叠置已有元音符号表示复合元音:ༀ(ai)和ༀ(au)。另外4个是梵文卷舌元音ऋ(r̥)和舌边元音ऌ(l̥),藏文用辅音加元音组合方式表示:卷舌元音ༀ('ri)和舌边元音ༀ('li),这两个元音还有长音形式:ༀ('rii)和ༀ('lii),这一类元音可称为梵源元音符号。请观察表2.5。

表 2.5 藏文本体元音符号与梵源元音符号

编号	0	1	2	3	4	5	6		
藏文	ཨ	ི	ུ	ེ	ོ	ྀ	ཱི		
拉丁转写	a	i	u	e	o	'i	'ii		
编号	7	8	9	10	11	12	13	14	15
梵文	आ	ई	ऊ	ऐ	औ	ऋ	ॠ	ऌ	ॡ
梵文读音	ā	ī	ū	ai	au	r̥	r̥̄	l̥	l̥̄
藏文	ཱ	ཱི	ཱུ	ཻ	ཽ	ྲྀ	ྲཱྀ	ླྀ	ླཱྀ
拉丁转写	aa	ii	uu	ai	au	'ri	'rii	'li	'lii

以上论述把辅音称为字母,元音称为符号,这也是有历史渊源和科学依据上的讲究的,涉及藏文的文字性质。

藏文的创制源自中亚或南亚文字,例如梵文,这些文字基本属于辅音文字,辅音文字的特点是元音不独立成符。例如藏语元音 a 就没有独立的符号表示,只能隐含于辅音字母。而其他元音符号虽有字符形式,却也不能独立应用或独立出现,也就是说,元音符号只是辅音字母的辅助符号。反之,由于辅音字母蕴涵了元音要素,所以都具有独立使用性质。这就是元音不叫作字母而称为符号的原因。

2.2 藏文字符的字形特征

2.2.1 高度特征

藏文字母的字形与西方字母差别较大,也与汉字很不相同。藏文每个字母宽度上差别不太大,但高度上却有很大差别。藏文字母有所谓长腿字、短腿字、卷腿字等,说明藏文字母高低不等,而且藏文字母还有开口与闭口的异同,有些字母仅以此特征相互对立。我们尝试放大部分字母,观察其中字形上的差别。

显然,ཀ(k)、ག(g)与ཁ(kh)、ང(ng)的高度差别较大。ཀ(k)这类带腿字母高度有较大伸缩性,而པ(p)这类字母则高度比较固定。ཀ(k)组字母腿有长短之分,ཀ(k)为长腿,ང(ng)为短腿。

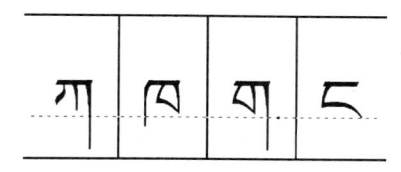

再看པ(p)组字母,པ(p)为开口字,ཕ(ph)为半开口字,བ(b)为闭口字。请观察字形。

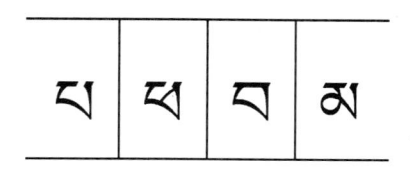

2.2.2 基线特征

藏文字母还有一个重要字形特征,即在藏文字母上方隐含一条平行基线规则,该基线规则使得所有字母上方齐肩处形成一条水平线,只有元音和变音符号才可出现在基线上方。例如:

尽管藏文书写上并不存在一条实际可见的基线,书写规则形成的传统自然会在文本中呈现出一种隐隐约约的心理基线模式。这说明基线模式的形成与字的结构也有关系。

藏文创制时期所创造的一组字母带有变音符号(ﭼ),书写时出现在基线上方,久之固化为字母的一部分,即ཙ(ts)组字母(ཞ除外)。例如:

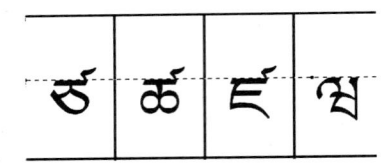

藏文字符之所以形成基线概念与藏文的结构密切相关,当藏文添加上加字或下加字构成音节字的时候,藏文的高度不等现象会进一步加剧,如果不加以规范,则对书写的起笔造成困难,版面阅读也会出现紊乱。例如:

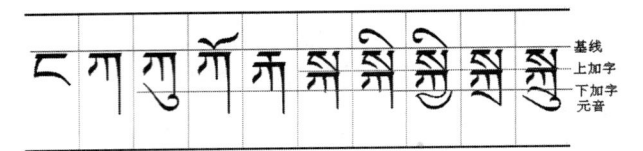

藏文的基字和上加字都要位于基线下方,由于基字和上加字以及下加字的字形大小高度不一,因此,基线下方字形高度比较自由,并没有特别的约束。

藏文书写上逐渐形成上方齐平的基线特征是很早的事情,我们检视了吐蕃时期的敦煌手写文献和碑铭刻字,发现基线特征当时就已经形成。这显然与藏文书写以及保证可识别性和版面整齐有密切关系。藏文上方基线的齐整和下方高度上的自由扩张形成了藏文书写上的独特风格和藏文结构的体制,这是开展藏文文字研究必须注意的重要特征。

2.2.3 方向特征

藏文的另一个字形特征是书写的方向性。从整体面貌来看,藏文字形基本朝向都是起笔方向,即笔画开口处或空间内凹处朝向起笔方向,而收笔处则多为直立的封闭竖线,例如པ(p)组字母起笔方向多为内凹斜线。最典型的是ཏ(t)组字母,它突出的方向性被精确地利用创造出梵源反写字母,试比较这两组字母。

藏文元音也有反写形式，第一元音符号ི(gi gu)的反写形式出现于古藏文时期，即ྀ(i)。有人甚至单纯就字形认为，第二元音符号ུ(zhabs kyu)也可看作是第一元音符号颠倒过来写在辅音字符下形成的。

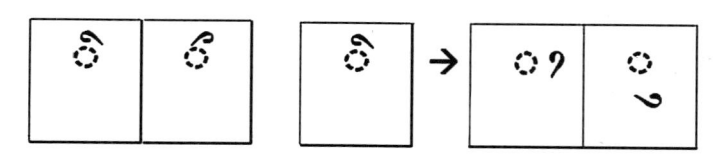

2.2.4 叠置特征

此处还应提到藏文字形的叠置特征。藏文字形的叠置有两种类型，一类是叠置字母，也就是上文所指出的梵源藏文厚字母，或者称为梵源叠置字母。这五个梵源藏文叠置字母均由两个基本字母上下叠置构成(ཊ字母例外)，下方的字母都是表示送气语音的ཧ(h)。但是由于上方的字母不是传统文法的上加字，下方的字母也都不是下加字，我们不能把这几个字母看作是字母的组合。请观察这几个字母的字形。

另一类叠置字形是藏文字母的组合形式，即在基字上方和下方添加上加字和下加字，也添加元音符号。这种字母组合成字或词，是构成藏语词的基本方式。例如：

གླ(gla)工钱

སྤྲིན་འཇའ(sprin vjav)彩云

ཆུ(chu)水

སེམས(sems)心

སྒོམ(sgom)修行

藏文字母组合形式较多，据我们统计，基字与上加字组合的叠置形式有32种之多，这还不包括带有不同元音的形式和同时带前加字、下加字的形式(参见2.3节表2.7)。例如：

除了以上两种叠置，用藏文转写梵文借词可能产生数量众多的叠置形式。据目前初步统计,这样的不同叠置形式数量可能达近万种之多,而且书写形式因人而异。有人完全按照梵文字母对应的藏文转写,有人运用藏文拼写规则对部分形式采用藏文变形形式处理,还有人二者兼用。例如,

ཛྙཻ(dzhaiksshimq)赤金

པཎྜི་ཏ(pannddi ta)佛学家,班智达

བཏྟི(btt-ttini)歌舞者

པརྴྣི(parsshnni)踵

ནིརྒྲནྠཾ(nirgranthamq)古印度一教派名

这一部分不是本书讨论的重点,此处提出供读者参酌。

2.2.5 变形特征

藏文叠置结构中上加字位置和下加字位置的部分字母字形上会发生变形。上加字ར(r-)除了在基字ཉ(nya)字母之上保持原形外,在其他各种基字上都变形为ར྄(r-)。例如:

| རྐ | རྒ | རྔ | རྗ | རྙ | རྟ | རྡ | རྣ | རྦ | རྨ | | རྩ |

下加字ྱ(-j)一律变形为ྱ(-j),下加字ྲ(-r)变形为ྲ(-r),下加字ྭ(-w)变形为ྭ(-w),下加字ླ(-l)不变形。即ཀྱ(kya)写作ཀྱ,བྱ(bya)写作བྱ,དྲ(dra)写作དྲ,སྲ(sra)写作སྲ,ཁྭ(khwa)写作ཁྭ,ཟྭ(zwa)写作ཟྭ,等等。下加字的各类组合变体形式如下。

ྱ	→	ྱ	ཀྱ	ཁྱ	གྱ	པྱ	ཕྱ	བྱ	མྱ		
ྲ	→	ྲ	ཀྲ	ཁྲ	གྲ	ཏྲ	ཐྲ	དྲ	པྲ	ཕྲ	བྲ
ླ	→	ླ	ཀླ	གླ	བླ	ཟླ	རླ	སླ			
			ཧླ	ལྷ							
ྭ	→	ྭ	ཀྭ	ཁྭ	གྭ	ཅྭ	ཉྭ	ཏྭ			

即使不变形的上加字和下加字实际书写上字形还是有些微变化,至少相对基字来说,字形略微变小,而变体形式字形也比较小。

2.3 藏文的结构特征

藏文的结构是很值得论述的现象。构成藏文结构的要素有藏文字符、字符出现位置、位置之间的关系以及字符之间的搭配关系和字符出现的顺序。

这五个要素相互制约和相互影响,形成奇妙的藏文结构。我们逐项论述。

2.3.1 字符出现的位置

所谓藏文结构是指藏文音节字的构成,每个音节字类似一个语素,单个语素也可能成词,即语素词。

每个藏文音节字最多由 7 个字符构成,这些字符按照藏文结构特点分别出现在藏文音节字的不同位置。下面我们用图形方式把藏文的结构勾画出来(图 2.1)。

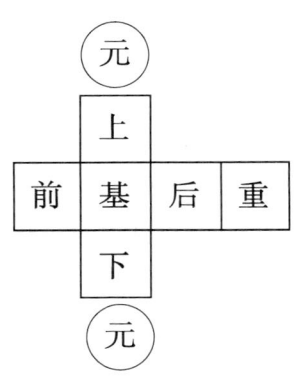

图 2.1 藏文基本结构图

图 2.1 是藏文音节字结构的基本构成示意。每一个方框位置表示可以出现一个辅音字母,圆圈位置表示可以出现一个元音符号,或者在上,或者在下,但一般不能两个位置同时出现元音符。每个音节字最多可以由 6 个辅音字母和 1 个元音符号构成。每个结构位置都有确定的名称,"基"字位上的字母叫作基字(base letter/ word-base),所有 30 个字母都可出现在基字位;"前"加字位上的字母叫作前加字(prefixed letter),只有 5 个字母可以出现在前加字位上;"上"加字位上的字母叫作上加字(head letter),通常有 3 个字母出现在上加字位置上;"下"加字位上的字母叫作下加字(subjoined letter),有 5 个字符可以充当下加字位置上的字符;"后"加字位和"重"后加字位上的字母分别叫作后加字(suffixed letter)和重后加字(second suffixed letter),有 10 个字母可以出现在后加字位上,2 个符号可以充当重后加字位的字符。"元"音位(vowel)在基字纵列的上方或下方,上置的元音符有ེ(e)、ི(i)、ོ(o)三种元音形式,下置的元音符只有一个ུ(u)形式。例如,བསྒྲུབས(bsgrubs)"修行〈过去式〉"是一个藏文音节字(也是一个词),分别由 7 个字符按照前加字、上加字、基字、下加字、元音符、后加字、重后加字的顺序构成:བ+ས+ག+ྲ+ུ+བ+ས(ྲ是ར的下加字变体)。

不过,除了基字,其他位置上的符号都可能缺省,从这个意义上说,藏字是不等长的。以书写占据的线性字符位置衡量,最长藏字占据 4 个位置,最短 1 个位置。例如,བོད་ལྗོངས(bod ljongs)"西藏"包含两个音节字,分别包括的字符是བ+ོ+ད(b+o+d),ལ+ཇ+ོ+ང+ས(l+j+o+ng+s)。前者是 2 个字符位置长,后者是 3 个字符位置长。

在基本结构之外,藏文中还有少量特殊的结构,这些结构采用一个形式上的基字把两个甚至三个元音符号连接起来(图 2.2)。这些结构主要有两种用途,第一类是表示少量固化的词汇结构和带复合元音的借词结构,例如སྤྲེའུ(sprevu)"猴子",ཅའོ་ཧྲོའུ(cavo hrovu)"教授";第二类大多属于语法变化导致的语素音位现象,例如指小语素འུ(-vu)、属格语素འི(-vi)在词根音节不带辅音韵尾时其变体形式黏着在词根上形成的。例如,རྟེའུ(rtevu)"马驹",ངའི(ngavi)"我的",ལྡེའུའི་ངག(ldevuvi ngag)"隐语"。这类结构中的基字形式上是འ(v),实际只起连接元音的作用,不读音,本书把这个形式基字称为第二基字或第三基字,也可称为后基字。统起来看,无论后基字起何种作用,后基字འ(v)都可以恰当地定义为复合元音中不带音的形式标记。

上文所谓语素音位变体是语法上的概念,这个概念表现在文字上则是字母形式的变化,就像英语复数。英语常规的复数文字形式是-s,但在一定条件下则需要变换为-es,-ies 这样的文字形式,例如 map(地图,单数), maps(地图,复数);box(盒子,单数),boxes(盒子,复数);country(国家,单数),countries(国家,复数)。藏语的属格也有多种形式,取决于词根音节字带何种辅音韵尾形式,根据不同形式采用不同的属格标记,例如གི(gi)、གྱི(gyi)、ཀྱི(kyi)、འི(-vi)、ཡི(yi)。其中འི(-vi)较为特殊,它不是一个可以独立成字的形式,必须黏附在没有辅音韵尾的词根音节上,例如ངའི(ngavi)我的_{属格},རྟའི(rtavi)马的_{属格}。同样,施格标记或工具格标记也有多个形式,གིས(gis)、གྱིས(gyis)、ཀྱིས(kyis)、ས(-s)、ཡིས(yis)。其中ས(-s)也是黏附在没有辅音韵尾的词根音节上,例如:རྒྱལ་པོ(rgyal po)国王,རྒྱལ་པོས(rgyal pos)国王_{施格};ཉ་རྒྱ(nya rgya)渔网,ཉ་རྒྱས(nya rgyas)用_{工具格}渔网。

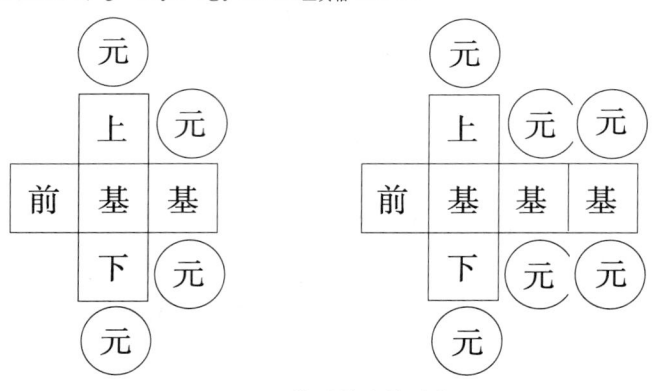

图 2.2　带后基字的结构

2.3.2 结构对字符的制约

上面已经提到,藏文所有30个字符都可以出现在基字位置。但是在藏文其他结构位置上,藏文字符出现的情况却受到很大的制约。这种制约决定了某些结构位置只能出现某些字符,也决定了某些位置空缺情况下藏文结构的类型。

(1)前加字与基字的搭配

藏文共有五个可出现在前加字位置上的字符,分别是ཀ(ka)、ད(da)、བ(ba)、མ(ma)、འ(va)。为了清楚阐明这些字符在前加字位置上所受到的制约,我们给藏文字母做另外一种分类(上文对藏文字母的分类是按照传统文法7组半字母实施的),以方便探索前加字添加在基字前所受到的制约现象。

藏文字母可以按照语音性质重新分类。首先把藏文字母分为塞音(含塞擦音)、擦音、响音三类,塞音可进一步又分为浊塞音和清塞音,清塞音包括了送气清塞音和不送气清塞音;响音可分为鼻音和近音两类。进而我们把这些分类分别归组,清塞音类称为 k 组,送气清塞音类称为 kh 组,擦音类称为 s 组;浊塞音类称为 g 组,鼻音类称为 ng 组,近音类称为 r 组。在表 2.6 中可以看出前加字仅与部分基字组合,相互搭配中存在诸多的制约。

表 2.6a 前加字可以出现的结构

		k 组					kh 组					sh 组			
		ཀ	ཅ	ཏ	པ	ཙ	ཁ	ཆ	ཐ	ཕ	ཚ	ཤ	ས	ཞ	ཟ
		k	c	t	p	ts	kh	ch	th	ph	tsh	sh	s	zh	z
ག	g	—	+	+	+	+						+	+	+	+
ད	d	+	—	—	+	—									
བ	b	+	+	+	—	+						+	+	+	+
མ	m						+	+	+	—	+				
འ	v						+	+	+	+	+				

表 2.6b 前加字可以出现的结构

		g 组					m 组					r 组	
		ག	ཇ	ད	བ	ཛ	ང	ཉ	ན	མ	ཡ	ར	ལ
		g	j	d	b	dz	ng	ny	n	m	y	r	l
ག	g	—	+	+	+	+	+	+	+	+	+	+	+
ད	d	+	—	+	+	—	+	—	+	+	+		
བ	b	+	—	+	—	+	+	+	+	+	+		
མ	m	+	+	—	—	+	+	+	+	+	+		
འ	v	+	+	+	+	+							

也就是说,根据基字的类别,前加字也分成两类。前加字ག(g)、ད(d)、བ

(b)不能出现在送气字母前,前加字མ(m)、འ(v)不能出现在不送气清音基字和擦音基字前面,两类共同出现的位置是浊音基字和鼻音基字前。就更具体情况来看,还可以看出,前加字ག(g)和ད(d)完全互补,ག(g)不出现在同部位的基字前,也不出现在双唇音前;ད(d)只出现在软腭音前和双唇音前。བ(b)出现在可搭配基字中所有非同部位基字前。མ(m)也不出现在同部位送气清音字母或鼻音字母前。按照这种制约关系,我们就能清楚知道哪些结构不可能是正确的结构,例如以下结构都是不正确的形式。

འཉར་ དཚོང་ གཐུལ་ དཤེས་ མཏའ་

བཇེད་ དཁང་ གཕོན་ བཚགས་

(2)上加字与基字的搭配

藏文只有 3 个上加字,分别是ར(r-)、ལ(l-)、ས(s-)。这 3 个上加字与基字的组合也有一定限制。我们仍然以上文的分类来观察具体制约情况。表 2.7 中还列出了同时带前加字和上加字的组合搭配情况。不过 s 组、r 组和 kh 组不与上加字搭配,因此表中不需列入。

表 2.7 上加字可以出现的结构

		k 组					g 组					ng 组			
		ཀ	ཅ	ཏ	པ	ཙ	ག	ཇ	ད	བ	ཛ	ང	ཉ	ན	མ	ཧ
		k	c	t	p	ts	g	j	d	b	dz	ng	ny	n	m	h
ར	r	+		+		+	+	+	+	+	+	+	+	+	+	
ལ	l	+	+	+	+		+	+	+	+					+	
ས	s	+		+	+	+	+		+	+		+	+	+	+	
བྲ	br	+		+		+	+		+			+	+	+		
བླ	bl			+												
བས	bs	+		+			+			+		+	+	+		

从以上组合来看,上加字与基字的组合所受制约比较小,实际上,早期的吐蕃藏文中,还有一些其他形式出现。例如ལྐྷག(lkhag)、ལྕམ(lcham)、ལཉ(lnya)都存在。由此可以看出,藏文的组合形式经历了一定的演变,大约 11 世纪以后一直延续至今较为规范的藏文比之 7~8 世纪吐蕃时期的藏文更为简洁。

同样,从这种限制中,我们也能判断出某些结构不符合藏文的构造形式,而这样的判断对于藏文的模式识别是有益的。例如:

| ཟླ | ཚླ | སྐྲ | སྒྲ | སྡྲ | སྦྲ | སྨྲ | སྣྲ |

(3)能跟基字搭配的下加字

藏文有 4 个下加字,其中 3 个是变形形式:下加字ྱ(-y)集中添加在软腭塞音基字和双唇塞音基字下；下加字ྲ(-r)添加在软腭塞音和双唇塞音基字下，也包括这两类音的鼻音基字，并且还可与齿龈塞音基字结合；下加字ྭ(-w)添加的基字较多，有软腭塞音、硬腭鼻音、齿龈塞音、齿龈塞擦音、边音等；下加字ླ(-l)主要加在软腭和双唇塞音基字下，比较特殊的是可以加在齿龈擦音基字ས(s)下。以下按照传统字母顺序观察下加字的分布（表2.8）。

表 2.8　下加字能出现的结构

ཀ	ཁ	ག	ང	ཅ	ཆ	ཇ	ཉ	ཏ	ཐ	ད	ན	པ	ཕ	བ	
+	+	+										+	+	+	ྱ(-y)
+	+	+	+			+			+			+	+	+	ྲ(-r)
+	+	+					+								ྭ(-w)
+	+	+												+	ླ(-l)

མ	ཙ	ཚ	ཛ	ཝ	ཞ	ཟ	འ	ཡ	ར	ལ	ཤ	ས	ཧ	ཨ	
+												+			ྱ(-y)
+											+	+			ྲ(-r)
					+	+					+	+			ྭ(-w)
												+			ླ(-l)

声门音基字ཧ(h)似乎比较独特，可以添加除ླ(-l)外所有下加字，这种组合的来源需要做进一步的调查。同时我们也注意到，还有少量基字不能够添加任何一种下加字，例如ཅ(ca)、ཆ(cha)、ཇ(ja)、ཐ(tha)、ན(na)、ཙ(tsa)、ཛ(dza)、ཝ(wa)、ཡ(ya)等。

下加字大多都发生变形，又由于下加字添加于不同高度的基字，因此是模式识别中较难判定的部分。有关下加字变形的论述请参考2.2.5节的论述。

2.3.3　字丁与字基

目前，中国部分IT企业实施的一些产品采用了称为预组合字母的藏文编码信息产品，主要有北大方正藏文电子出版系统，该产品一直应用于我国最大的藏文报刊《西藏日报》和《青海日报》等；而潍坊北大青鸟华光照排有限公司的藏文书刊、公文电子出版系统则精于藏文专业书刊出版，能高效地处理藏文古籍与传统佛经排版工作。预组合字母是比较专业的描述，俗称藏文字丁，藏文写作བརྡ་རྟན(brde rtan)，实际含义是：由基字或基字与上加字和/或下加字，以及元音构成的垂直组合结构。

从2.3节的论述中，我们知道，藏文组合或构字可以采用上下叠加的二维方式，即在基字上方或下方添加上加字或下加字，元音也叠置在基字或上加字上方,或者基字或下加字下方。如果把基字与所添加的上加字、下加字以及元音组合看作计算机处理的单元符号,那么这样的预组合结构就是字丁。

字丁可以分为三种基本类型,每种类型又都包含不同的元音变化情况。下面分别举例:

第一类是基字带上加字类型,通称"带冠"型字丁。例如:

[藏文字符示例]

当然,这些预组合形式还可以带元音符号,产生更多的变化形式。例如:

[藏文字符示例]

第二类是基字带下加字类型,称为"添足"型字丁。例如:

[藏文字符示例]

第三类是基字同时带上下加字类型,称为(基字)居中型字丁,俗称为"穿鞋戴帽"型字丁。例如:

[藏文字符示例]

尽管采用预组合字符需要占据较多的编码空间位置,但相对叠置组合引擎技术仍有某些特定优势,因此,2007 年国家标准化委员会批准了藏文大字符集标准,形成 GB/T 20542-2006《信息技术 藏文编码字符集 扩充集 A》。该字符集汇集了 1536 个垂直预组合字符,包括现代藏文中的藏文组合字丁、古藏文组合字丁、常见梵文借词转写组合字丁等。有关扩充字符集 A 的具体讨论参见第 3 章。

由于用藏文转写梵文具有开放性,数量很大,存在大量不符合藏文规则的叠置形式,因此本书不讨论这类现象。但即使如此,如果仅仅以字丁为单位进行分析和分类,仍然会遇到两方面的困难。第一,由于每种预组合辅音形式都可能添加多至 4 种元音符号,使得字丁数量大增,分类上会显得极为繁杂,且不易排序;第二,包含元音的字丁在描述上不够简洁和清晰,例如带ཱུ(zhabs kyu)的字丁必须这样描述:基字或基字与下加字组合下添加ཱུ(zhabs kyu)的预组合形式。为此,我们还有必要设立一个新的概念,即字基。

所谓字基指不带元音符号的字母叠置组合。上文的上加字与基字、基字与下加字以及上加字、基字与下加字的各类预组合形式都是字基。也可以说,字基是蕴涵元音 a 的字丁,更进一步说,字基是字丁的一种特殊形式,是可独立应用或成字的叠置形式或辅音字母预组合形式。为此带ཱུ(ཞབས་ཀྱུ,zhabs kyu)的字丁可以简单描述为:基字或字基下添加ཱུ(ཞབས་ཀྱུ,zhabs kyu)的预组合形式。

对于字丁的分类,由于有了字基概念,我们可以说字丁分三大类,分别是带冠型字丁、添足型字丁、居中型字丁。层次上,每类字丁可以有不同元音的下位型字丁。这种简洁分类为科学研究带来了便利。最后,我们要指出,字基不是独立的语音单位,只是藏文文字研究的分析单位。

2.3.4 字丁的层次

根据预组合字符的分类,还可以进一步详细了解藏文字丁的叠置层次和叠置层次的类型。

(1)**基字形字丁**

如果把基字看作最基本的字丁,即不带上下加字的字丁,则单一的基字形字丁最多有两个层次三种类型(图 2.3)。

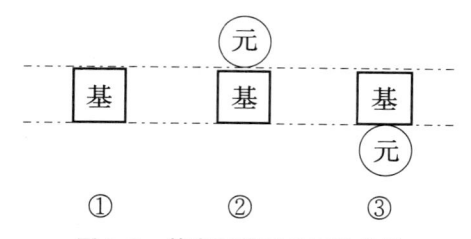

图 2.3 基字型字丁的三种类型

理论上测算,这三种类型按照字母字形组合,第①种有 30 个字形,即 30 个字母字形;第②种因为有 3 个可添加在上方的元音符号(不包括反写

元音和梵文转写的元音),组合起来有 90 个可能的字形;第③种也是 30 个字形。例如:

ཀ ཀི ཀུ ཁ གོ ད ཨ ཨི ཨུ ཨེ ཨོ

(2)带冠型字丁

带冠型字丁至少有两个叠置层次(图 2.4),它的基线划定在上加字起笔位置,也就是说,无论基字是否带上加字,上置的元音总是处在基线上方。

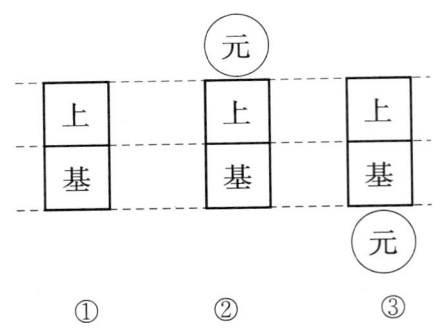

图 2.4 带冠型字丁的三种类型

根据表 2.7 对上加字与基字组合制约分析可知,第①种组合有 33 个字形;而第②种从理论上测算有 99 个字形,即所有第①种字基或辅音字丁都可带 3 个上置的元音;同理,第③种有 33 个字形。例如:

ཀ ཀི ཀུ ཀེ ཀོ རྐ རྐི རྐུ རྐེ རྐོ

(3)添足型字丁

添足型字丁一般也表现为至多 3 个层次 3 种类型。不过,有一类比较特殊的下加字不同人有不同处理方式,这就是重下加字现象。所谓重下加字指出现两个下加字的情况,例如ཀྭྱ(-yw)、ཀྲྱ(-yr)、ཀྭྲ(-rw)、ཀྲྱ(-ry),即两个下加字重叠出现在下加字位置。对于这类现象,一类处理方式是把重下加字看作两个层次,这样的处理不同于上文对藏文结构的分析,必须采用 7 个辅音字母和 1 个元音符号共 8 个字符来描述藏文结构。本书的处理办法是把重下加字看作下加字的种类,即增加下加字的字形种类。这样处理无须改变传统字形观念中下加字作为一个层次的观念,也适合语言分析中对藏文音节的认识。另一个重要依据更为实际,既重下加字在整个藏文体系中是极为少见的现象,通过检查《藏汉大词典》,能够带重下加字的字母只有一两个:ཕྱྭ(phywa)卜卦、གྲྭ(grwa)(寺庙相关的)场所。至于ཀྲྱ(-yr)、ཀྲྱ(-ry)都可能是转写梵文借词形成的。添足型字丁类型如图 2.5 所示。

```
     元
┌───┐   ┌───┐   ┌───┐
│ 基 │   │ 基 │   │ 基 │
├───┤   ├───┤   ├───┤
│ 下 │   │ 下 │   │ 下 │
└───┘   └───┘   └───┘
                    元

  ①       ②       ③
```

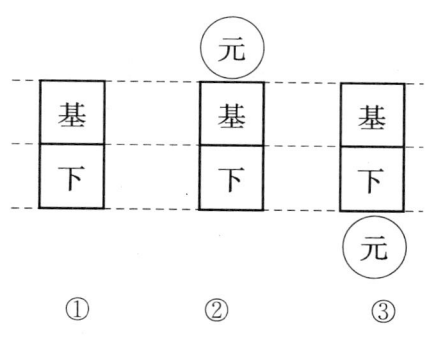

图 2.5　添足型字丁的三种类型

添足型字丁数量较多，第①种字形（仅包括上文 2 个重下加字字形）有 37 个，那么理论上添加元音后第②种字形有 148 个之多，第③种也有 37 个（参见表 2.8）。例如：

རྐ་　རྐ་　རྒ་　རྒྭ་　རྒྭི་　རྒྭུ་　རྒྭེ་　རྒྭོ་　རྔ་　རྔྭ་　རྔྭེ་

（4）基字居中型字丁

居中型字丁有 3 至 4 个层次，以下先列出（基字）居中型字丁的基本结构类型（图 2.6）。

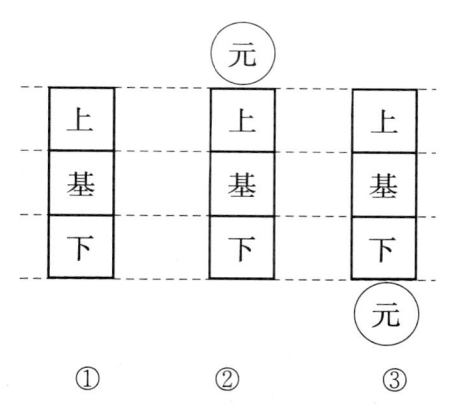

```
     元
┌───┐   ┌───┐   ┌───┐
│ 上 │   │ 上 │   │ 上 │
├───┤   ├───┤   ├───┤
│ 基 │   │ 基 │   │ 基 │
├───┤   ├───┤   ├───┤
│ 下 │   │ 下 │   │ 下 │
└───┘   └───┘   └───┘
                    元

  ①       ②       ③
```

图 2.6　（基字）居中型字丁的三种类型

据现有资料统计，传统藏文文本中的第①种居中型字丁约有 15 个字形，理论上推测出可能的第②种字形为 45 个，第③种字形也是 15 个，实际数量则要根据词典和大规模文本统计才能确定。例如：

སྐྲ་　སྒྲ་　སྒྲི་　སྒྲུ་　སྒྲེ་　སྒྲོ་　སྐྲུ་　སྐྲེ་　སྐྲོ་

以上关于藏文字丁的层次讨论局限于传统藏文范畴，不包括用藏文转写的梵文借词字母组合。不过，我们在 2.1.1 小节讨论的梵源藏文厚字母（ཊ、ཋ、ཌ、ཎ、ཥ）有一定特殊性，因为单纯从字形上看，这些字母实际是叠置组合字母。为此，开展藏文模式识别情况下，该类字母有两种可能的处理方式，或者作为单一的字母识别，层次类型上就与基字形字丁相同，当它们带上加字或下加字则分属其他层次类型，此时梵源藏文厚字母的识别处理与它们作为单一字符的定性保持一致；或者不拘泥于梵源藏文厚字母的性质，把它们作为预组合字丁看待，其中人为规定下置的ཧ(ha)字母为下加字,则它们与添足型字丁的层次一致。就本书的观点看，按照第一种方法处理较妥当，因为这些字母已收入国际标准编码中，与梵文借词转写的藏文组合字母完全不同，扫描识别时可以直接从字库匹配，也能保持字符描述理论的一致性。

还有一个ཕ(hpha)字母,该字母定性也是表示[f]或[ɸ]读音的单一字母，而且组合上完全不符合传统藏文结构。可是由于该字母没有收入国际标准编码，只能作为组合形式处理，如果人为规定其中ཕ(pha)为下加字，它的层次就属于添足型字丁。

2.3.5　va chung 的位置和层次

为什么此处单立一小节讨论藏文表示长音的符号འ(འུང, va chung)？因为该字符涉及一些较复杂的现象。

藏文中的所谓长音符号"འ"(va chung)通常置于基字或字基下（例如带下加字的字丁），形状与第 23 字母ཝ(v)相近，但字形较小。长音符号原本用来转写印度语言借词中的长元音，所以是长元音的标志符号。但后来这种用法扩展到其他语言的借词，例如，བི་པ་ཤྱི(bi pa shyii)"胜观佛"、ཡོ་གི(yo gii)"瑜伽行者"ཀོ་ལཱ(go laa)"雄黄"，等等，都来自梵文或某种印度语言，གུ་ཤྲཱི(gu shrii)"国师"、ཀྲང་ཏཱ་རིན(krang taa rin)"波斯菊(张荫堂大人花)"、ཚ་བྱཱ(tsa byaa)"铁线莲(异名)"借自汉语。

由于长音符号出现在基字或字基之下，造成两类新型结构。基字下的长音符号占据了下加字的位置，需要设计新的识别类型和识别方法。从我们的初步考察来看，在传统藏文文本中，长音符号出现率相对较低。而从单纯字形角度观察，以及从模式识别目标来看，其实不妨将长音符号视作特殊的下加字，这种权宜处理方法仍有一定实用性。

如果长音符号出现在下加字之下，则问题略微复杂。不过，按照重下加字的处理方法，也可以将下加字与长音符号组合成一个统一体。由于目前缺乏实际长音符号与下加字组合出现的数据，本书仅以《藏汉大辞典》中出现的少量形式加以举例：ྱཱ(-yaa)。请观察以下长音符号。

既然长音符号视作下加字的特殊形式,因此它跟下加字一样也占据预组合字符的一个层次。

更复杂的情况主要出自藏文转写的梵文借词,其中有两组特殊元音,一个是"ྲྀ"(⟨X⟩·ri)和它的长音形式"ྲཱྀ"(⟨X⟩·rii),一个是"ླྀ"(⟨X⟩·li)和长音形式"ླཱྀ"(⟨X⟩·lii)(X 表示基本辅音,r 和 l 不表示辅音或下加字,而是与"i"或长音的"ii"组合构成卷舌元音和舌边元音)。例如:

ཀྲྀཤཱནུཧ྄(k'rishaanuhq)火

བྲྀནྟམ྄(b'rintamq)根源

མྲྀཏྟཧ྄(m'rit'tahq)涅槃(佛)

གྷྲྀནྣཧ྄(gh'rinnahq)仁爱

ཀྲཱྀཏན(k'riitan)卖

ཀླྀཤྚཧ྄(k'lisshttahq)烦恼(佛)

据国家标准《信息技术 藏文编码字符集 扩充集 A》,其中收入了较多的长音符号组合形式,包括ྲཱྀ(ྲཱ,ྲཱྀ,ྲཱྀ)、ླཱྀ(ླཱ,ླཱྀ)、ླཱྀ(ླཱ),等等。本书暂时不讨论这类特殊形式,它们在真实文本出现的频率是非常低的。

2.4 藏文的其他相关特征

2.4.1 手写体与印刷体

15 世纪藏文雕版印刷兴盛之前,西藏主要的藏文文献大多是手写文本,包括各类手写经书的抄写本。手写字体的发展逐渐形成藏文书法,这个过程相当漫长。据传,早期书法传自本教象雄文的大玛尔文和小玛尔文,又派生出天成文和斯益文。七世纪松赞干布时期,在玛尔文基础上出现了藏文乌金(楷书体)和乌梅(行书体)两大书体。随着文化的丰富,先后产生了八大乌金体。分别称为蟾蜍体、列砖体、串珠体、稞体、腾狮体、雄鸡体、鱼跃体和蜣螂体等。乌梅体则产生了丹体和黎体两大流派。以宗教派别而论,又可分密文体、伏藏体、幻妙体等。前弘期和后弘期之间,书法家琼布玉迟规范了各类乌金体,并一直沿用至今。后期其他重要书法还有徂同体、徂仁体、徂玛酋、酋体、酋钦等。藏文书法艺术随着制墨工艺和造纸技术的提高进一步发展,书法有了分工,乌梅体派生出专用于书写经卷的白徂体,乌金体派生出雕板经书的琼体,并用于《甘珠尔》《丹珠尔》等重要佛教著述。萨迦王朝时期产生了弯腿朱匝体。噶丹颇章时期产生了长腿朱匝体。近代则

29

出现了娟秀的短腿朱匝体。现今最常见的藏文书法有乌金、徂仁、徂同、朱匝、白徂和酉体等。藏族历来重视书法艺术,孩童入学之初主要学习书法,文人也以书法彰显自己的文化功底。

　　藏文书法的撰写工具是竹笔,竹笔颇有讲究,形成硬笔书法。竹笔用竹子削制而成,分圆竹笔和三棱笔等多种笔式,蘸墨书写。圆竹笔用于书写大字,三棱笔用于书写小字。笔尖削成左斜、右斜以及平口几类。通常乌金体用左斜面方式书写,乌梅体用右斜面方式书写,朱匝体则用平口书写。

　　不过,文本印刷发展以后,不同书写字体的使用领域逐渐分化。在印刷、雕刻以及正规文书书写方面,早期的"有头字"字体获得较大的发展,这种字体整体上呈方形,纵横笔画长度比率均匀,以直线、锐角为主要特征,视觉上能形成字的空间朝向感,而且清晰、简洁、工整,有庄重感。而在手写书法方面,则时兴"无头字"字体,又有多种类型和流派,有些笔锋锐利,笔画转折棱角突出;有些字体圆润、笔画长度任意搭配,视觉上能产生行云流水之飘逸感觉。特别是其中的草书体,更有一种狂放大气之势,不同书写人呈现出不同风格,艺术技巧极强。

　　有头字也称为书体,历史上主要由誊印刻经艺人刀戳雕刻形成,近代书刊的铅印和现代电子印刷沿袭了这一传统字体。有头字类似于汉字的正楷书写字体。

　　无头字主要应用于日常书写、儿童习字、信函、书法艺术等领域,其中卫藏地区称为"秋"的草书字体更可用于速写场合。无头字类似于汉字的行书或草书字体。

　　目前,藏文文字识别的研究范围主要以书体或印刷体作为对象,传统藏式雕版印刷文字的识别也已纳入研究范围。个别机构对藏文联机手写的识别也有所尝试,实用的产品尚未发布。

2.4.2　木刻版的特征

　　大量的藏文传统文本采用的是所谓"梵夹"或"经夹"装订形式。套用中国内地书刊传统装帧术语来说,可以称为"经夹装",是藏文典籍主要装帧形式之一。经夹本文献呈长条形,横向是书的宽度,纵向为书的高度,书页用活页方式构成,诵经或阅读时,纵向往上翻启。

　　据有关研究,藏文典籍之所以采用经夹装形式有多方面原因。首先,藏文古籍装订受到印度梵文贝叶经书籍形式的影响。梵文经书早期传入西藏时采用加工后的贝多罗树叶书写,中间穿孔,按顺序穿线装订成册。贝多罗树叶原本就是长形,横向书写就赋予它横向长条的性质。玄奘在《大唐西域记》卷十一中记载说:(印度南部的恭建那补罗国)"城北不远有多罗树林,周三十余里,其叶长广,其色光润,诸国书写莫不采用",就是对贝叶经来源的说明。其二,后世的藏文典籍因用木板印刷,木材通常呈长条形,从长形手写贝叶经到雕版印刷佛经更是顺势而为而已。其三,西藏僧俗诵经和阅读时常盘腿席地而坐,经文横放于身前便于翻页,阅读方便。不过,诵经往往速度较快,穿线经书的翻启会受到影响,人们逐步取消了打孔和穿线工序,直接把经页顺序叠放在一起组成书卷即可。每卷书一般在上下加同样尺寸的两张木板或其他材质条板作为封面和封底,再用软绳、绸带或牛皮条扎起来,外面以绸缎包裹或以匣盛放。当然,有些外包装的装潢是非常讲究的,包装上装饰不同的图案和文字,都与经书性质和重要程度有关,形成不同的典籍装帧风格。

　　以 15 世纪以后大量的雕版印刷文献来观察藏文文本版面有利于设计藏文扫描识别模式。

　　藏文雕版的印版规格大致有长、中、短几种(嘎玛降村,1992)。最长的横向大约 85 厘米,这类典籍阅读不甚方便,主要作供奉之用。最常见的典籍有 60—70 厘米宽,有人用一支箭杆的长度称之为箭杆本。略短一些的约为 40 厘米,因近于人肘长度,又称一肘本。最短的只有 20 公分左右宽。由于印版出自不同寺庙印经院,所以并没有制定统一标准,各印经院往往聘请专业的刻经师,印版宽度也不一致。决定印版宽度的要素实际往往是所刻内容的形式和字数规模。

　　常见的箭杆本版面通常刻文 7—8 行,多则 9 行,同一书卷一般行数确定,除非版面中添加其他图案。字数因音节字长度不等,一般每行 40 字左右,比较灵活。参见以下影印页面(图 2.7)。

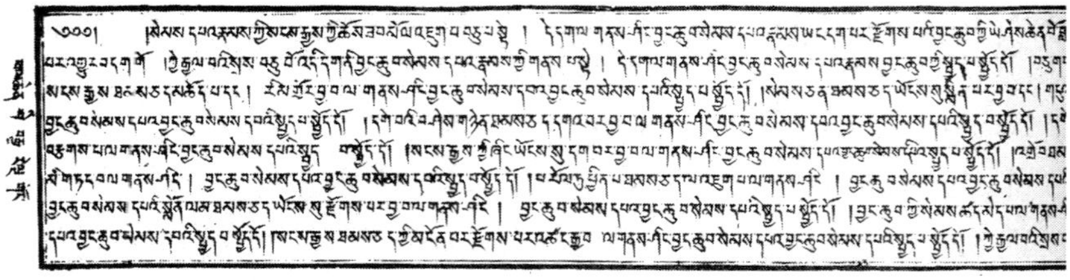

图 2.7　甘珠尔印版

　　从版面来看,藏文基线通常能保持成一条直线,也意味着整体版面分行基本均匀,这一点既因为刻经师严格按照藏文书写起笔规则从事雕版的技术,也与刻经师优良职业传统有关。行距的把握还有一个因素是对字丁高度的控制,虽然这种控制并没有确定的标准,但刻经师基本能够按照传统经验统一高度的规范。

　　但是,雕版版面无论横行和竖列,字与字、字符与字符之间总是呈现粘连交错形式。刻经师仅仅保证符号之间不重叠，可辨认，这就引起目前扫描识别的极大困难。例如下面这张雕版页面（图 2.8），行与行之间的部分字丁穿越上下两行文字的分界线，有时整个字符被划分到另一行的区域。例如第 3 行འབྱུང(vbyung),རྒྱུན(rgyun)从属上一行的元音ུ(zhabs ju)基本跨到了下一行区域，这种现象称为跨行书写。图中圈线部分突出地反映了上下行字符之间的区域混合。从框线来看，很多分音点在垂直方向的分音点下未贯彻留空，例如ཅད་ལས,ཅད(cad)与ལས(las)之间的分音点"·"贴在"ལ"的弧线左上方，不能贯彻到底以使两个音节字形式上分开。也就是说，分音点在视觉上实现了分隔音节字的作用，但在形式上却并不需要严格的分隔。与此同类的情况则是字形大小导致的跨字现象，例如གྲུབ的两个下置元音都跨过基字横向宽度的字界，甚至延伸到了下一个基字下方。再看最后一行字符串的一段བྱོ་བྱོར་བྱིར连续书写的两个 o 元音(བྱོ་བྱོ)使得第 2 个元音跨越到下一个字的前加字上方，而བྱིར(byir)上方的元音因上一行的下置元音占据了它的位置，只好后移。

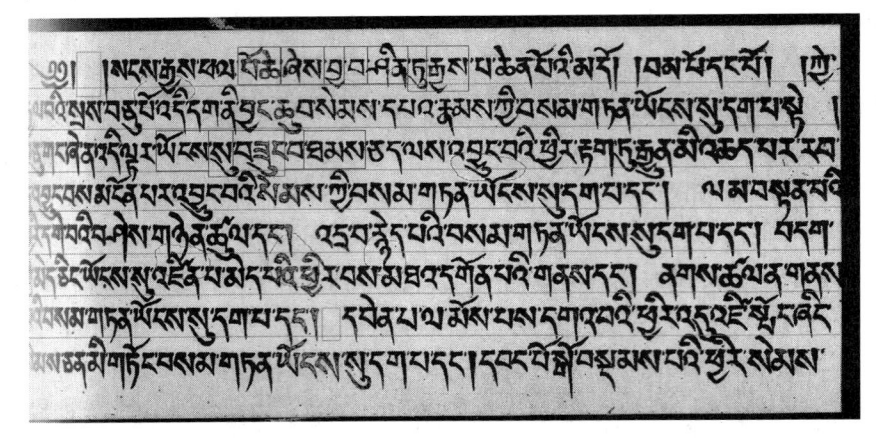

图 2.8　传统雕版页面分析

20 世纪 60 年代以后，中国出版的铅字版藏文书籍，以及 90 年代以来出版的电子版书籍规范了雕版印刷的版面。在这些版面中，行距完全拉开，上一行的长腿字母或下置的元音不再与下一行的上置元音在版面区域上混合；字距比较固定，字之间的分音点独立占据一个横向位置，字母之间的空间也基本固定。尚需规范的部分主要涉及字模问题，例如基字的高度与带下加字和带不同下加字的高度应形成固定的比率，减少下加字与下置元音的粘连现象；字母的笔画宽窄、弧度或折度都应该建立规范。

除了辅音字母和元音字符的特征，藏文文本中还有不少其他符号，包括标点符号、篇章符号、敬重符号、吟诵符号、占星符号、装饰符号等。这些符号的特征在《藏文字符研究》（江荻，龙从军，2010）中已有详细讨论，请读者参考。

2.4.3 文本的统计特征

藏文文本除了字符性质、书写形式和结构特征之外，还有一些应用方面的特征。例如佛经文本中梵语借词和佛教术语很多，反映了这类文本的特点。公文和信函等文本中敬语词相对较多，也代表了这类文本的特点。而词语在文本中的出现频率，以及字母、符号、字母组合在文本中的出现频率更是一个普遍需要探索的问题。就藏文模式识别而言，字母、字丁和音节字乃至词语的统计数据都是模式识别后处理中可以加以利用的要素，这一小节简单讨论藏语字词的统计频率现象。

(1) 音节字统计

本书以《藏汉大词典》为对象统计，该词典的特征是收词广泛，既包含古代藏语，也包含近现代藏语，既有藏语本体词语，也不排斥外来语借词，还有一定数量方言词语和冷僻用语。作为藏文结构类型数量统计有一定代表性。本书汇集了每项词条的前4个音节，全部音节字132946条（去除部分不符合藏文规则的梵文借词音节字），去重后得到4765个音节字。虽然词典统计反映的是一种静态数据，但从其中也能看出藏文的某些统计特征。表2.9按降序列出前100项高频音节字，其中，前10项音节字代表了多种要素，出现频率很高。例如，ཁ(kha)主要作为核心语素构词，意思是"口/嘴，边沿"，引申为"说话，言词"，还可作词缀；ས(sa)主要意思是"土，地"，引申为"界，邦/国"，还作专有名称用，例如ས་སྐྱ་པ(sa skya pa，萨迦派)，而作为名词化词缀使用很广；ཆུ(chu)原义为"水"，引申为"江河"，很多与水相关的事物都用其构词ཆུ་རྩྭ(chu rtswa，池草)；མི(mi)有两个常用义，"人"和"不/没"，都是常用构词语素；a 主要用作词头（前置词缀），感叹构词词缀，还可以作音节衬音连缀用法。

表 2.9 《藏汉大词典》前 100 项高频构词语素（音节字）

序号	语素	转写	字次	比率	序号	语素	转写	字次	比率
1	ཁ	kha	1828	0.0137	12	མིག	mig	579	0.0044
2	ས	sa	1207	0.0091	13	བྱ	bya	536	0.0040
3	ཆུ	chu	1048	0.0079	14	རྟ	rta	524	0.0039
4	མི	mi	899	0.0068	15	མེ	me	519	0.0039
5	ཨ	a	755	0.0057	16	མགོ	mgo	517	0.0039
6	རི	ri	706	0.0053	17	རྡོ	rdo	516	0.0039
7	མ	ma	661	0.0050	18	ཆོས	chos	499	0.0038
8	རང	rang	647	0.0049	19	ཡིད	yid	475	0.0036
9	ཤ	sha	617	0.0046	20	ཟླ	zla	469	0.0035
10	རྒྱ	rgya	605	0.0046	21	ལག	lag	468	0.0035
11	ལྷ	lha	589	0.0044	22	བློ	blo	463	0.0035

续表

序号	语素	转写	字次	比率	序号	语素	转写	字次	比率
23	དུས	dus	459	0.0035	62	རྗེས	rjes	290	0.0022
24	རྒྱལ	rgyal	454	0.0034	63	ཉེ	nye	289	0.0022
25	རྣམ	rnam	433	0.0033	64	དགེ	dge	288	0.0022
26	ནང	nang	419	0.0032	65	སྐྱེ	skye	287	0.0022
27	སྣ	sna	418	0.0031	66	ལམ	lam	286	0.0022
28	ཉི	nyi	403	0.0030	67	ཕ	pha	281	0.0021
29	ཚ	tsha	396	0.0030	68	སྨན	sman	278	0.0021
30	གསེར	gser	391	0.0029	69	ཁྱིམ	khyim	277	0.0021
31	ལུས	lus	390	0.0029	70	ནོར	nor	277	0.0021
32	སོ	so	372	0.0028	71	རྒྱུ	rgyu	274	0.0021
33	རྐང	rkang	369	0.0028	72	རྣ	rna	273	0.0021
34	ཕྱི	phyi	362	0.0027	73	གོ	go	272	0.002
35	ཚིག	tshig	359	0.0027	74	འཁོར	vkhor	272	0.0020
36	ངོ	ngo	355	0.0027	75	གནས	gnas	270	0.0020
37	ཀུན	kun	354	0.0027	76	ཞལ	zhal	263	0.0020
38	བཀའ	bkav	343	0.0026	77	བླ	bla	260	0.0020
39	ལོ	lo	341	0.0026	78	དབང	dbang	259	0.0019
40	རྩ	rtsa	339	0.0025	79	བ	ba	251	0.0019
41	སྙིང	snying	338	0.0025	80	ཡ	ya	251	0.0019
42	རླུང	rlung	337	0.0025	81	སྤྱི	spyi	250	0.0019
43	དེ	de	330	0.0025	82	བུ	bu	249	0.0019
44	སེམས	sems	316	0.0024	83	ཀ	ka	247	0.0019
45	ཕོ	pho	315	0.0024	84	སྒྲ	sgra	247	0.0019
46	དོན	don	314	0.0024	85	ཆ	cha	245	0.0018
47	རབ	rab	312	0.0023	86	ར	ra	244	0.0018
48	ལས	las	309	0.0023	87	བར	bar	241	0.0018
49	ལྕགས	lcags	307	0.0023	88	ན	na	240	0.0018
50	ཤིང	shing	306	0.0023	89	ཉ	nya	240	0.0018
51	ཐུགས	thugs	306	0.0023	90	ཡང	yang	240	0.0018
52	དྲི	dri	301	0.0023	91	ལ	la	228	0.0017
53	ཉིན	nyin	301	0.0023	92	མིང	ming	224	0.0017
54	འོད	vod	299	0.0022	93	ཡུལ	yul	224	0.0017
55	དཀར	dkar	298	0.0022	94	སྣང	snang	223	0.0017
56	ནམ	nam	298	0.0022	95	ཇ	ja	222	0.0017
57	དགའ	dgav	295	0.0022	96	འགྲོ	vgro	222	0.0017
58	སྐུ	sku	295	0.0022	97	མོ	mo	217	0.0016
59	སྐྱ	skya	294	0.0022	98	མཆོད	mchod	212	0.0016
60	མཚན	mtshan	293	0.0022	99	བྱང	byang	210	0.0016
61	འདོད	vdod	292	0.0022	100	གནམ	gnam	210	0.0016

(2) 基字统计数据

进一步,我们讨论藏文字母,特别是辅音字母在不同结构位置上的出现数据。先观察表 2.10 中基字出现的频率(降序)。出现频率最高的前几项中,བ(b)、པ(p)、མ(m)几项之所以出现最多是因为它们大量充当构词词缀①，例如བ(ba)、པ(pa)、བོ(bo)、པོ(po)、མ(ma)、མོ(mo)是藏语中最常用的构词词缀。真正作为词根基字使用最多的还是ཀ(k)、ཁ(kh)、ག(g)、ད(t)、ད(d)等基字。最后三项是梵源藏文字母，一般用于梵文借词，数量比较少。

表 2.10 《藏汉大词典》基字的出现比率

基字	转写	次数	比率	基字	转写	次数	比率
བ	b	13177	9.9115	ཉ	ny	2985	2.2453
པ	p	12120	9.1165	ཟ	z	2859	2.1505
ག	g	11863	8.9232	ཅ	c	2827	2.1264
ད	d	10621	7.9890	ཡ	y	2672	2.0098
མ	m	7621	5.7324	ཞ	zh	2652	1.9948
ཀ	k	6784	5.1028	ང	ng	2371	1.7834
ས	s	5791	4.3559	ཙ	ts	2356	1.7721
ཁ	kh	5756	4.3296	ཇ	j	1820	1.3690
ར	r	4586	3.4495	ཧ	h	1551	1.1666
ཆ	ch	4466	3.3593	འ	v	686	0.5160
ཐ	t	4359	3.2788	ཨ	(a)	585	0.4400
ལ	l	4080	3.0689	ཝ	w	112	0.0842
ན	n	3842	2.8899	ཛ	dz	75	0.0564
ཐ	th	3759	2.8275	བྷ	bh	21	0.0158
ཚ	tsh	3752	2.8222	དྷ	dh	11	0.0083
ཕ	ph	3614	2.7184	གྷ	gh	5	0.0038
ཤ	sh	3167	2.3822				

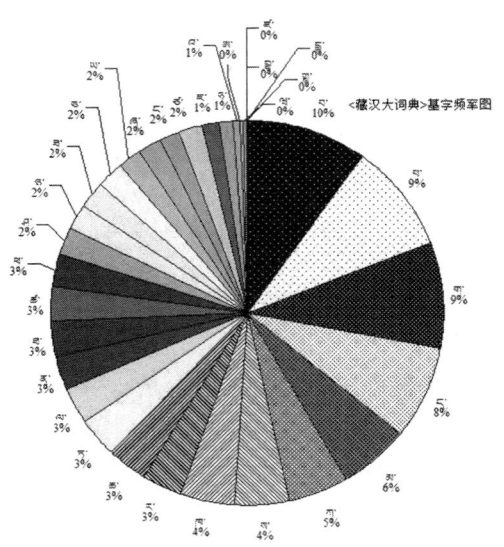

图 2.9 比较直观地显示了《藏汉大词典》基字的出现频率状态。

图 2.9 《藏汉大词典》基字出现的频率

---

① 统计数据中每个音节字所带元音不同，此处转写仅指基字的辅音，所以不带元音 a。以下统计表处理方法与此相同。

(3) 前加字统计数据

其次观察前加字出现频率。在全部数据(表 2.11)中,完全不带前加字的音节字有 102564 项,占了 77.1471。一般认为前加字འ(v)不是一个最典型的前加字,但从构词来看,却是最常见的。

表 2.11 《藏汉大词典》前加字出现比率

前加字	转写	次数	比率	前加字	转写	次数	比率
	¢	102564	77.1471	ག	g	6764	5.0878
བ	b	6475	4.8704	མ	m	4335	3.2607
ད	d	3992	3.0027	འ	v	8816	6.6313

(4) 上加字统计数据

藏文只有三个上加字,而不带上加字的比率则高达 82%(表 2.12)。还应该注意上加字ས(s)构词频率是其他两个上加字的总和。

表 2.12 《藏汉大词典》上加字出现比率

上加字	转写	次数	比率	上加字	转写	次数	比率
	¢	109136	82.09	ར	r	8646	6.50
ལ	l	3229	2.43	ས	s	11935	8.98

(5) 下加字统计数据

从表 2.13 统计数据看,藏文有四个常规下加字,还有两个下加字与重下加字构成的组合。下加字ྭ(w)和下加字组合出现比率极低,下加字ླ(l)的出现比率也很低。

表 2.13 《藏汉大词典》下加字出现比率

下加字	转写	次数	比率	下加字	转写	次数	比率
	¢	107849	81.12	ྭ	-w	481	0.36
ྱ	-y	12078	9.08	ྲྭ	-rw	76	0.06
ྲ	-r	9911	7.45	ྱྭ	-yw	19	0.01
ླ	-l	2532	1.90				

(6) 元音统计数据

元音除了常规的 5 个元音,①还有大量其他元音,主要是复合元音,少量长元音。长元音主要来自梵文和其他语言借词,因此种类和数量都比较少,而表示复合元音的各类形式却很多。2.3.1 小节中,我们已经讨论过它们的主要形式和来源,其中两个元音之间的འ(v)只是一个形式上的基字,作用是把两个甚至三个元音符号连接起来。此表中有一个形式འ(av)也可列入后加字表,从藏文拼写规则来看,这个后加字འ(v)只是一个辨别基字的形式符号,例如མདའ(mdav),如果不添加后加字འ(v),初学者不能分辨

---

① 藏文形式上不带元音符号的(a)元音也是必须统计的对象。

基字。在早期的传统文法中,西藏学者甚至认为所有不带其他后加字的音节字都必须带后加字འ(v)。例如ཁ(kha)"口"、ང(nga)"我"分别写作ཁའ(kha)"口"、ངའ(nga)"我"。有些完全不会产生歧义的形式,例如གཉ(gnya)也写作གཉའ(gnyav)"后颈"。当然,这样的拼写规则后来在文字厘定中逐步废除了。

就元音统计数据来看,值得注意的现象是,不带元音符号(本表的 a 元音)的音节字占了全部数据的 44％ 左右(包括 av、avi 等),而表 2.14 带其他四个元音符号的音节字占 55％ 左右,这种不带元音符号音节字高频出现的强势现象应该对藏文模式识别技术方案有一定参考价值。

表 2.14 《藏汉大词典》元音出现的种类和比率

元音	转写	次数	比率	元音	转写	次数	比率
ཨ	a	56131	42.2209	ཨཱ	aa	85	0.0639
ཨོ	o	25735	19.3575	ཨིའུ	ivu	53	0.0399
ཨུ	u	18599	13.9899	ཨའུ	avu	30	0.0226
ཨི	i	14930	11.2301	ཨུའུ	uvu	15	0.0113
ཨེ	e	13662	10.2764	ཨའོ	avo	9	0.0068
ཨའ	av	1400	1.0531	ཨེའོ	evo	7	0.0053
ཨའི	avi	1379	1.0373	ཨཱི	ii	4	0.0030
ཨོའི	ovi	262	0.1971	ཨོའུ	ovu	8	0.0060
ཨེའུ	evu	249	0.1873	ཨེའུའི	evuvi	3	0.0023
ཨེའི	evi	130	0.0978	ཨཱའི	aavi	2	0.0015
ཨིའི	ivi	127	0.0955	ཨོའོ	ovo	2	0.0015
ཨུའི	uvi	123	0.0925	ཨོོ	oo	1	0.0008

(7)后加字和重后加字统计数据

字形上的后加字有 10 个,另外还有 4 个带重后加字的组合形式(表 2.15),不带后加字的音节字占全部数据的 38.51％。形式上的后加字འ(v)数量最少,后加字བ(b)也很少。组合式后加字数量虽少,但增加了线性长度和复杂度,这是识别时应该注意的。

表 2.15 《藏汉大词典》后加字出现的比率

后加字	转写	次数	比率	后加字	转写	次数	比率
	¢	51191	38.5118	མ	m	4807	3.6164
ང	ng	11552	8.6907	གས	gs	4678	3.5193
ག	g	11358	8.5448	བ	b	3091	2.3254
ན	n	11160	8.3958	ངས	ngs	2006	1.5091
ད	d	8471	6.3729	མས	ms	1489	1.1202
ར	r	7838	5.8966	འ	v	1400	1.0531
ས	s	7649	5.7545	བས	bs	1387	1.0435
ལ	l	6246	4.6990				

(8) 带上加字预组合字符统计数据

以上观察的现象算是孤立地看待藏文每个结构位置上字符的出现概率,在真实文本和词典中,还有一系列现象值得观察。本书在2.3.2小节讨论了藏文字符的结构制约现象,这里我们用具体数据来观察这些制约情况,特别是用藏文上下加字叠置结构构成的字丁在音节字中呈现的比率情况。

如果不考虑元音出现情况,带上加字的字丁(字基)有33种类型,表2.16给出了基本数据。

表 2.16 《藏汉大词典》上加字与基字组合出现的比率

	结构	转写	次数	频率		结构	转写	次数	频率
1		rts	1309	0.0098	18		sng	465	0.0035
2		sk	1221	0.0092	19		rn	432	0.0032
3		st	1175	0.0088	20		sb	377	0.0028
4		rt	995	0.0075	21		rk	362	0.0027
5		lh	953	0.0072	22		rg	347	0.0026
6		rd	847	0.0064	23		rm	341	0.0026
7		ld	821	0.0062	24		rng	265	0.0020
8		sn	791	0.0059	25		rny	191	0.0014
9		sd	777	0.0058	26		lng	184	0.0014
10		sny	744	0.0056	27		lj	138	0.0010
11		sg	725	0.0055	28		lk	63	0.0005
12		sp	612	0.0046	29		rb	53	0.0004
13		lc	526	0.0040	30		lp	31	0.0002
14		rj	503	0.0038	31		sts	18	0.0001
15		lt	490	0.0037	32		lg	14	0.0001
16		sm	487	0.0037	33		lb	9	0.0001
17		rdz	486	0.0037					

如果加上元音字符,则数据有较大变化,可产生132种字丁形式。表2.17列出了出现频率最高的前40种形式。①

表 2.17 《藏汉大词典》上加字、基字、元音组合出现的比率

	结构	转写	次数	频率		结构	转写	次数	频率
1		sto	617	0.0046	7		rtsa	465	0.0035
2		lha	598	0.0045	8		rdo	438	0.0033
3		ska	543	0.0041	9		rna	395	0.0030
4		rta	540	0.0041	10		sgo	363	0.0027
5		sna	500	0.0038	11		rje	360	0.0027
6		lda	489	0.0037	12		rtsi	348	0.0026

---

① 有些结构可能带前加字,或者带复合元音,此处统计未排除这些组合,但仅以叠置结构为统计对象,未列出前加字和后基字部分。

续表

	结构	转写	次数	频率		结构	转写	次数	频率
13		sku	330	0.0025	32		rdza	179	0.0013
14		sta	322	0.0024	33		lnga	177	0.0013
15		rtse	311	0.0023	34		rda	173	0.0013
16		sma	299	0.0022	35		ste	166	0.0012
17		lta	291	0.0022	36		spa	165	0.0012
18		lca	285	0.0021	37		rgo	159	0.0012
19		snyi	271	0.0020	38		rnga	152	0.0011
20		sdu	249	0.0019	39		rdu	149	0.0011
21		sga	244	0.0018	40		rga	149	0.0011
22		sko	243	0.0018	41		rto	149	0.0011
23		rka	239	0.0018	42		sbu	149	0.0011
24		sngo	239	0.0018	43		rdzo	138	0.0010
25		sdo	217	0.0016	44		sno	135	0.0010
26		snga	213	0.0016	45		rma	134	0.0010
27		rte	211	0.0016	46		sba	133	0.0010
28		sde	199	0.0015	47		lhu	132	0.0010
29		spu	193	0.0015	48		lto	132	0.0010
30		snya	187	0.0014	49		rtso	126	0.0009
31		spo	184	0.0014	50		snye	126	0.0009

(9) 带下加字预组合字符统计数据

带下加字的字丁有40余种（表2.18），其中部分是来自梵文借词的结构，不符合藏文结构规则。有些虽然是藏文结构，但出现次数仍然很少，例如 (khwa) "乌鸦" 仅出现5次； (shr) 是梵文来的形式，数量也很少。

表2.18 《藏汉大词典》基字和下加字组合出现的比率

	结构	转写	次数	频率		结构	转写	次数	频率
1		by	2367	0.0178	15		sl	422	0.0032
2		gr	1929	0.0145	16		rl	396	0.003
3		dr	1376	0.0104	17		kr	357	0.0027
4		phy	1290	0.0097	18		my	235	0.0018
5		khr	1279	0.0096	19		kl	228	0.0017
6		br	1255	0.0094	20		hr	200	0.0015
7		gy	1157	0.0087	21		py	153	0.0012
8		sr	976	0.0073	22		dw	106	0.0008
9		khy	908	0.0068	23		grw	76	0.0006
10		ky	725	0.0055	24		rw	75	0.0006
11		phr	715	0.0054	25		zhw	65	0.0005
12		gl	533	0.004	26		tshw	57	0.0004
13		bl	510	0.0038	27		pr	46	0.0003
14		zl	441	0.0033	28		tr	34	0.0003

39

续表

	结构	转写	次数	频率		结构	转写	次数	频率
29		shw	21	0.0002	35		zw	8	0.0001
30		nyw	20	0.0002	36		shr	6	0.0000
31		phyw	19	0.0001	37		khw	5	0.0000
32		gw	13	0.0001	38		mr	4	0.0000
33		hw	11	0.0001	39		sw	4	0.0000
34		kw	9	0.0001	40		bhr	3	0.0000

基字、下加字和元音组合的字丁数量很多,本书的统计数达到144项之多。表2.19列举了出现次数最多的前50个字丁,使我们清晰了解到这类结构的状况。

表2.19 《藏汉大词典》基字、下加字和元音组合出现的比率

	结构	转写	次数	频率		结构	转写	次数	频率
1		bya	797	0.006	26		gyo	241	0.0018
2		bye	793	0.006	27		sra	227	0.0017
3		gro	773	0.0058	28		phra	216	0.0016
4		bra	540	0.0041	29		khro	211	0.0016
5		kyi	520	0.0039	30		slo	209	0.0016
6		gra	500	0.0038	31		phru	203	0.0015
7		gyi	427	0.0032	32		rlu	199	0.0015
8		phyi	423	0.0032	33		gla	197	0.0015
9		dra	418	0.0031	34		khya	196	0.0015
10		khra	415	0.0031	35		khru	192	0.0014
11		khri	382	0.0029	36		bla	183	0.0014
12		zla	343	0.0026	37		sro	183	0.0014
13		byi	333	0.0025	38		gyu	182	0.0014
14		byu	297	0.0022	39		phyu	178	0.0013
15		khyi	290	0.0022	40		bre	174	0.0013
16		sri	287	0.0022	41		sru	171	0.0013
17		dri	282	0.0021	42		gya	154	0.0012
18		phya	279	0.0021	43		dro	148	0.0011
19		gru	276	0.0021	44		khyu	147	0.0011
20		blo	271	0.002	45		bri	145	0.0011
21		dre	265	0.002	46		gye	143	0.0011
22		phyo	252	0.0019	47		phye	140	0.0011
23		dru	251	0.0019	48		khye	139	0.001
24		bru	248	0.0019	49		phro	138	0.001
25		gri	244	0.0018	50		bro	137	0.001

(10)带上加字和下加字的统计数据

最后我们再来观察基字同时带上加字和下加字的字丁出现概率(表2.20)。这类结构数量不多,其中 (rgy-)和 (sky-)最常见。而 (snr-)和 (str-)都

是方言拼读形式或借用形式。

表2.20 《藏汉大词典》上加字、基字、下加字组合出现的比率

	结构	转写	次数	频率		结构	转写	次数	频率
1		rgy	2188	0.0165	9		sgy	180	0.0014
2		sky	1619	0.0122	10		skr	171	0.0013
3		sgr	863	0.0065	11		smy	123	0.0009
4		spy	510	0.0038	12		rtsw	84	0.0006
5		sby	380	0.0029	13		smr	83	0.0006
6		spr	368	0.0028	14		rmy	10	0.0001
7		sbr	237	0.0018	15		snr	6	0.0000
8		rky	227	0.0017	16		str	1	0.0000

带不同元音的上加字、下加字预组合结构约62类，以下列出出现频率最高的前40项（表2.21）。

表2.21 《藏汉大词典》带上下加字和元音的字丁出现的比率

	结构	转写	次数	频率		结构	转写	次数	频率
1		rgya	1547	0.0116	26		smra	72	0.0005
2		skye	68	0.0053	27		sbre	68	0.0005
3		rgyu	609	0.0046	28		rkye	67	0.0005
4		skyo	378	0.0028	29		spra	59	0.0004
5		skya	293	0.0022	30		sbru	52	0.0004
6		sgro	266	0.002	31		spru	42	0.0003
7		sgra	252	0.0019	32		sgre	31	0.0002
8		spyo	175	0.0013	33		sgye	26	0.0002
9		sbyo	173	0.0013	34		smyo	26	0.0002
10		spyi	172	0.0013	35		sgyi	23	0.0002
11		sgri	166	0.0012	36		rgyo	19	0.0001
12		spya	151	0.0011	37		skru	16	0.0001
13		spro	150	0.0011	38		spre	16	0.0001
14		rkya	145	0.0011	39		rkyo	15	0.0001
15		skra	135	0.001	40		skro	14	0.0001
16		sgru	134	0.001	41		smya	14	0.0001
17		skyi	133	0.001	42		sgyo	13	0.0001
18		sgyu	115	0.0009	43		sbri	9	0.0001
19		skyu	115	0.0009	44		rmya	6	0.0000
20		sbya	111	0.0008	45		sbro	5	0.0000
21		sbra	102	0.0008	46		smre	5	0.0000
22		sbyi	95	0.0007	47		smri	5	0.0000
23		spri	92	0.0007	48		spyu	4	0.0000
24		rtswa	83	0.0006	49		rmyo	3	0.0000
25		smyu	78	0.0006	50		skri	3	0.0000

以上只是以《藏汉大词典》做了部分数据的静态统计。这些数据对于藏文扫描字体图形的模式识别或识别后处理技术有一定的参考作用。在工程中，人们往往还会提取文本的动态数据来提高识别的效率，有关数据可参考相关研究。

第三章　藏文的编码和字体

作为传统文字,藏文历史上曾发展出数十种书写字体,包括与书法艺术相关的各类手写体,也有各地不同风格雕版制作形成的印刷体。例如白徂体,珠匝体,徂仁体,徂同体,酋体,徂玛酋体等。藏文信息处理一个重要内容是继承传统文字的历史文化精髓,同时又要制定严格的藏文字体标准,用新信息媒介表现藏文不仅表现它的实际内容,也需要表现它的传统形式。

在藏文文字识别研究领域,机器直接接收的正是多姿多彩的藏文字形,代表藏族历史文化的形体符号。对这些多样性藏文符号唯有采用规范化、标准化技术加工,才能实现机器的优质高效处理。因此,这一章我们介绍关于藏文信息处理规范化、标准化的编码工作,以及这项工作的历程,最后还要介绍藏文多元字体的计算机处理最新发展。

3.1　藏文编码发展简史

最早的国际标准藏文编码提案是 1988 年由西方学者 P. Lofling 提出的,在国际标准化组织处理编码提案的 SC2/WG2 小组中,文件编号为 N306,提案名是 Encoding of Tibetan/Bhutanese Script。1992 年中国提出了 N826 提案:Modified Tibetan Code Table,又于 1994 年提出 N964 提案 Proposal for encoding Tibetan script。在随后的 5 年之中,涌现出数十份有关藏文的提案和提案评议,期间"中字符集"提案和"小字符集"提案争论最为激烈,最后于 1996 年至 1997 年各提议方达成一致,形成了最初的藏文编码体系。[①]

中国学者最初提出的方案是以已有的预组合字符方案为蓝本的,因为当时的藏文字符开发参考了汉字方案,因此实际也就是以汉字方案为参照的提

---

① 所谓"各方"指代表我国标准化机构的中国学者,统一码联盟委托的专家,国际标准化组织的专家,有尼泊尔、不丹等国学术背景的提案人和其他技术专家。

案,即所谓大字符集,编码字符达数百项之多。我们应该提到中国藏学研究中心扎西次仁的一篇重要论文"国际标准藏文计算机编码字符集的研究",该文发表于《中国藏学》(1995 年第 2 期),是参照统一编码联盟(The Unicode Consortium)1992 年提出的编码提案报告 Unicode Technical Report ♯2 撰写的。这篇文章的重要价值在于最早介绍和讨论了统一编码联盟和国际知识界对藏文编码的字母型观点,他们以小字符集的认识观来设计藏文编码方案(仅数十个字母符号),这种观点一直坚持至今。这篇文章让国内同行开始认识藏文小字符集理念,并了解到小字符集编码的处理要点,包括藏文字母范围、字母分类、编码顺序、字符叠加技术等。扎西次仁认为应该接受统一编码联盟的小字符集理念,采用小字符集为藏文编码。他的观点是有远见的,值得钦佩的。

3.1.1 藏文编码的初创阶段

藏文国际标准编码的起步是从国际统一编码联盟发布 Unicode1.0 (1991 年 10 月)开始的,当时收入藏文编码字符 71 个。这些字符未按照现在的体系编码,部分命名和功能描述也不准确。

Unicode1.0 的藏文编码从 U+1000 开始,第一个字符即辅音字母 ka,全部辅音字符连续编码至 U+1022,共计 35 个,例如:ཀ(ka,1000),ཁ(kha,1001)……ཧ(ha,1021),ཨ(a,1022),还包括了 5 个反写梵源藏文字母:ཊ(tta,1008),ཋ(ttha,1009),ཌ(dda,100A),ཎ(nna,100B),ཥ(ssha,101F)。

其他重要符号是:元音符号 7 个,其中ི(i,1026),ྀ(.i,1027),ུ(u,1028),ེ(e,1029),ོ(o,102A)连续编码,另两个是复合元音:ཻ(ai,103D),ཽ(au,103E);数字符号 10 个,从 0(1040)至 9(1049)连续编码。余下的是标点符号与读音辅助符号,例如,表示左右括号的符号༼(左半璧符,103C),༽(右半璧符,102F);表示句终或停顿的符号།(单垂符,1034);表示语音变读的ཾ(随音点,102C),ཿ(涅槃点,102E),ྂ(无韵辅音符,104B),ྃ(弱读符,104C)。当时的命名也有一些不规范之处,相当部分采用口语读音而不是正字,例如 104C 命名描述为 tsa tru,正字应该是 tsa phru。再如,表示强调的符号 nge zung gor ta,正字应该是 ngas bzung sgor rtags,功能描述也应清楚表述,该版表述为"下画圈(under ring)"。

也就是在这个时候,国际标准化组织开始制定全球性标准,其中 ISO/IEC 10646-1 这个版本在组织内部不断修订。由于这两个国际组织明白世界并不需要两个不同标准,它们自愿走到一起来,统一标准。因此统一编码联盟修订第 1.1 版时(1993 年 6 月),出现一个戏剧性的景况,所有藏文字符全部被删除。这是因为专家们接受了把当时的 Unicode 作为 ISO/IEC

10646 的一个子集观念,而后者尚未收入藏文字符,且一时无法完善 1.0 版本的不足,于是在这个版本中暂时先屏蔽掉藏文,以使两个标准顺利接轨。

	0	1	2	3	4	5	6	7	8	9	A	B	C	D	E	F
U+0F0_																
U+0F1_																
U+0F2_																
U+0F3_																
U+0F4_																
U+0F5_																
U+0F6_																
U+0F7_																
U+0F8_																
U+0F9_																
U+0FA_																
U+0FB_																

图 3.1　藏文图形字符编码表(Unicode-2.0)

统一编码在 1.1 版之后(包括它内部的多个版本),经长时间磨合,逐渐与 ISO/IEC 10646-1 对应起来。在推出的 Unicode2.0 版(1996.7)时,收入藏文符号 168 个,包括了部分佛教文本符号。而此前,国际标准化组织内部制定的 ISO/IEC 10646 各个测试版本已包括这些符号(1992-1993)。藏文在这两个版本中已经基本实现一致。但是直到 Unicode3.0(1999.9)发布,这两个版本才完全紧密结合起来,相应的国际编码标准是 ISO/IEC 10646-1 的第二个版本 ISO/IEC 10646-1:2000。

在 Unicode 编码 2.0 和 ISO/IEC 10646—1:1993 编码标准中,藏文占据基本平面 0F00—0FBF 编码区域,共计 168 个符号,占用 192 个码位。其中的藏文符号分类和数量是:篇章起首符 11 个:0F00～0F0A;标点或类标点符号 17 个:0F0B—0F14,0F34,0F36,0F3A～0F3F;历算和筹码符号 11 个:0F15～0F1F;数字或半数字符号 20 个:0F20～0F33;敬重或凸现符号 3 个:0F35,0F37—0F38;变音符号 13 个:0F39,0F7E,0F7F,0F82—0F8B;辅音字符 41 个:0F40—0F69;组合用辅音字符:0F90～0F95,0F97～0FAD,0FB1～0FB7,0FB9;组合用元音字符,从 0F71—0F7D,0F80～0F81。请观察编码表(图 3.1)。

45

目前来看,我们可以把 Unicode 编码 2.0 或 ISO/IEC 10646—1:1993 藏文国际编码看作藏文编码的创始,此后的国际编码版本都是在此基础上的增补和修订。中国国家标准《信息技术信息交换用藏文编码字符集:基本集》(1998)也是在 ISO/IEC10646—1:1993 基础上形成的,并于 1997 年 9 月正式发布。

3.1.2 藏文编码的增补与修订

2000 年国际统一编码联盟发布了 Unicode3.0,这个版本与国际标准组织的 ISO/IEC10646—1(second edition)第二版匹配。其中藏文增加了 25 个字符,并且对部分藏文字符和藏文字符的名称、意义描述加以修订与澄清。

Unicode2.0 提出的三个下加字虽然是非变形形式,但在实际实施中都采用了变形字形:ྭ(wa btags,0FAD)、ྱ(ya btags,0FB1)、ྲ(ra btags,0FB2)。由于在藏文译写梵文时,经常使用不变形字体,为此不变形形式仍然有存在的必要,为此,Unicode3.0 将这三个编码位置改换为变形形式,又另外设置了三个下加字完形字符:ྺ(0FBA)、ྻ(0FBB)、ྼ(0FBC)。

藏文上加字ར(r-)在各类基字上组合时需要变形为ར(r-,0F62),但在基字ཉ(nya)上则不变形,为此新版增加这个不变形字符ཪ(0F6A)。

Unicode2.0 中཈(0F88)、ཉ(0F89)、ཋ(0F8B)曾定义为组合字符,新版不作此规定。

关于"·"(0F0C),原本意图作为文本中ང、ངུ(nga、ngu 等)的断行限制符,但错误地描述为定界分音点。同样,""(0F0B)描述为音节间分音点,这个版本调整为语素间分音点。

Unicode3.0 增加了五个组合用下加符号:ྖ(0F96)、ྮ(0FAE)、ྯ(0FAF)、ྰ(0FB0)、ྸ(0FB8),实际上这些符号是 2.0 版中考虑不周遗漏造成的。

除了以上修订和增加的符号,3.0 版还增加了 16 个其他符号,有类标点符号:༾(0FBE)、༿(0FBF);吟诵示意符:࿀(0FC0)、࿁(0FC1)、࿂(0FC2)、࿃(0FC3)、࿄(0FC4)、࿅(0FC5)、࿆(0FC6)、࿇(0FC7)、࿈(0FC8);吉祥装饰符:࿆(0FC6)、࿉(0FC9)、࿊(0FCA)、࿋(0FCB)、࿌(0FCC);筹码符号:࿏(0FCF)。

除以上修订之外,最根本的修订是扩展了藏文字符编码区。由中国、爱尔兰、英国三国专家联合提议的第 1660 号提案(1997 年 12 月)所提出的增补字符远远超出原来的 192 个字符区域(0F00~0FBF),这次扩展使藏文编码区域从 0F00 扩展至 0FFF,可编码的字符数达到了 256 个。

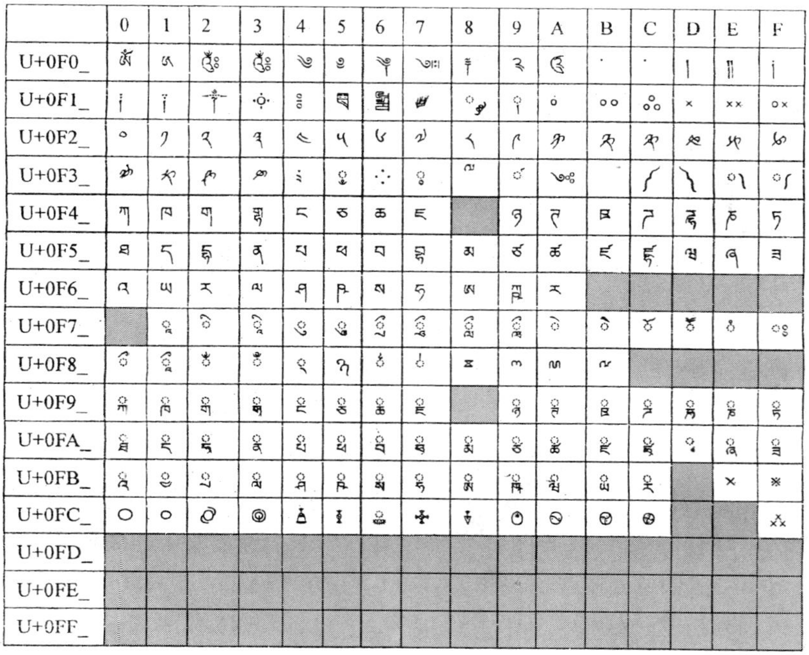

	0	1	2	3	4	5	6	7	8	9	A	B	C	D	E	F
U+0F0_	ༀ	༁	༂	༃	༄	༅	༆	༇	༈	༉	༊	་	༌	།	༎	༏
U+0F1_	༐	༑	༒	༓	༔	༕	༖	༗	༘	༙	༚	༛	༜	༝	༞	༟
U+0F2_	༠	༡	༢	༣	༤	༥	༦	༧	༨	༩	༪	༫	༬	༭	༮	༯
U+0F3_	༰	༱	༲	༳	༴	༵	༶	༷	༸	༹	༺	༻	༼	༽	༾	༿
U+0F4_	ཀ	ཁ	ག	གྷ	ང	ཅ	ཆ	ཇ		ཉ	ཊ	ཋ	ཌ	ཌྷ	ཎ	ཏ
U+0F5_	ཐ	ད	དྷ	ན	པ	ཕ	བ	བྷ	མ	ཙ	ཚ	ཛ	ཛྷ	ཝ	ཞ	ཟ
U+0F6_	འ	ཡ	ར	ལ	ཤ	ཥ	ས	ཧ	ཨ	ཀྵ	ཪ	ཫ	ཬ			
U+0F7_	཰	ཱ	ི	ཱི	ུ	ཱུ	ྲྀ	ཷ	ླྀ	ཹ	ེ	ཻ	ོ	ཽ	ཾ	ཿ
U+0F8_	ྀ	ཱྀ	ྂ	ྃ	྄	྅	྆	྇								
U+0F9_	ྐ	ྑ	ྒ	ྒྷ	ྔ	ྕ	ྖ	ྗ		ྙ	ྚ	ྛ	ྜ	ྜྷ	ྞ	ྟ
U+0FA_	ྠ	ྡ	ྡྷ	ྣ	ྤ	ྥ	ྦ	ྦྷ	ྨ	ྩ	ྪ	ྫ	ྫྷ	ྭ	ྮ	ྯ
U+0FB_	ྰ	ྱ	ྲ	ླ	ྴ	ྵ	ྶ	ྷ	ྸ	ྐྵ	ྺ	ྻ	ྼ		྾	྿
U+0FC_	࿀	࿁	࿂	࿃	࿄	࿅	࿆	࿇	࿈	࿉	࿊	࿋	࿌		࿎	࿏
U+0FD_																
U+0FE_																
U+0FF_																

图 3.2　藏文图形字符编码表（Unicode - 3.0）

在 Unicode 后续的几个版本中，藏文编码没有增删变化，包括 2001 年 3 月的 3.1 版，2002 年 3 月的 3.2 版，2003 年 4 月的 4.0 版。应注意的是，4.0 版与国际标准组织发布的 ISO 10646:2003 版相匹配。2005 年 3 月的 4.1 版中，增加了两个字符，分别是 ༐（0FD0），༑（0FD1），这是两个信函或公文篇首书写起始符。

Unicode5.0 版于 2006 年 7 月发布，藏文没有变化。在 2008 年 3 月发布的 5.1 版中藏文增加了 6 个字符，分别是 ཫ（0F6B），ཬ（0F6C），这两个字符是根据西部藏语巴尔提话（克什米尔地区）转译乌尔都语借词创造的；࿎（0FCE）是一个筹码符号；༒（0FD2）是用于古代文献的分音点，非常罕见；ༀ（0FD3），ༀ（0FD4），都是篇首起始符云头符的变体形式。

2009 年 10 月发布的 Unicode5.2 版增加 4 个佛教符号，分别是 卐（0FD5），卍（0FD6），卐（0FD7），卍（0FD8），都是表示好运和吉祥的符号。这个版本与国际标准组织发布的 ISO 10646:2003 版的第三版第 6 次修订版匹配。

本书修订之时，2011 年 2 月 17 日 Unicode6.0 发布，其中增加了 6 个藏文符号。ཱྀ（0F8C），ཱི（0F8D），ཱུ（0F8E），ཱྀ（0F8F）。࿙（0FD9）࿚（0FDA），都是相当罕见的符号。例如 0F8C 仅发现于 18 世纪汉文文献《同文韵统》（第 2 卷 135 页），用来给藏文、蒙古文、满文注音。最后两个是文本编辑符号。

3.1.3 预组合型藏文编码及其发展

中国的藏文编码起步较早,20 世纪 80 年代初即已开始。然而,中国藏文编码所走的技术路子严重受到汉字编码的影响,形成了以字丁为编码基础的格局。所谓字丁是藏文字符书写上由基字和叠置在其上下的字符垂直组合构成的结构,传统藏文叠置层次可达四层,转写梵文的梵源藏字层次更多。80 年代末期,中国藏学研究中心与华光集团合作研制藏语文计算机排版系统,并于 1993 年开始实际应用于《大藏经》校勘出版,采用的就是预先组合的字丁编码模式。与此同时,中国其他机构或大学也推出了相同技术和模式的藏文编码系统,例如北大方正藏语文书版排版系统,西北民族大学的兰海藏语文系统等,以及 2000 年以后西藏语委、西藏大学等联合开发的藏文办公套件。这个技术模式也集中反映在 2002—2003 年中国向 ISO/IEC 编码组(WG2)提交的 N2558 和 N2621 提案,以及略晚的 N2661 解释提案。由于 Unicode 和 ISO/IEC 等国际编码组织的专家坚持资源重于技术(编码空间有限),中国提案未能通过。紧接着,美国微软公司于 2007 年 1 月推出了包含藏文标准字符编码和输入法的应用系统 Windows Vista,采用 Opentype 字体和叠置引擎技术初步解决了藏文上下叠置书写问题。

中国国内采用预组合藏文字符编码有着一定的传统基础,早期的机械式藏文打字机和报刊排版铅字都一定程度上采用了预组合字丁符号。计算机应用以来,各种预组合藏文编码文本已有相当数量的累积。这些因素都对藏文编码方案制定产生影响。为解决实际应用中的问题,2006 年 10 月中国标准化机构发布了 GB/T 20542—2006 藏文扩充集 A(以下简称"藏文扩 A"),共收录 1536 个藏文和常用梵源藏文垂直预组合字符。所有字符在 GB13000.1—1993 的专用用户区编码,每个字符由 2 个字节编码,其编码位置是 0xF300—0xF8FF,共占用 1536 个编码位置。藏文扩 A 预组合字符用到了藏文基本字符集中的 74 个基本字符,其字符编码分别是:0F18,0F19,0F35,0F37,0F39,0F3E,0F3F,0F71—0F84,0F86,0F87,0F90—0F97,0F99—0FBC,0FC6。

藏文扩 A 将预组合藏文字符和预组合梵源藏文字符分开排序。其中预组合藏文字符共 761 个,以基字为准,按藏文字母的顺序排序。例如,预组合首字符为 0xF300 ཀྐ、依次是 0xF301 ཀྒ、0xF302 ཀྔ、0xF303 ཀྙ、0xF304 ཀྚ、0xF305 ཀྛ、0xF306 ཀྜ、0xF307 ཀྞ、0xF308 ཀྟ、0xF309 ཀྠ、0xF30A ཀྡ、0xF30B

ཇ、0xF30C ཉ、0xF30D ཊ、0xF30E ཌ、0xF30F ཎ……0xF5F1 ཧ、0xF5F2 ཨ、0xF5F3 ཀྵ、0xF5F4 ཀྲ、0xF5F5 ཁྲ、0xF5F6 གྲ、0xF5F7 ངྲ、0xF5F8 ཅྲ。这些预组合字符编码排序规则是：辅音＋元音、基字＋下加字（依次是ཡཝར）、基字＋下加字＋元音、基字＋上加字（依次是ར ལ ས）、基字＋上加字＋元音、基字＋下加字＋上加字、基字＋下加字＋上加字＋元音。

藏文扩 A 收录的梵文转写藏文字符共 775 个，以最上层辅音字符为准，按元音、辅音的字母顺序排序。预组合首字符为 0xF5F9 ཀ、依次是 0xF5FA ཀཱ、0xF5FB ཀི、0xF5FC ཀཱི、0xF5FD ཀུ、0xF5FE ཀཱུ、0xF5FF ཀྲྀ……0xF8F6 ཥ、0xF8F7 ཥ、0xF8F8 ཥ、0xF8F9 ཥ、0xF8FA ཥ、0xF8FB ཥ、0xF8FC ཥ、0xF8FD ཥ、0xF8FE ཥ、0xF8FF ཥ。在梵文转写藏文字符中，除上加字ར (r-) 和下加字ཡ (-y)、ར (-r)、ཝ (-w) 时出现一些不同写法外，其他转写都是一致的。对少数有不同写法的转写字符，为转写字符的美观和书写规范确定了一种转写方式和对应的一个编码，如ཥ、ཥ、ཥ、ཥ、ཥ、ཥ、ཥ，等不同的转写写法时，确定为如ཥ、ཥ、ཥ、ཥ的转写方式。

随着藏文的实际使用，藏文扩 A 中定义的梵源转写字符尚不充分。2008 年 6 月国家标准机构发布了 GB/T 22238—2008 藏文扩充集 B（以下简称"藏文扩 B"）。该标准收录 5702 个梵源藏文字符。所有字符在 GB13000.1—1993 的专用平面 0F 上编码，采用 4 个字节字符编码，由 0x000F0000—0x000F1645 表示，共占用 5702 个编码位置。收录的字符以最上层辅音字符为准，按藏文字母顺序排序。预组合首字符为 0xF0000 ཀ，依次是 0xF0001 ཀ、0xF0002 ཀ、0xF0003 ཀ、0xF0004 ཀ、0xF0005 ཀ、0xF0006 ཀ……0xF161B ཀ、0xF161C ཀ、0xF161D ཀ、0xF161E ཀ、0xF161F ཀ、0xF1620 ཀ、0xF1621 ཀ、0xF1622 ཀ、0xF1623 ཀ、0xF1624 ཀ。并增加了 33 个专用于上下加组合用字符：0xF1625 ཀ、0xF1626 ཀ、0xF1627 ཀ、0xF1628 ཀ、0xF1629 ཀ、0xF162A ཀ、0xF162B ཀ、0xF162C ཀ、0xF162D ཀ、0xF162E ཀ、0xF162F ཀ、0xF1630 ཀ、0xF1631 ཀ、0xF1632 ཀ、0xF1633 ཀ、0xF1634 ཀ、0xF1635 ཀ、0xF1636 ཀ、0xF1637 ཀ、0xF1638 ཀ、0xF1639 ཀ、0xF163A ཀ、0xF163B ཀ、0xF163C ཀ、0xF163D ཀ、0xF163E ཀ、0xF163F ཀ、0xF1640 ཀ、0xF1641 ཀ、0xF1642 ཀ、0xF1643 ཀ、0xF1644 ཀ。标准最后定义了一个空白字符 0xF1645。各字符排序和转写方式与藏文扩 A 中的预组合梵源字符部分一样。

目前，在应用的驱动下，藏文国际标准编码和国内预组合编码都有各自应用领域，前者主要应用于个人电脑和办公系统，后者应用于专业书刊排版机构。但随着技术发展，特别是 Opentype 技术的发展，两种编码终将走向应用的一体化。

3.2 藏文编码

上一节讨论了藏文编码的发展状况，这一节具体介绍藏文编码内容，给出每个字符放入编码的地位和形式。描述表按照统一编码顺序排列，便于查询。有关每个图形或符号的功能和用法请参阅江荻、龙从军(2010)。

音节符。传统文章置于篇首的图形或符号。

符号	UCS 编码	名称或描述
	U+0F00	藏文音节符(Tibetan syllable om)

篇首符号。传统文章置于书卷起始位置的图形或符号，或者作篇首的提示符号。

符号	UCS 编码	名称或描述
	U+0F01	伏藏字头(Tibetan mark gter yig mgo truncated a)
	U+0F02	伏藏字头(Tibetan mark gter yig mgo-um rnam bcad ma)
	U+0F03	伏藏标点(Tibetan mark gter yig mgo-um gter tsheg ma)
	U+0F04	云头符/篇章起始提示符(Tibetan mark initial yig mgo mdun ma)
	U+0F05	腰云头符(Tibetan mark closing yig mgo sgab ma)
	U+0F06	橛形垂符(Tibetan mark caret yig mgo phur shad ma)
	U+0F07	点云头符(Tibetan mark yig mgo tsheg shad ma)

标记和符号。这部分符号具有标点符号作用，但用法上不够稳定，功能较为含混，有些明显还具有文本装饰性质。最重要的符号是分音点和垂形符。

符号	UCS 编码	名称或描述
	U+0F08	蛇形垂符(Tibetan mark sbrul shad)
	U+0F09	信函起始符(Tibetan mark bskur yig mgo)
	U+0F0A	信函起始符(Tibetan mark bka-shog yig mgo)
	U+0F0B	分音点/音节点(Tibetan mark intersyllabic tsheg)
	U+0F0C	(Tibetan mark delimiter tsheg bstar)
	U+0F0D	垂形符(Tibetan mark shad)
	U+0F0E	双垂符(Tibetan mark nyis shad)
	U+0F0F	音节点垂符(Tibetan mark tsheg shad)
	U+0F10	双音点节垂符(Tibetan mark nyis tsheg shad)
	U+0F11	聚宝垂符，卷首线(Tibetan mark rin chen spungs shad)
	U+0F12	十字垂符(Tibetan mark rgya gram shad)
	U+0F13	镜子插入符(Tibetan mark caret-dzud rtags me long can)
	U+0F14	伏藏句点(Tibetan mark gter tsheg)

历算符号。历算符号的主要功能是表示藏历太阳日和太阴日计算方法。筹码符号可用于各种场合，部分地方还用来算命或占卜运气。

符号	UCS 编码	名称或描述
ᰵ	U+0F15	缺日符(Tibetan logotype sign chad rtags)
ᰶ	U+0F16	重日符(Tibetan logotype sign lhag rtags)
᰷	U+0F17	罗睺符(Tibetan astrological sign sgra gcan-char rtags)
᰸	U+0F18	交食符(Tibetan astrological sign-khyud pa)
᰹	U+0F19	下置垂符(Tibetan astrological sign sdong tshugs)
°	U+0F1A	白石子(Tibetan sign rdel dkar gcig)
°°	U−0F1B	白石对(Tibetan sign rdel dkar gnyis)
°°°	U+0F1C	三白子(Tibetan sign rdel dkar gsum)
×	U+0F1D	黑石子(Tibetan sign rdel nag gcig)
××	U+0F1E	黑石对(Tibetan sign rdel nag gnyis)
°×	U+0F1F	黑白子(Tibetan sign rdel dkar rdel nag)

数字符。表示整数计数的符号。

符号	UCS 编码	名称或描述
༠	U+0F20	数字符 0(Tibetan digit zero)
༡	U+0F21	数字符 1(Tibetan digit one)
༢	U+0F22	数字符 2(Tibetan digit two)
༣	U+0F23	数字符 3(Tibetan digit three)
༤	U+0F24	数字符 4(Tibetan digit four)
༥	U+0F25	数字符 5(Tibetan digit five)
༦	U+0F26	数字符 6(Tibetan digit six)
༧	U+0F27	数字符 7(Tibetan digit seven)
༨	U+0F28	数字符 8(Tibetan digit eight)
༩	U+0F29	数字符 9(Tibetan digit nine)

半数字符。一种仅用于西藏地方早期钱币和邮票等领域的数字表示法,每个半数字符表示比数字符本数少 0.5。

符号	UCS 编码	名称或描述
༪	U+0F2A	半数字符 1(0.5)(Tibetan digit half one)
༫	U+0F2B	半数字符 2(1.5)(Tibetan digit half two)
༬	U+0F2C	半数字符 3(2.5)(Tibetan digit half three)
༭	U+0F2D	半数字符 4(3.5)(Tibetan digit half four)
༮	U+0F2E	半数字符 5(4.5)(Tibetan digit half five)
༯	U+0F2F	半数字符 6(5.5)(Tibetan digit half six)
༰	U+0F30	半数字符 7(6.5)(Tibetan digit half seven)
༱	U+0F31	半数字符 8(7.5)(Tibetan digit half eight)
༲	U+0F32	半数字符 9(8.5)(Tibetan digit half nine)
༳	U+0F33	半数字符 0(例 10−0.5=9.5)(Tibetan digit half zero)

标记与符号。这一类基本都是文本描述符号,有表敬重、凸显的,还有表示文本编辑的。0F39 实际是读音描述符号。

符号	UCS 编码	名称或描述
ᰳ	U+0F34	省略符(Tibetan mark bsdus rtags)
ᰴ	U+0F35	人名敬重符(Tibetan mark ngas bzung nyi zla)
ᰵ	U+0F36	镜子插入符(Tibetan mark caret-dzud rtags bzhi mig can)
ᰶ	U+0F37	人名凸显标记(Tibetan mark ngas bzung sgor rtags)
༸	U+0F38	敬重符(Tibetan mark che mgo)
༹	U+0F39	弱读符(Tibetan mark tsa-phru)

成对标点符号。用法上类似成对的括号。

符号	UCS 编码	名称或描述
༺	U+0F3A	左曲符(Tibetan mark gug rtags gyon)
༻	U+0F3B	右曲符(Tibetan mark gug rtags gyas)
༼	U+0F3C	左半壁符(Tibetan mark ang khang gyon)
༽	U+0F3D	右半壁符(Tibetan mark ang khang gyas)

历算符。用于历算文本中的成对括号。

符号	UCS 编码	名称或描述
༾	U+0F3E	上玄日符(Tibetan sign yar tshes)
༿	U+0F3F	下玄日符(Tibetan sign mar tshes)

辅音字符。包括了传统藏文30字母,从梵文译音创新的10个字母。

符号	UCS 编码	名称或描述
ཀ	U+0F40	辅音字母 ka(Tibetan letter ka)
ཁ	U+0F41	辅音字母 kha(Tibetan letter kha)
ག	U+0F42	辅音字母 ga(Tibetan letter ga)
གྷ	U+0F43	梵源辅音字母 gha(Tibetan letter gha)
ང	U+0F44	辅音字母 nga(Tibetan letter nga)
ཅ	U+0F45	辅音字母 ca(Tibetan letter ca)
ཆ	U+0F46	辅音字母 cha(Tibetan letter cha)
ཇ	U+0F47	辅音字母 ja(Tibetan letter ja)
ཉ	U+0F49	辅音字母 nya(Tibetan letter nya)
ཊ	U+0F4A	梵源辅音字母 tta(Tibetan letter tta)
ཋ	U+0F4B	梵源辅音字母 ttha(Tibetan letter ttha)
ཌ	U+0F4C	梵源辅音字母 dda(Tibetan letter dda)
ཌྷ	U+0F4D	梵源辅音字母 ddha(Tibetan letter ddha)
ཎ	U+0F4E	梵源辅音字母 nna(Tibetan letter nna)
ཏ	U+0F4F	辅音字母 ta(Tibetan letter ta)
ཐ	U+0F50	辅音字母 tha(Tibetan letter tha)
ད	U+0F51	辅音字母 da(Tibetan letter da)
དྷ	U+0F52	梵源辅音字母 dha(Tibetan letter dha)
ན	U+0F53	辅音字母 na(Tibetan letter na)
པ	U+0F54	辅音字母 pa(Tibetan letter pa)

第三章 藏文的编码和字体

符号	UCS 编码	名称或描述
ཕ	U+0F55	辅音字母 pha(Tibetan letter pha)
བ	U+0F56	辅音字母 ba(Tibetan letter ba)
བྷ	U+0F57	梵源辅音字母 bha(Tibetan letter bha)
མ	U+0F58	辅音字母 ma(Tibetan letter ma)
ཙ	U+0F59	辅音字母 tsa(Tibetan letter tsa)
ཚ	U+0F5A	辅音字母 tsha(Tibetan letter tsha)
ཛ	U+0F5B	辅音字母 dza(Tibetan letter dza)
ཛྷ	U+0F5C	梵源辅音字母 dzha(Tibetan letter dzha)
ཝ	U+0F5D	辅音字母 wa(Tibetan letter wa)
ཞ	U+0F5E	辅音字母 zha(Tibetan letter zha)
ཟ	U+0F5F	辅音字母 za(Tibetan letter za)
འ	U+0F60	辅音字母 va(Tibetan letter-a)
ཡ	U+0F61	辅音字母 ya(Tibetan letter ya)
ར	U+0F62	辅音字母 ra(Tibetan letter ra)
ལ	U+0F63	辅音字母 la(Tibetan letter la)
ཤ	U+0F64	辅音字母 sha(Tibetan letter sha)
ཥ	U+0F65	梵源辅音字母 ssha(Tibetan letter ssa)
ས	U+0F66	辅音字母 sa(Tibetan letter sa)
ཧ	U+0F67	辅音字母 ha(Tibetan letter ha)
ཨ	U+0F68	辅音字母 a(Tibetan letter a)
ཀྵ	U+0F69	辅音字母 kssha(Tibetan letter kssa)
ར	U+0F6A	无变体上加字辅音字母 ra(Tibetan letter fixed-form ra)

扩展辅音字符。仅用于藏语 Balti 方言,记录来自西亚或中亚的外来语词。

符号	UCS 编码	名称或描述
ཫ	U+0F6B	方言用字母(Tibetan letter kka)
ཬ	U+0F6C	方言用字母(Tibetan letter rra)

元音符号。包括了传统藏文 4 个元音符号,从梵文译音创新的其他元音符号。

符号	UCS 编码	名称或描述
ཱ	U+0F71	长音标记 va(Tibetan vowel sign aa)
ི	U+0F72	元音符号 i(Tibetan vowel sign i)
ཱི	U+0F73	长元音符 ii(Tibetan vowel sign ii)
ུ	U+0F74	元音符号 u(Tibetan vowel sign u)
ཱུ	U+0F75	长元音符 uu(Tibetan vowel sign uu)
ྲྀ	U+0F76	梵源元音符号. ri(Tibetan vowel sign vocalic r)
ཷ	U+0F77	梵源元音符号. rii(Tibetan vowel sign vocalic rr)
ླྀ	U+0F78	梵源元音符号. li(Tibetan vowel sign vocalic l)
ཹ	U+0F79	梵源元音符号. lii(Tibetan vowel sign vocalic ll)
ེ	U+0F7A	元音符号 e(Tibetan vowel sign e)

53

符号	UCS 编码	名称或描述
	U+0F7B	梵源元音符号 ai(Tibetan vowel sign ee)
	U+0F7C	元音符号 o(Tibetan vowel sign o)
	U+0F7D	梵源元音符号 au(Tibetan vowel sign oo)

变音修饰符。标示梵源藏文读音的符号。

符号	UCS 编码	名称或描述
	U+0F7E	鼻音韵尾变读符(Tibetan sign rjes su nga ro)
	U+0F7F	无声送气符(Tibetan sign rnam bcad)

元音符号。古藏语元音读音符号。

符号	UCS 编码	名称或描述
	U+0F80	元音符号.i(Tibetan vowel sign reversed i)
	U+0F81	元音符号.ii(Tibetan vowel sign reversed ii)

标记和符号。0F82 是文本装饰符,其他是读音辅助符号或读音描述符号。

符号	UCS 编码	名称或描述
	U+0F82	日月符(Tibetan sign nyi zla naa da)
	U+0F83	半鼻音符(Tibetan sign sna ldan)
	U+0F84	无韵辅音符(Tibetan mark halanta)
	U+0F85	超长音符(Tibetan mark paluta)
	U+0F86	重音符(Tibetan sign lci rtags)
	U+0F87	轻音符(Tibetan sign yang rtags)

音译的字母或符号。表示或描述字母读音的辅助符号。

符号	UCS 编码	名称或描述
	U+0F88	舌根音符(Tibetan sign lce tsa can)
	U+0F89	唇音符(Tibetan sign mchu can)
	U+0F8A	四方形语音符(Tibetan sign gru can rgyings)
	U+0F8B	非四方形语音符(Tibetan sign gru med rgyings)
	U+0F8C	倒唇音符(Tibetan sign inverted mchu can)

音译的组合用符号。

符号	UCS 编码	名称或描述
	U+0F8D	下置舌根音符(Tibetan subjoined sign lce tsa can)
	U+0F8E	下置唇音符(Tibetan subjoined sign mchu can)
	U+0F8F	下置倒唇音符(Tibetan subjoined sign inverted mchu can)

组合用辅音字符:为解决藏文纵向叠置符号的计算机实现技术,基本集为每个辅音字符设置了组合用字符。

符号	UCS 编码	名称或描述
	U+0F90	组合用辅音字母 ka(Tibetan subjoined letter ka)
	U+0F91	组合用辅音字母 kha(Tibetan subjoined letter kha)
	U+0F92	组合用辅音字母 ga(Tibetan subjoined letter ga)

符号	UCS 编码	名称或描述
	U+0F93	组合用辅音字母 gha(Tibetan subjoined letter gha)
	U+0F94	组合用辅音字母 nga(Tibetan subjoined letter nga)
	U+0F95	组合用辅音字母 ca(Tibetan subjoined letter ca)
	U+0F96	组合用辅音字母 cha(Tibetan subjoined letter cha)
	U+0F97	组合用辅音字母 ja(Tibetan subjoined letter ja)
	U+0F99	组合用辅音字母 nya(Tibetan subjoined letter nya)
	U+0F9A	组合用辅音字母 tta(Tibetan subjoined letter tta)
	U+0F9B	组合用辅音字母 ttha(Tibetan subjoined letter ttha)
	U+0F9C	组合用辅音字母 dda(Tibetan subjoined letter dda)
	U+0F9D	组合用辅音字母 ddha(Tibetan subjoined letter ddha)
	U+0F9E	组合用辅音字母 nna(Tibetan subjoined letter nna)
	U+0F9F	组合用辅音字母 ta(Tibetan subjoined letter ta)
	U+0FA0	组合用辅音字母 tha(Tibetan subjoined letter tha)
	U+0FA1	组合用辅音字母 da(Tibetan subjoined letter da)
	U+0FA2	组合用辅音字母 dha(Tibetan subjoined letter dha)
	U+0FA3	组合用辅音字母 na(Tibetan subjoined letter na)
	U+0FA4	组合用辅音字母 pa(Tibetan subjoined letter pa)
	U+0FA5	组合用辅音字母 pha(Tibetan subjoined letter pha)
	U+0FA6	组合用辅音字母 ba(Tibetan subjoined letter ba)
	U+0FA7	组合用辅音字母 bha(Tibetan subjoined letter bha)
	U+0FA8	组合用辅音字母 ma(Tibetan subjoined letter ma)
	U+0FA9	组合用辅音字母 tsa(Tibetan subjoined letter tsa)
	U+0FAA	组合用辅音字母 tsha(Tibetan subjoined letter tsha)
	U+0FAB	组合用辅音字母 dza(Tibetan subjoined letter dza)
	U+0FAC	组合用辅音字母 dzha(Tibetan subjoined letter dzha)
	U+0FAD	组合用辅音字母 wa(Tibetan subjoined letter wa)
	U+0FAE	组合用辅音字母 zha(Tibetan subjoined letter zha)
	U+0FAF	组合用辅音字母 za(Tibetan subjoined letter za)
	U+0FB0	组合用辅音字母 va(Tibetan subjoined letter va)
	U+0FB1	组合用辅音字母 ya(Tibetan subjoined letter ya)
	U+0FB2	组合用辅音字母 ra(Tibetan subjoined letter ra)
	U+0FB3	组合用辅音字母 la(Tibetan subjoined letter la)
	U+0FB4	组合用辅音字母 sha(Tibetan subjoined letter sha)
	U+0FB5	组合用辅音字母 ssha(Tibetan subjoined letter ssa)
	U+0FB6	组合用辅音字母 sa(Tibetan subjoined letter sa)
	U+0FB7	组合用辅音字母 ha(Tibetan subjoined letter ha)
	U+0FB8	组合用辅音字母 a(Tibetan subjoined letter a)
	U+0FB9	组合用辅音字母 kssha(Tibetan subjoined letter kssa)

不变形组合用辅音字母。用于音译梵文词语。

符号	UCS 编码	名称或描述
	U+0FBA	组合用辅音字母 wa(Tibetan subjoined letter fixed-form wa)
	U+0FBB	组合用辅音字母 ya(Tibetan subjoined letter fixed-form ya)
	U+0FBC	组合用辅音字母 ra(Tibetan subjoined letter fixed-form ra)

文本符号。用于描述和编辑文本的辅助符号。

符号	UCS 编码	名称或描述
╳	U+0FBE	重复符(Tibetan ku ru kha)
※	U+0FBF	插入符(Tibetan ku ru kha bzhi mig can)

吟诵符号。经文中提示诵经者的示意或会意符号。

符号	UCS 编码	名称或描述
○	U+0FC0	重敲符(Tibetan cantillation sign heavy beat)
o	U+0FC1	轻敲符(Tibetan cantillation sign light beat)
৯	U+0FC2	手鼓(Tibetan cantillation sign cang tevu)
◉	U+0FC3	铙钹(Tibetan cantillation sign sbub vchal)

法器符号。藏传佛教中的法器图形。

符号	UCS 编码	名称或描述
ᛯ	U+0FC4	法铃(Tibetan symbol dril bu)
ᛰ	U+0FC5	金刚杵(Tibetan symbol rdo rje)
ᛱ	U+0FC6	莲花座(Tibetan symbol padma gdan)
✧	U+0FC7	十字金刚杵(Tibetan symbol rdo rje rgya gram)
ᛳ	U+0FC8	金刚橛(Tibetan symbol phur pa)
ᛴ	U+0FC9	珠宝(Tibetan symbol nor bu)
ᛵ	U+0FCA	双体宝物(Tibetan symbol nor bu nyis vkhyil)
ᛶ	U+0FCB	三体宝物(Tibetan symbol nor bu gsum vkhyil)
ᛷ	U+0FCC	四体宝物(Tibetan symbol nor bu bzhi vkhyil)

筹码符号。可能用于计算或占卜。

符号	UCS 编码	名称或描述
×o	U+0FCE	黑白子(Tibetan sign rdel nag rdel dkar)
××	U+0FCF	三黑子(Tibetan sign rdel nag gsum)

标记和符号。信函起始所用符号。双音节点仅用于古藏文文献。

符号	UCS 编码	名称或描述
༐	U+0FD0	信函起始符(Tibetan mark bskav shog gi mgo rgyan)
༑	U+0FD1	信函起始符(Tibetan mark mnyam yig gi mgo rgyan)
༒	U+0FD2	双音节点(Tibetan mark nyis tsheg)

篇首符号。云头符的变体形式或者简化形式。

符号	UCS 编码	名称或描述
༓	U+0FD3	云头符(变体)(Tibetan mark initial brda rnying yig mgo mdun ma)
༔	U+0FD4	腰云头符(变体)(Tibetan mark closing brda rnying yig mgo sgab ma)

宗教符号。表示吉祥、永恒的象征符号。

符号	UCS 编码	名称或描述
卐	U+0FD5	右旋雍仲符(right facing svasti sigh)
卍	U+0FD6	左旋雍仲符(left facing svasti sigh)

符号	UCS 编码	名称或描述
卐	U+0FD7	带点右旋雍仲符（right-facing svasti sigh with dots）
卍	U+0FD8	带点左旋雍仲符（left facing svasti sigh with dots）

标注标记。用于对词语的说明。

符号	UCS 编码	名称或描述
ֹ֯	U+0FD9	标注符（Tibetan mark leading mchan rtags）
ֹ֯	U+0FDA	标注符（Tibetan mark trailing mchan rtags）

Unicode 藏文编码历经多个版本，处在不断增补中，因此，目前的分类存在一些缺陷、重复和不准确的地方，这一点请读者把握。本书附录列出了最新公布的 Unicode 标准编码集。

3.3 藏文字体及其特征

藏族是信奉神佛的民族，藏文的阅读和书写也被看得十分神圣。藏文早期曾历经三次规范化厘定，这样的厘定不仅是正确拼写要求，而且在用笔、形制、章法、墨法诸方面都有讲究，逐渐形成书法原型。据传，藏族历史上对各类书写有一些独特传神的描绘。例如，土弥桑布扎颂扬松赞干布王的诗歌字体形似草地上腾跃的青蛙，称为蛙书（蟾体）；芒松芒赞时期书法传习者恰昂仁青拔的字体形似平行排列的砖石，称为砖书；整个吐蕃时期，还出现了其他类似鸟书、鱼书、蚁书、珍珠书、青稞书、雄狮书等描述。书写上的不同用笔、章法，乃至细微的笔力、笔势、行款、衔接、疏密，为字体的书法派别形成铺垫了基础，为人们欣赏、学习和发展藏文书法提供了范例。

经过千余年的发展，藏文书法已然形成。目前藏区各地流行的书法字体可分为两大种类，所谓有头字和无头字。有头字藏文叫做དབུ་ཅན（dbu can），中文作"吾坚体"或"乌金体"。དབུ（dbu）是藏语敬语词"头"的意思，ཅན（can）是名词词缀，表示"具有者"之意。有头字的后期应用与雕版印刷的发展密切相关，因此也称为印刷体，但实际上常用于日常书写，特别是公文或正式行文。

无头字藏文叫做དབུ་མེད（dbu med），中文作"乌梅体"。མེད（med）是"没有/无"的意思，合起来就是无头字体或无冠字体。无头字通常用于日常行文和记事，书写起来相对随意，比较潦草。

有头字在发展中受到应用领域和字体结构等因素制约，一般总是呈现为带冠和方形特征，因此，字体差别不大。据传，11 世纪初，西藏著名书法家琼布右迟针对有头字的字体布局进行规范，创制出琼体，一直延续至今。

无头字在藏区各地的发展中分别形成多种不同风格,字体分类很多,形态差别甚大,成千姿百态之状。主要字体有:白徂体(བདེ་ཚུགས,dpe tshugs),珠匝体(འབྲུ་ཚ,vbru tsha),徂仁体(ཚུགས་རིང,tshugs ring),徂同体(ཚུགས་ཐུང,tshugs thung),酋体(འཁྱུག,vkhyug),徂玛酋体(འཁྱུག་མ་ཚུགས,vkhyug ma chugs)。每类之下还可再分出小类,例如珠匝体又可分长腿体和短腿体等。除此之外,还有一些其他字体,不一一叙述。

20世纪90年代初期,最早应用于计算机的藏文字体仅有两三种,例如方正藏文系统只有白体,标黑体等。2000年以后,计算机用藏文字体逐渐增多,例如方正新一代藏文电子出版系统已经开发出新黑体、吾坚琼体、新白体、长体、竹体、标题体、美术体等七款字体,大大扩展了藏文印刷出版功能。

2010年,中国藏学研究中心开发出"珠穆朗玛系列藏文字体",并迅速应用于社会,一举突破藏文字体贫瘠的境况。其中还有多项技术创新,包括一直难以解决的草书体(无头字)显示和打印输出,大众化藏文简洁输入法,真是惊世之举,令人叹为观止。此处,本文摘取《东北藏古代民间文学》一段"松巴母亲语录"为例,用珠穆朗玛字体呈现各种字体所反映的藏文优美的字形("语录"原文和译文均摘自谢后芳译注的《古代藏族民间文学资料》),中文大意是:

(28)英雄的胆量,不为死亡所惧。(29)贤者的敏锐,不为学识所窘。

(56)毛驴虽先走,也要落在马后;(57)小鸟虽先飞,也会被鹞鹰抓住。

(74)好言相对,是兴盛的根基;(75)恶言相伤,是邪恶的大门。

——汲取聪明仁慈母亲的教诲,一生中肯定会有所成就。

1. 珠穆朗玛—乌金萨琼体(དབུ་ཅན་གསར་ཆུང,dbu can gsar chung)

དཔའ་བོའི་ཁྲོ་པ་གདོན། །ཤི་རྒྱས་ཀྱི་འཇིགས་པ། །འབངས་པའི་དྲན་ཤེས་ནི། །ཤེས་པས་ཀྱི་སྦྱོར་ལོ། །

སྐྱིད་འདྲིན་སྔར་ཡང་། །མགྱོགས་ཀྱི་སྟོབས་ལོག །བྱེད་འདུར་ཡང་ཕྱི་ལྷུར་པབ་བོ། །

ཚོ་བཟང་ལགས་གདོན། །སྲིད་ཀྱི་ཡུལ་པ། །ཁ་སྐུལ་ཤེས་ན་དོན། །བདུད་ཀྱི་སྒོ་མོ། །

དེ་བས་མ་འཛངས་བརྒྱ་མ་བཞུད་ན། །སྲིད་ཀྱི་དོན་དང་། །མདུད་པར་བྱུང་ཞིག །

2. 珠穆朗玛—乌金萨钦体(དབུ་ཅན་གསར་ཆེན,dbu can gsar chen)

དཔའ་བོའི་ཁྲོ་པ་གདོན། །ཤི་རྒྱས་ཀྱི་འཇིགས་པ། །འབངས་པའི་དྲན་ཤེས་ནི། །ཤེས་པས་ཀྱི་སྦྱོར་ལོ། །

སྐྱིད་འདྲིན་སྔར་ཡང་། །མགྱོགས་ཀྱི་སྟོབས་ལོག །བྱེད་འདུར་ཡང་ཕྱི་ལྷུར་པབ་བོ། །

ཚོ་བཟང་ལགས་གདོན། །སྲིད་ཀྱི་ཡུལ་པ། །ཁ་སྐུལ་ཤེས་ན་དོན། །བདུད་ཀྱི་སྒོ་མོ། །

དེ་བས་མ་འཛངས་བརྒྱ་མ་བཞུད་ན། །སྲིད་ཀྱི་དོན་དང་། །མདུད་པར་བྱུང་ཞིག །

3. 珠穆朗玛—乌金苏通体(དབུ་ཅན་སུག་ཐུང་, dbu can sug thung)

4. 珠穆朗玛—乌金苏仁体(དབུ་ཅན་སུག་རིང་, dbu can sug ring)

5. 珠穆朗玛—珠擦体(འབྲུ་ཚ, vbru tsha)

6. 珠穆朗玛—簇玛丘体(འཁྱུག་མ་ཆུགས་, vkhyug chugs)

7. 珠穆朗玛—簇通体(ཚུགས་ཐུང་, tshugs thung)

8. 珠穆朗玛—柏簇体(དཔེ་ཚུགས་, dpe tshugs)

9. 珠穆朗玛—丘伊体(འཁྱུག་ཡིག་, vkhyug yig)

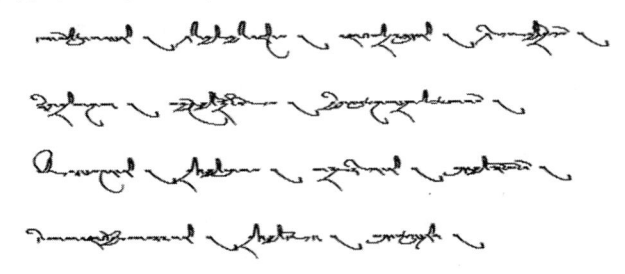

10. 珠穆朗玛—簇仁体(ཚུགས་རིང་, tshus ring)

我们相信,藏文传统书法的计算机字体实现既是对文化的继承,也是对文化的创新,既服务于历史也服务于现代,是信息时代文化与技术全新结合的典范。

第四章　OCR 的理论和方法

4.1　OCR 的历史和现状

　　光学字符识别通称 OCR(Optical Character Recognition)，是 1929 年由德国科学家 G. Tausher 首先提出的概念。几年后美国科学家 P. W. Handel(1933)也提出了利用技术对文字进行识别的想法。但当时这种想法还缺乏技术实现的手段。直到 20 世纪 40 年代计算机的诞生及随后在全球的迅猛发展和普及，实用的 OCR 系统才逐渐变成了现实。顾名思义，OCR 的意思就是利用光学技术和计算机技术对介质上的文字和字符（印刷体和手写体）进行扫描识别，转化成代表文字和字符的计算机内码并存储在计算机里，从而减轻手工输入工作量，并极大提高输入效率的技术。

　　在 20 世纪 60~70 年代，世界各国相继开始了 OCR 的研究，在研究的初期，多以文字的识别方法研究为主，且识别的文字仅为 0—9 的数字。美国 IBM 公司最早开发了实用的 OCR 产品，1965 年在纽约世界博览会上展出了 IBM 公司的 OCR 产品——IBMl287。当时的这款产品只能识别印刷体的数字、英文字母及部分符号，并且必须是指定的字体。日本在 1960 年左右开始研究 OCR 的基本识别理论，初期研究以数字 0—9 为对象。20 世纪 60 年代末，日立公司和富士通公司也分别研制出各自的 OCR 产品。全世界第一个实现手写体邮政编码识别的信函自动分拣系统是由日本东芝公司研制的，NEC 公司随后也推出了同样的系统。1974 年，在信函自动分拣系统的支持下，日本的信函自动分拣率达到 92％左右。1983 年日本东芝公司发布了识别印刷体日文汉字的 OCR 系统 OCRV595，其识别速度为每秒 70—100 个汉字，识别率为 99.5％。其后东芝公司又开始了手写体日文汉字识别的研究工作。

　　汉字 OCR 研究最早可以追溯到 20 世纪 60 年代。1966 年，IBM 公司的 R. Casey 和 G. Nagy 发表了第一篇关于印刷体汉字识别的论文,利用简单的模板匹配法识别了 1000 个印刷体汉字。70 年代以来,日本学者做了许多工作,其中有代表性的系统是 1977 年东芝综合研究所研制的可以识别 2000 个汉字的单体印刷汉字识别系统。80 年代初期,日本武藏野电气研究所研制的可以识别 2300 个多体汉字的印刷体汉字识别系统,代表了当时汉字识别的最高水平。此外,日本的三洋、松下、理光和富士等公司也有其研制的印刷汉字识别系统。这些系统在识别方法上,大都采用基于 K-L 数字变换的匹配方案,使用了大量专用硬件,其设备有的相当于小型机甚至大型计算机,价格极其昂贵,没有得到广泛应用(张炘中,1992;丁晓青,2002)。

中国内地在 OCR 技术方面的研究工作起步相对较晚,在 20 世纪 70 年代才开始对数字、英文字母及符号的识别技术进行研究,70 年代末开始进行汉字识别的研究。从 80 年代初开始,中国政府对汉字自动识别技术给予了充分的重视和支持。1986 年,国家"863"计划信息领域课题组织了清华大学、北京信息工程学院、中国科学院沈阳自动化研究所三家单位联合进行中文 OCR 软件的开发工作。1989 年,清华大学率先推出了国内第一套中文 OCR 软件——清华文通 TH-OCR 1.0 版,至此中文 OCR 正式从实验室走向了市场。清华 OCR 印刷体汉字识别软件此后又推出了 TH-OCR 92 高性能实用简体、繁体、多字体、多功能印刷汉字识别系统,使印刷体汉字识别技术又取得重大进展。到 1994 年推出的 TH-OCR 94 高性能汉英混排印刷文本识别系统,则被专家鉴定为"是国内外首次推出的汉英混排印刷文本识别系统,总体上居国际领先水平"。20 世纪 90 年代中后期,清华大学电子工程系提出并进行了汉字识别综合研究,使汉字识别技术在印刷体文本、联机手写汉字识别、脱机手写汉字识别和脱机手写数字符号识别等领域全面地取得了重要成果。具有代表性的成果是 TH-OCR 97 综合集成汉字识别系统,它可以完成多文种(汉、英、日)印刷文本、联机手写汉字、脱机手写汉字和手写数字的识别输入。近十余年来,除清华文通 TH-OCR 外,其他如汉王、尚书 SH-OCR 等各具风格的 OCR 软件也相继问世,中文 OCR 市场稳步扩大,用户遍布世界各地(吴佑寿,2000)。

自 20 世纪 60 年代初期出现第一代 OCR 产品开始,经过 30 多年的不断发展改进,包括手写体的各种 OCR 技术的研究取得了令人瞩目的成果,人们对 OCR 产品的功能要求也从原来的单纯注重识别率,发展到对整个 OCR 系统的识别速度、用户界面的友好性、操作的简便性,以及产品的稳定性、适应性、可靠性、易升级性等各方面提出更高的要求。

可以说目前印刷体 OCR 的识别技术已经达到较高水平。OCR 产品已由早期的只能识别指定的印刷体数字、英文字母和部分符号,发展成为可以自动进行版面分析、表格识别,实现混合文字、多字体、多字号、横竖混排识别的强大的计算机信息快速录入工具。大多数汉字 OCR 系统对印刷体汉字的识别率达到 98% 以上,即使对印刷质量较差的文字其识别率也达到 95% 以上。汉字 OCR 技术已经从简单的单体识别发展到多种字体混排的多体识别,从中文印刷材料的识别发展到中英混排印刷材料的双文种识别。各个系统还支持简/繁体汉字的识别,解决了多体多字号混排文本的识别问题。我国的汉字 OCR 技术经过十几年的努力,克服了起步晚、汉字字符集庞大、字体字形繁多等困难,到 20 世纪 90 年代中期,单字的识别速度(指在单位时间内所完成的从特征提取到识别结果输出的字数)已经达到 70 字/分以上,随着硬件性能的提升和识别算法的进展,目前在具有双核 CPU 和 3.16GHZ 主频的计算机上,识别速度达到了惊人的 1226 字/秒。由于印刷体 OCR 汉字识别技术已经比较成熟,所以 OCR 产品被广泛地应用在新闻、印刷、出版、图书馆、办公自动化等各个行业。

专业型 OCR 产品多是面向特定的行业,即适用于每天需处理大量表格信息录入的部门,如邮政、税务、海关、统计等。这种面向特定行业的专业型 OCR 系统,格式较为固定,识别的字符集相对较小,经常与专用的输入设备结合使用,因此具有速度快、效率高等特点,比如邮件自动分拣系统、考题自动阅卷系统等。

手写体 OCR 直到 1996 年、1997 年才开始有产品问世,而且是作为印刷文稿识别产品的一项附加功能提供的。由于个人写字的习惯千差万别,人眼对某些手写体都难以识别,所以实现机器自由手写体识别相当困难,目前手写体 OCR 技术的使用领域主要是联机手写体识别,即人一边写,计算机一边识别,这是一种实时识别方式,这种识别可以利用书写顺序的信息,从而提高识别率。近些年来,手写识别技术取得了很大进展并逐渐实用化,识别率得到很大提高,系统被广泛使用在电脑辅助手写输入、手机短信手写输入等领域。

随着全球信息化的发展和普及,藏文信息化平台的开发和应用取得了一定进展,这为藏文 OCR 的开发奠定了技术条件和市场条件。2004 年,清华大学电子系智能图文信息处理研究室与西北民族大学藏文信息处理技术研究小组合作,在国家自然科学基金项目《藏文字型的生成与识别》等项目的支持下,以印刷体现代藏文识别为研究目标,完成了 9 种字体的藏文 TrueType 字库;其后,完成了实用的"多字体印刷藏文(混排汉英)文档识别系统"。该系统具有藏文文档图像输入及版面分析、印刷藏文与汉英混排文本识别、识别后文本编辑功能(包括文本图像与识别结果对照、识别候选字显示及选择、编辑插入、删除等),并支持多种藏文字体,藏文白体、黑体等6种字体,单字平均识别率达到99.83%,实际藏汉英混排文本的平均识别率达到97.28%以上。该系统获2004年度北京市科技进步奖三等奖。

4.2 模式识别和OCR

模式:所谓模式是指在规定的特性上具有相似之处的一些具体事物或现象。它来自于英语词pattern。模式是人类认识具体事物或现象时,按照相似性抽象出来的分类。如印刷体A与手写体A都代表英文字母表的第一个字母,如果把英文字母表每个字母作为一个模式,则它们属于同一模式;又如轿车和卡车,如以交通工具来划分,都属于"汽车"这一模式,但如果以用途来划分,前者用于载客,后者用于载物,又不属于同一模式。再如图4.1所示,可以从6张样件图案的观察中找到每张图中图形"虚与实"的相似性,把它们分成"上实下虚"和"上虚下实"两类,即两个类别,得到如图4.2所示的两种模式。有了这种抽象后,就可以对以后遇到的类似图案进行上下、虚实的识别和分类。

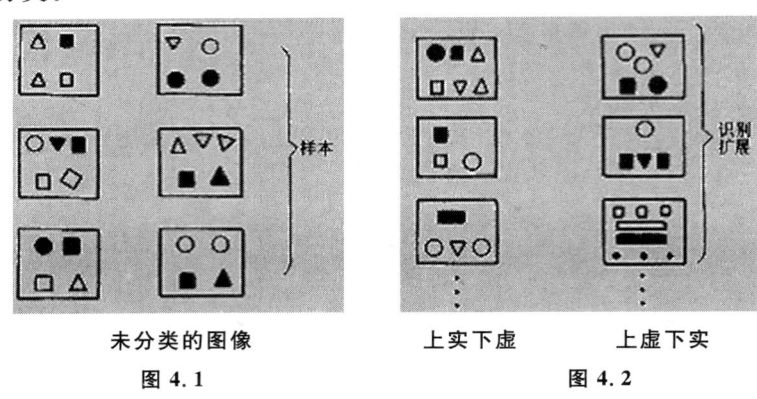

未分类的图像　　　　上实下虚　　上虚下实

图 4.1　　　　　　　　　　图 4.2

模式样本:对任何一个具体的事物,都称为一个样本,它是某一类事物的具体体现,它与模式这个概念联用,模式是一类事物的统称,而样本则是该类事物的具体体现。如印刷体A与手写体A属同一模式,它们是该模式的两个不同样本。B与A则属于不同模式,而每一个具体的字母A、B则是它的模式的具体体现,称为模式样本。因此模式与样本共同使用时,样本是具体的事物,而模式是对同一类事物概念性的概括和抽象。例如汉字"大"有印刷体、手写体的区别。而印刷体又分楷体、宋体、黑体、隶书等,手写体又分行书、草书等,这些不同的"体"和"书"的"大"字都是"大"这个模式的一个个具体的样本,而"大"字本身是一个模式。再如"汽车"是一个模式,是统称,而属于"汽车"的一辆辆具体的汽车,如某辆轿车或某辆卡车,则是"汽车"的样本。

模式识别:是指按模式抽象对事物或现象进行分类,对一个个样本辨识其特征,从而做出将其归入某个模式的判断的过程。在这个过程中,人们首先看到的是一个个具体的样本,然后才将其归并于特定的类(模式)。例如,人们首先看到一匹匹具体的白马和黑马,归纳它们的共同特征,然后把它们都归并为"马";首先看到不同字体、不同大小、不同风格书写的"大"字,然后都归结为抽象的"大"字模式。

模式识别的任务是:首先构建人类识别模式能力的数学模型,然后借助于计算机技术实现对其模拟,并完成对待识别样本判断其模式。模式识别系统流程如图 4.3 所示。

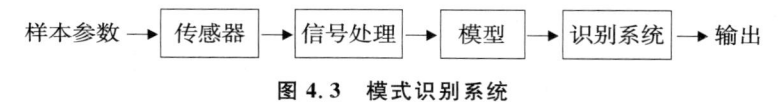

样本参数 → 传感器 → 信号处理 → 模型 → 识别系统 → 输出

图 4.3 模式识别系统

模式识别具体流程如下:

(1)将待识别样本的样本参数提取出来,送入传感器,参数的提取要与识别算法相一致,与识别无关的参数不予提取;

(2)传感器对这些参数进行采集和量化,将模拟信号转换为数字信号;

(3)对量化的数字信号进行必要的处理,包括放大信号、屏蔽噪声、归一化处理等。以上步骤属于识别前的预处理范畴;

(4)将处理后的参数代入模型;

(5)识别系统进行判断和识别,做出样本属于某类模式或拒绝识别的判断;

(6)将识别结果输出。

从技术本质上讲,OCR 是一种特殊的模式识别。所以 OCR 的理论和方法来自于模式识别的理论基础和实践方法。只不过 OCR 是一种特殊类型的模式识别,它不同于一般的模式识别之处在于:①OCR 一般是大模式识别,待识别字符模式取决于目标文字总数,从数百到数千,如汉字模式会达到几千个;②有些模式之间差别非常小(模式间距离非常近),甚至有时人眼都会看错,必须依靠上下文的语法和语义才能分辨,如汉字的"已"、"己"、"巳",英语的"I"和数字"1"等;③由于字符有字体字号的变化,实际识别的模式数量又会成倍地增加。OCR 的这些特性对模式识别提出了严峻的挑战,也促使模式识别的理论和方法的创新。可喜的是,经过几十年的发展,OCR 取得了很大的进展,以汉字识别为例,印刷体识别早已市场化,难度更大的手写体识别也取得了长足的进步,一些实验产品已经出现。

4.3 文字识别的流程

如上所述,文字识别系统的基本原理是模式判别。所以文字识别首先要提取能够代表待识别字符的特征(如字符灰度值及其分布,笔画长度、位置、走向以及笔画间关系,在 X 轴和 Y 轴的投影等),基于一定的识别方法,如字符的统计特征或结构特征,或二者的结合,与储存在计算机中的标准字符集的特征(模式集合或称字典)进行逐一匹配,与标准字符集中特征最接近的字符为匹配结果,将其作为识别结果,在后处理中对判别结果进行优化,利用文本的语法语义信息,排除明显违反语言规则的错误,以提高识别率(张炘中,1992),如图 4.4 所示。

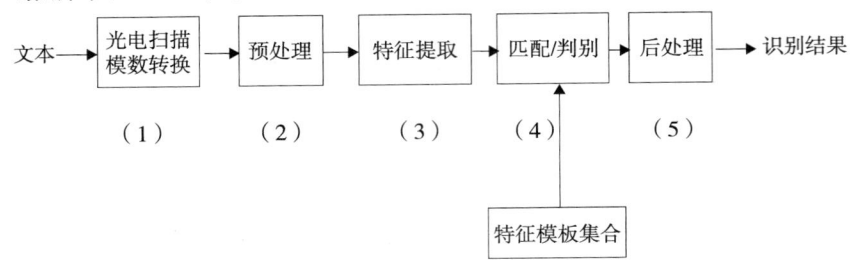

文本 → 光电扫描模数转换(1) → 预处理(2) → 特征提取(3) → 匹配/判别(4) → 后处理(5) → 识别结果

特征模板集合 → 匹配/判别

图 4.4 光字符识别(OCR)流程图

(1)光电扫描和模/数转换:首先将纸质文字或手写体汉字通过光电扫描仪,产生模拟信号,再将之转换为用不同的灰度值表示的数字信号并输入到计算机中。

(2)预处理:一般包括扫描版面处理,包括切分文字的行和列、二值化、字符平滑、倾斜矫正、规范化等步骤。对于印刷体识别,因为字符是逐一识别的,所以首先必须把一页文本切割为一个个字符。通过模数转换得到的不同电平代表扫描得到的不同灰度,识别时只需要判别每一个点是否被字符覆盖(表示为 1)或者空白(表示为 0),所以必须对这些不同的灰度值按照某种算法重新设定为 1 或 0,这就是二值化。由于扫描设备精度、纸张质量、操作误差可能引起扫描后的文本出现断笔、污点、倾斜以及文本字符的字体、大小不一等原因,需要对扫描后的文本进行平滑、矫正、去噪和规范化处理。

(3)特征提取:提取字符的统计特征(如字符总点数、每行点数、分区域每行点数、水平和垂直轴的投影等)和/或结构特征(如笔画、笔画间位置关系、交叉点、轮廓等)。

(4)匹配/判别:根据提取的字符特征与模板/字典中字符的"标准"特征进行比较和判别,基于某些算法得到与模板字符的"距离",将模板中"距离"

最小或最相似的特征对应的字符作为判别结果。

（5）后处理：在进行第（4）步匹配/判别后，对某些判别结果利用语法规则、语义含义等进行优化，排除违反语法、语义规则的字符识别错误，并用候选的、符合语言规则的字符取代；对一些字形相似度高、识别率低的字符采用专门的算法进一步提高识别率。

4.4 文字识别的一般原理和方法

用于文字识别的模式识别方法大致可以分为统计模式识别、结构模式识别、统计和结构相结合的识别、人工神经元网络识别等。

4.4.1 统计模式识别

统计模式识别是基于模式的统计分类的方法，即结合统计概率论的贝叶斯决策系统对模式的统计特征进行模式识别的技术，又称为决策理论识别方法。其要点是提取待识别模式的一组统计特征，然后按照一定准则所确定的决策函数和贝叶斯理论进行分类判决。

统计模式识别的基本原理是：有相似性的样本在模式空间中互相接近，并形成"集团"，即"物以类聚"。其分析方法是根据模式所测得的特征向量 $X_i = (x_{i1}, x_{i2}, \cdots, x_{id})T (i=1,2,\cdots,N)$，将给定的模式归入 C 个类 $\omega_1, \omega_2, \cdots \omega_c$ 中，然后根据模式之间的距离函数来判别分类。其中，T 表示转置矩阵；N 为样本点数；d 为样本特征数。

例如对于图 4.5 所显示的 48×48 点阵"水"字，假如把提取点阵中黑像素 * 号的总数作为特征向量 x，则 x 为一维向量，为了识别汉字国家标准 GB2312—1980 中的 6763 个汉字，需要把它们在 48×48 点阵中的 * 号总数提取出来，建立一维特征向量 $G_i, (i=1.6763)$，并且将值相同的归为同一类，得到 k 类，考虑到一些汉字的黑像素总数相等，所以 $k \leqslant 6763$。识别时，就可以根据值相同而找到"水"所属的类 Gn。

在实际的汉字识别过程中，可以把每个汉字的图形分为若干小方块（图 4.5），然后统计每一小方块中的黑像素，构成一个多维特征矢量，作为该汉字的特征。如图 4.5 所示，汉字被分为 $8 \times 8 = 64$ 个方块 $\{V_{i,j}\}$，其中 $i=1, 2,\cdots 8; j=1,2,\cdots 8$，从而构成一个 64 维向量，每一维 $\{V_{i,j}\}$ 表示在第 i 行 j 列的格子里的黑像素总数。识别时，将待识别样本也分为 $8 \times 8 = 64$ 个方块，并求得 $\{V_{i,j}\}$ 的值，然后与模板中每一个汉字的 64 维向量进行比较，直到找到相同者或最接近者,即为待识别汉字所属的类,即粗分类;然后在该类中进行细分类,或第二级分类,最终得到识别结果。必须注意的是:在选择特征时,用于代表各类模式的特征应该把同类模式的各个样本聚集在一起(即距离小),而使不同类模式的样本尽量分开(即距离大),以保证识别系统能具有足够高的识别率。

图 4.5 用统计法提取方块汉字的统计特征

在识别过程中,往往要提取多个特征向量,用 m 表示:
$$X=[x_1, x_2 \ldots x_m]$$

例如可以在汉字点阵的水平和垂直方向提取每行或每列的黑像素数量(即在水平和垂直方向的投影)作为特征向量,能够更好地刻画字的笔画特征,提高识别率。

识别文字的过程也就是判别输入的文字的特征向量属于哪一类,即:
$X \in W_k$,其中 $k=1,2,\ldots Q$

如果 W_k 中向量个数多于 1 个,则这个匹配过程仅仅是个分类,也称粗分类,需要根据其他特征向量在 W_k 中的向量中进一步细分;如果 W_k 中向量个数只有 1 个,则该向量对应的这个唯一的文字即为识别结果。

以上讨论的是理想情况下的文字识别,即每类只有一个模板,识别时,只需要进行单纯的模板相等的比较,叫做模板匹配。但是实际的识别情况要复杂得多,考虑到文字字体和字号的差异、干扰后的变形等因素,每类往往要对应多个模板,所以必须在多个模板中依据某种判别准则进行判别,最后选择一个最"相似"的模板,其对应的文字即为识别结果。

常见的用于模板匹配的判别准则包括距离 D(Distance)、相似度 S(Similarity)、复合相似度 S^*(Combinational Similarity)、句法结构法(Syntactic Structure Method)等,判别方法也不像模板匹配那样直接比较模板是否相等,而是将最相似的模板(距离最小或相似度最大)作为识别结果。

以下介绍几种常见的判别准则,以下公式参见张炘中(张炘中,1992)。

(1)距离 D

假设 $X=(x_1, x_2, \ldots x_m)$ 表示某文字的特征向量,$W=(w_1, w_2, \ldots$

w_m)表示某个标准模板(字典)文字的特征向量,则在文字识别中常用的距离算法包括:

1. 明可夫斯基距离(Minkowsky distance)

$$D(X,W)=[\sum_{i=1}^{m}|x_i-g_i|^q]^{1/q}$$

(4—1)

当 $q=1$,为常用的绝对值距离(Absolute distance):

$$D(X,W)=\sum_{i=1}^{m}|x_i-g_i|$$

(4—2)

当 $q=2$,为欧氏距离(Euclidean distance):

$$D(X,W)=\sqrt{\sum_{i=1}^{m}(x_i-g_i)^2}$$

(4—3)

2. 马氏距离(Mahalanobis distance)

当 X 和 W 两个 m 维向量是正态分布的,且具有相同的协方差矩阵时,二者之间的马氏距离为:

$$D(X,W)=[(X-G)\sum\nolimits^{-1}(X-G^r)]^{1/2}$$

(4—4)

使用距离进行文字识别时,需要计算某文字的特征向量 X 与字典中每个标准文字向量的距离,$D(X,W_1),D(X,W_2),\ldots D(X,W_m)$,求出最小值 $D(X,W_p)$,并且该值小于事先预定的阈值 $\delta(\delta\geq 0)$,则认定该文字属于 W_p 类,如果 W_p 类是包含多个文字的集合,则仅仅得到粗分类,还需要进一步细分;如果 W_p 类仅包含一个字符,则为识别结果。

(2)相似度 S

两个向量 X,W 的相似度定义如下:

$$S(X,W)=\frac{(X,W)}{|X|\cdot|W|}=cos\alpha$$

(4—5)

(X,W) 为向量 X 和 W 的内积,$|X|$、$|W|$ 为各自的模,α 为二者在 m 维空间的夹角。

将两个向量的 m 个分量代入上式,得到:

$$S(X,W)=\frac{\sum_{i=1}^{m}x_iw_i}{\sqrt{\sum_{i=1}^{m}x_i^2\sum_{i=1}^{m}w_i^2}}$$

(4—6)

两个向量的距离 $D(X,W)$ 和相似度 $S(X,W)$ 是度量两个向量之间的相似性的两种不同方法，由上述公式分析，当两个向量完全相同时，$S(X,W)=0$，而 $D(X,W)=1$，所以 $D(X,W)=1-S(X,W)$。

(3) 复合相似度 S^*

如前所述，无论是距离判别或者相似度判别，都认为字典中的标准向量 W 是没有任何干扰的"标准"特征向量，但在实际情况中，待识别的文字存在各种各样的干扰，如扫描后文字位置倾斜、笔画粗细不同、文本页面污点以及文字的字体字号的不同等。所有这些因素使得单纯的距离判别或相似度判别方法无法解决实际的文字识别和匹配问题，所以必须考虑这些因素，对每一个文字用一组 $\{W_i\}$ 代替前述的单个 W，由此引入了复合相似度的概念：

$$S^*(X,W) = \sqrt{\frac{1}{n}\sum_{i=1}^{n}\frac{(X \cdot W_i)^2}{|X|^2 \cdot |W_i|^2}}$$

(4—7)

其中 n 是有各种干扰噪声的文字个数。

由此得知，复合相似度就是计算待识别文字与在字典中每个字的 n 个受到各种噪声干扰的"变形"的平方平均值，将计算得到的最大值（最相似）作为识别结果。这种方法考虑了实际存在的干扰因素，是一种常用的判别方法。

上面介绍了统计模式识别的基本原理，下面以汉字识别为例介绍统计模式识别法在汉字识别中的具体实现。汉字的统计模式识别是将汉字字符点阵看作一个整体，所使用的汉字字符特征是经过大量的统计而得到的。统计特征的特点是抗干扰性强、匹配与分类的算法简单、易于实现，擅长于汉字的粗分类（一级分类）。不足之处在于细分能力较弱，区分相似字的能力差一些，需要结合其他方法进行细分类（或识别）。

以下介绍几种常见的统计模式识别方法。

(1) 模板匹配法

模板匹配法是最简单的模式识别方法。它把字符的点阵图像直接作为特征，没有特征提取的过程而直接与字典中的模板进行比较，相似度最高的模板类即为识别结果。这种方法简单易行，可以进行第一级分类（粗分类），也可进行单字识别；但是一个模板只能识别同样大小、同种字体的字符，对于文字倾斜、笔画粗细变化等适应能力较差。

无论是粗分类或者单字识别，最重要的是建立匹配模板。粗分类时，可以按照部件（偏旁部首）进行粗分组，模板为部件的点阵；单字识别时，需要对每个字进行训练，得到其标准模板。特别需要注意的是，识别时，因为字符笔画的粗细、方向等的变化，使得笔画边缘部分不稳定，因此要提取笔画内部的所谓稳定点作为判别依据。

因为大部分汉字是由字根(部首)组成,所以字根可作为粗分类的依据之一,R.G.Casey 和 G.Nagy 对常用汉字总结出 39 个字根,对不包含字根的汉字他们设计了 25 个"最小距离"模板,这样就把汉字分为 64(39+25)个大类,每个类中的汉字数目并不平衡,从五到六十多,粗分类的目的就是将待识别汉字归为这 64 个大类之中。

用模板进行单字识别的方法如下:先求出每一个汉字点阵图形的稳定像素,即骨架图,所谓稳定像素是指汉字在该点上有很大概率(如 95% 以上)为白或黑像素。

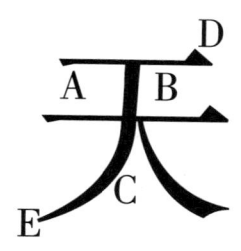

图 4.6　汉字"天"的稳定像素和不稳定像素

在图 4.6 中,A、B、C 位于汉字"天"的内部,除非该字受到很大的干扰而变形,否则 A、B、C 应为稳定的白像素,而 D、E 位于字笔画的边缘,只要该字位置稍微变化,D、E 就在白、黑像素之间变化,所以为不稳定的像素。

图 4.7 用模板法提取的部件⺭　　图 4.8 含有和不含部件⺭的待识别字

为了能使模板匹配法能适宜多字体的识别,可以采用多个模板和浮动匹配法。图 4.7 为提取部首"⺭"的标准模板,图 4.8 为待识别汉字,将图 4.7 所示的标准模板与图 4.8 所示的待识别汉字的左边部件进行"与"运算,得到的结果如图 4.9 所示:

图 4.9　标准模板与待识别字的左边"与"运算后的结果

由图 4.9 所示，只有第一个字的结果与原始模板相同，所以可以将第一个字进行粗分类，归为部件为 ネ 的字。

假设 $f(i,j)=1$ 表示黑像素，$f(i,j)=0$ 表示白像素，定义：

$$s=\frac{\sum_i\sum_j f(i,j)\cdot t(i,j)}{\sum_i\sum_j t(i,j)}$$

(4—8)

为包含度，表示待识别汉字 $f(i,j)$ 包含部首 $t(i,j)$ 的程度，$S\in[0,1]$，如果 $S=1$，则表示完全包含，如果 $S\neq 1$，则不包含。为了克服实际识别过程中的字符位置偏移问题，可将参考模板向各个方向移动一个像素，只要 $S=1$，就认为包含。

(2) 投影直方图法

该方法是把字符点阵图像在水平及垂直方向进行投影，得到它的两个方向的投影函数作为特征的识别方法。

假设函数 $f(x,y)$ 表示汉字的二维点阵，汉字的尺寸为 $M\times M$，如为白像素，令 $f(x,y)=0$，如为黑像素，令 $f(x,y)=1$，将字符"上"的图像影射到 X 轴和 Y 轴上，$g(x)$ 和 $g(y)$ 分别为 $f(x,y)$ 在 X 轴和 Y 轴的投影。

$$g(x)=\sum_{y=0}^{N-1}f(x,y), g(y)=\sum_{x=0}^{N-1}f(x,y), 其中：0\leqslant x,y\leqslant N-1$$

(4—9)

如图 4.10 所示。

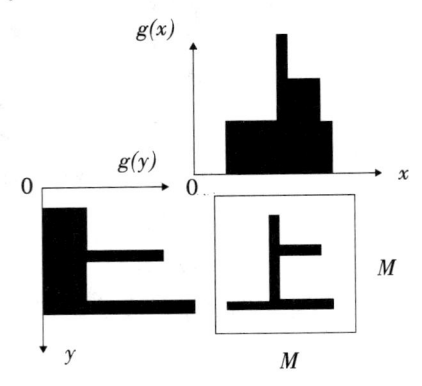

图 4.10　汉字"上"在 X 轴和 Y 轴的投影

由于汉字点阵主要是由横、竖两个笔画组成，投影以后仍然保留汉字的主要结构信息，可以从中提取汉字特征。投影以后每个汉字的信息量大大降低，由 N^2 变为 $2N$，有利于提高识别算法的效率。由于投影是对横向和纵向笔画的累计作用，一些污点、倾斜等干扰可被淹没，提高了识别的稳定性。

该方法的缺点是对字符倾斜和旋转非常敏感，投影后，对字形类似字符的区别特征丢失严重,细分相似字符的能力差。该方法对笔画粗细、长短、形态也非常敏感,所以很难用于多字体的识别。

(3)**外围特征**

汉字的外围轮廓包含了丰富的特征,即使在字符内部笔画粘连的情况下,轮廓部分的信息也还是比较完整的。这种特征非常适合于作为粗分类的特征,即按照外围轮廓特征先将汉字进行第一级分类(粗分类),先判定待识别汉字所属的第一级分类,再根据其他判别方法在该分类里进一步细分,直至识别到具体的汉字。

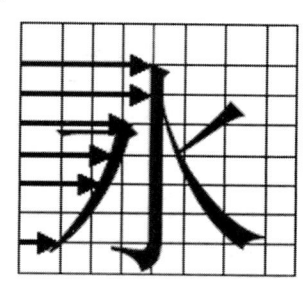

图 4.11 提取汉字外围特征示意图

特征提取步骤如下:

如图 4.11 所示,把归一化后的字分为八行八列,分别计算:

每行从左边缘向右到第一次遇到图像黑点的距离:L_{i1},$i=1,\cdots 8$

从黑点开始继续向右到黑点结束的距离:L_{i2},$i=1,\cdots 8$

每行从右边缘向左到第一次遇到图像黑点的距离:R_{i1},$i=1,\cdots 8$

从黑点开始继续向左到黑点结束的距离:R_{i2},$i=1,\cdots 8$

每列从上边缘向下到第一次遇到图像黑点的距离:U_{i1},$i=1,\cdots 8$

从黑点开始继续向下到黑点结束的距离:U_{i2},$i=1,\cdots 8$

每列从下边缘向上到第一次遇到图像黑点的距离:D_{i1},$i=1,\cdots 8$

从黑点开始继续向上到黑点结束的距离:D_{i2},$i=1,\cdots 8$

这样总共得到 $4\times2\times8=64$ 维的特征,它们精细地刻画了汉字的外围轮廓特征,非常适用于汉字的粗分类。与投影法的缺点类似,外围特征法也不适用于多字体、字号混排的识别。

(4)**笔画方向特征**

笔画方向特征法可以识别多字体和字号混排的分类和识别。图 4.12 为该法示意图。

该方法采用三种笔画方向的统计特征:全局笔画方向密度 G-DCD、局部笔画方向密度 L-DCD 和周边笔画方向 PDC,前两项用于预分类,后一类用于单字识别。首先,将笔画方向量化为 8 种,如图 4.13 所示。

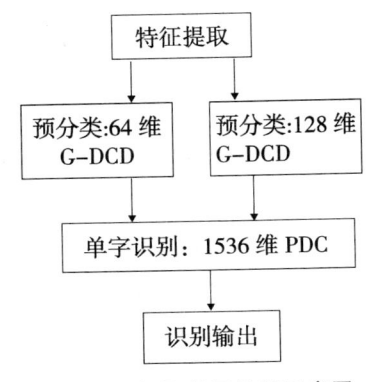

图 4.12　提取笔画特征示意图

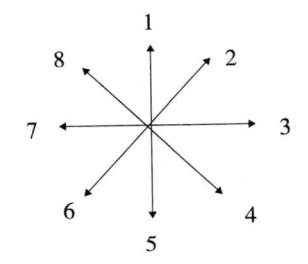

图 4.13　汉字的八种笔画方向

然后对汉字点阵的每一个黑像素,计算其沿八个量化方向直到笔画边缘的距离 D_i,将方向相反的 D_i 和 D_{i+4} 相加,得到归一化的 d_i:

$$d_i = \frac{L_i + L_{i+4}}{\sqrt{\sum_{i=1}^{4}(L_i + L_{i+4})}} \quad i=1,2,3,4$$

(4—10)

按照此定义,对任一点 P 的方向特征是: $D=(d_1,d_2,d_3,d_4)$,例如对图 4.14 所示的汉字"天"的 P1 和 P2 的方向特征, $D_{p1}=(0.8,0.4,0.1,0.1)$, $D_{p2}=(0.9,0.2,0.1,0.1)$,对 P1,第一分量最大(0.8)表示 P1 处于横向笔画中,第二分量次之(0.4),为横向的一半表示处于纵向笔画中,第三、第四分量很小,可不视为笔画;对 P2,第一分量最大(0.9)表示 P2 处于横向笔画中,其他分量很小,表示不处于笔画中。

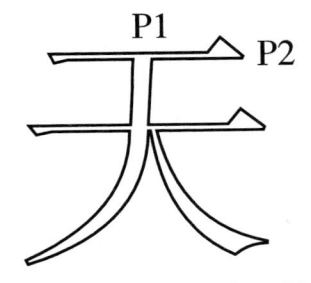

图 4.14　汉字"天"的方向特征

①全局笔画方向密度特征 G-DCD。G-DCD 为 64 维的特征向量,是笔画轮廓线上所有黑色素的方向特征的总和。如图 4.15 是计算 G-DCD 的示意图。

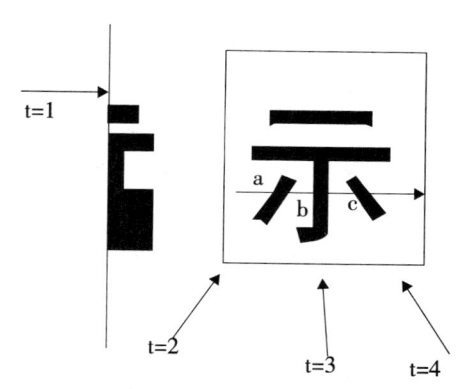

图 4.15 提取 G-DCD 方法示意图

汉字点阵为 64×64,首先从图像左边的每一点从左向右进行扫描,得到扫描线和笔画轮廓线的交点。再分别计算这些黑色素点的方向特征向量 d_3(即与扫描线垂直的方向特征),并相加,然后将 64 条扫描线等分为 16 组,并计算每一组中所有特征分量 d_3 之和,即得到一个 16 维的全局笔画方向密度特征 G-DCD。

按照上述方法,分别得到图 4.15 所示的 45°($t=2$)、90°($t=3$)、135°($t=4$) 三个方向的笔画方向密度,即得到一个 16×4=64 维的 G-DCD。

②局部笔画方向密度特征 L-DCD。L-DCD 提取局部笔画方向密度特征的方法与 G-DCD 类似,但是统计值是在 8 个子图中提取的,除了提取和扫描线垂直的笔画方向 d_3 以外,还提取和水平线平行的分量 d_1,因而 L-DCD 是一个 64×2=128 维的特征。它反映了汉字图形的局部结构。

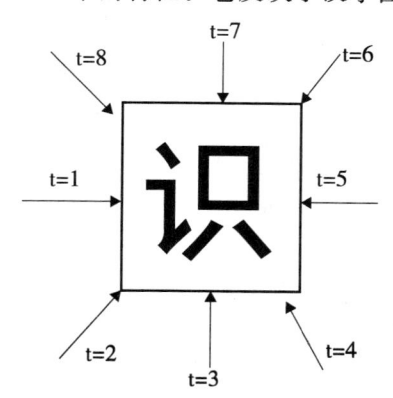

图 4.16 提取 PDC 方法示意图

③周边笔画方向特征 PDC。图 4.16 给出了提取 PDC 特征的示意图。

共有 8 个扫描方向,每个方向有 64 条扫描线,选用每条扫描线和笔画的前 3 个交点作为计算笔画方向特征的基点;每个基点有 4 种方向特征,所以周边笔画方向特征是 8×4×3×16=1536 维的特征向量。

预分类器分别采用 64 维 G-DCD 和 128 维 L-DCD 的作为分类特征,分别选取距离最小和次小的共 4 个字作为候选字符,因此单字识别器的最多候选字为 8 个。单字识别采用 1536 维的 PDC 特征,由于最多候选字为 8 个,虽然距离的计算量很大,由于计算机性能的提高,识别速度仍然很高。

(5)笔画密度特征法

汉字组成的基本单位是笔画,而汉字的不同部位的笔画密度反映了该汉字的特征。笔画密度特征法就是通过描述汉字笔画的特征来区别汉字的。具体描述汉字笔画的方法有许多种,这里采用如下定义:对汉字字符图像范围内,以固定扫描次数沿水平、垂直或对角线方向扫描汉字时穿透该汉字笔画的次数。这种特征描述了汉字的各部分笔画的疏密程度和走向,提供了比较完整的汉字的笔画信息,如图 4.17 所示。

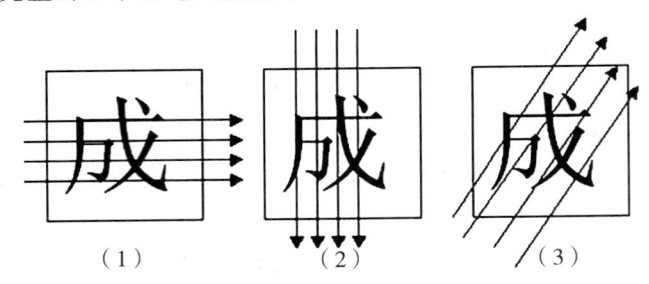

图 4.17　笔画密度特征提取示意图

在图 4.17 的(1)中,按照从上往下的顺序,从左向右扫描待识别汉字,$V_1=1,V_2=4,V_3=4,V_4=4$ 分别表示四条水平线穿越汉字的交点数,即笔画数。(2)和(3)表示垂直和对角线方向穿越汉字的笔画数。

在图像质量清晰和稳定、扫描干扰较小的情况下,这种特征提取法相当有效,对印刷体汉字的识别率很高。不仅如此,在脱机手写体的识别中也经常用到这种特征。但是手写体汉字识别在很大程度上取决于书写汉字的清晰和规范性,对于内部笔画粘连现象比较严重的手写体汉字,识别误差较大。

(6)四周面积编码法

在汉字点阵四周各画一个条带,如图 4.18 所示,计算各条带内的黑像素数量,并量化为三个离散值,即可构成一个四元三值数组,称作四周面积编码。如图 4.18 中,"识"的四周面积编码是 $S_{识}=(1,2,2,1)$,"别"的四周面积编码是 $S_{别}=(1,1,2,2)$,表 4.1 列出了一些四周面积编码 S 相同的汉字,用 S 作预分类特征时,它们被归为同一个候选集合。

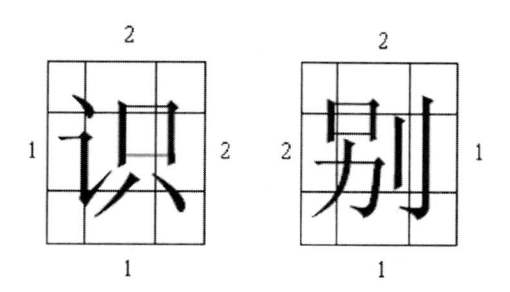

图 4.18　四周面积编码

表 4.1　四周面积编码举例

四周面积编码 S	汉字
0 021	仕　任　住　佐　借　倍　舍　含　枚
0 121	建　道　达　遂　远　途　连　速　走
2 222	囚　因　困　围　国　固　圆　田　目

汉字边框不但含有较丰富的结构信息,而且,一般地说,边框部分的笔画比较稀少,不易因印刷质量的影响而互相粘连,抗干扰性能较好。但是这种特征对汉字图形的位移和旋转比较敏感,而笔画复杂性指数则基本上和这些因素无关,它们的作用大体上是互补的。因此,把它们结合起来进行预分类可以得到较好的效果。

4.4.2　结构模式识别

结构模式识别是早期文字识别研究的主要方法,其主要依据是文字的组成具有自己特定的规律。对于汉字这类由象形文字发展而来的文字,每个文字图形都包含有丰富的结构信息,可以设法提取含有这种信息的结构特征及其组字规律,作为识别文字的依据,这就是结构模式识别的原理。

(1)笔画分解组合法

汉字是最初从象形文字发展起来的文字,是由偏旁、部首、笔画(横、竖、撇、捺、点等)三个层次构成的。由汉字笔画及其相互位置和连接关系完全可以精确地对汉字加以描述,就像一篇文章由单字、词、短语和句子按语法规律所组成一样。设计识别算法时,利用上述结构信息及句法分析的方法进行识别。

为了将结构模式识别应用于汉字识别,首先将汉字按照偏旁、部首、笔画的顺序逐步分解,从而从上而下形成汉字结构分解树或者用字符串表示,将分解的信息存入字典或标准模板,识别时,提取待识别汉字的偏旁、部首、笔画,并与字典中的标准模板比较,最相似者对应的汉字即为识别结果。

例如汉字"侃"是左右结构的汉字,左边"亻"又可分解为"丿"和"丨",右边为上下结构,由上边的"口"和下边的"川"组成。上边分解为"丨","𠃍","一",下边分解为"丿","丨","乚"。采用符号"↓"、"→"、"⊕"分别表示笔画的上下、左右、交叉关系,则汉字"侃"可表示为:(丿,→,丨)→((丨,→,𠃍,↓,一)↓(丿,→,丨,→,乚))。类似地,每个汉字都可表示为各种笔画以及它们之间的位置和连接关系的组合。以下把汉字称作模式,偏旁和部首称作子模式,笔画称作元素,汉字"侃"的层次分解如图 4.19 所示:

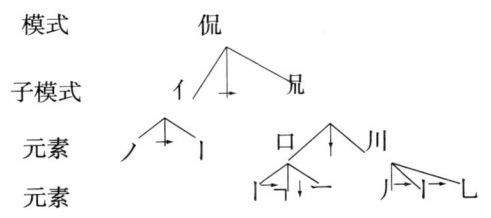

图 4.19　汉字"侃"的结构分解树

同样的,汉字"字"的结构分解树如图 4.20 所示:

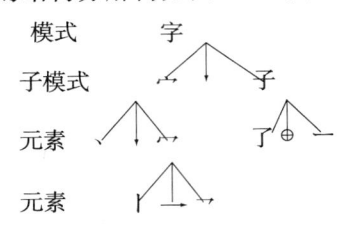

图 4.20　汉字"汉"的结构分解树

值得注意的是,某些汉字的分解方法可能有多种,即一个汉字对应多种结构分析树,这样,必须把汉字的所有可能的结构分析树(或字符串表示)存储于字典模板中。识别时,可以借用形式语言中的句法分析的方法,如图 4.21 所示,一个句子可以按照如下方式自上而下分解(或曰一个句子可以由元素—单词自下而上构成)。

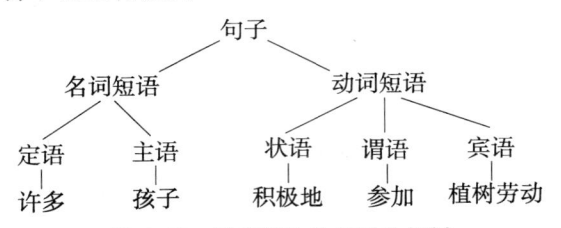

图 4.21　形式语法的句子分析树

对比图 4.19、图 4.20 和图 4.21,发现两者非常相似,都是一种由上而下的分解或由下而上的组合结构,所以在文字识别中,可以借鉴形式语法理论的上下文无关文法(Context Free Grammar,CFG)进行文字识别。首先介绍 CFG 的组成内容并说明它是如何生成句子的。

一个 CFG 文法 G 可以由一个四元组组成：

$G=(V_t, V_n, P, S)$

其中，V_t 是所有终止符的集合；V_n 是所有非终止符的集合；P 是产生式集合，或称生成规则集合，它是由一组产生式 $\alpha \rightarrow \beta$ 组成，其中 α 和 β 是由 V_t 或 V_n 中的符号组成的字符串，且 α 中至少包含一个 V_n 中的符号；$S \in V_n$，是一个句子的起始符，即合法的句子。

例如，对汉字"王"，用 n 表示笔画"一"，用 z 表示笔画"丨"，并把连接关系的基元省略，则"王"的一种符号串为 $nnzn$。它的文法规则为：

$G(王)=(V_t, V_n, P, S)$

$V_t=(n, z)$

$V_n=(c, A_1, A_2, A_3)$

$P=\{\qquad c \rightarrow nA_1$

$\qquad A_1 \rightarrow nA_2$

$\qquad A_2 \rightarrow zA_3$

$\qquad A_3 \rightarrow n$

$\}$

$s=c$

对于相同汉字而不同的字体，同样可以用一个 CFG 写出，其四元组的定义 G' 与文法 G 可能有所不同，把该字的所有可能符号串的文法 G、G' … 等组合在一起，就得到了该字的完成文法。依次类推，把所有汉字的结构特征用结构分解树分解为基元串，再用 CFG 文法表示并储存于计算机中，就得到了汉字结构特征的完整标准模板。

在建立了汉字的结构特征的标准模板以后，就可以进行汉字的识别了。首先，在预处理以后提取汉字的特征结构—基元，即笔画以及笔画之间的位置和连接关系，并用一个字符串表示；然后，用标准模板中的文法分析此字符串，找到匹配该字符串的文法（或由该文法能推导出该字符串），则该文法对应的汉字即为识别结果。

在实际的识别过程中，由于存在着畸变和干扰，经常存在通过文法的句法分析后，没有任何文法能够匹配表示待识别字符的字符串的现象，在此情况下，就要应用相似性判别准则，找到一个最接近的文法作为识别结果。假定待识别汉字的字符串为 x，标准模板对应汉字的字符串为 y，理想情况下，$x=y$，或 $D(x, y)=0$，在存在干扰的情况下，算法的目的就是寻找 y_i，使得 $D(x, y_i)=\text{Min}(D(x, y_k))$，$k=1,2....w$，$w$ 为模板容量。字符串 x 和

y 有如下几种关系：

表 4.2　字符串之间的几种关系

错误类型	字符串 x(误)	字符串 y(正)
错字	S1bS2	S1aS2
误增	S1abS2	S1aS2
误删	S1S2	S1aS2
颠倒	S1baS2	S1abS2

两个字符串之间的距离 $D(x,y)$ 定义为从 x 转换为 y 所需要的转换次数。例如：$x=cbabdbb$，$y=cbbabbdb$，则首先替换错字，x 变为：$cbabbbb$，然后替换另一个错字，变为：$cbabbab$，最后需要增加 b 以消除误删错误，成为：$cbbabbdb=y$。整个过程需要三次转换，所以 $D(x,y)=3$，转换以后的 x 等于 y，所以 $D(x,y)=0$。对于颠倒类型的字符串，$x=acbd$，$y=abcd$，对字符串 x，首先去掉 c，然后再在 b 后加 c，成为 $abcd=y$，需要 2 次转换，所以 $D(x,y)=2$。

综上所述，用文字的笔画特征来描述文字字形结构在理论上是比较恰当的，其主要优点在于对字体和字号变化的适应性强，因为是提取字符的笔画特征，而无论什么字体字号，它们的笔画特征是一致的，所以区分相似字能力强，此法也适用于手写体汉字的识别；但是，在实际应用中，面临的主要问题是抗干扰能力差，因为在实际得到的文本图像中存在着各种干扰，如倾斜、扭曲、断裂、粘连、纸张上的污点、对比度差等。这些因素直接影响到结构基元的提取，假如结构分析不能得到准确的基元，后面的推理过程就成了空中楼阁。此外结构模式识别的描述比较复杂，匹配过程的复杂度较高，时间开销也较大。所以在印刷体文字识别领域中，单纯结构模式识别方法已经很少使用，一般与其他识别方法结合起来使用。

(2)特征点法

汉字是由笔画组成的，笔画反映了汉字的骨架，而笔画、笔画之间的关系和汉字的背景点可由少数几个点描述，从而唯一地确定了汉字，这就是特征点法。

根据特征点法，汉字笔画特征点包括端点 D、折点 Z、歧点 Q、交点 J 和背景点 B 组成。端点是笔画的起点或终点且不与其他笔画交接；折点是二叉点，即两个笔画交叉；歧点是三叉点，其中两个笔画方向相同；交点是四叉点，且有两对相等的对顶角；背景点是被汉字各部分分割的能够区别汉字的点。如汉字"欢"的特征点如图 4.22 所示。

其中：1,4,5,6,7,9,12,14,15 为端点；2,11 为折点；8,10,13 为歧点；3

为交点；16,17,18,19,20,21 为背景点。

图 4.22 汉字"欢"的特征点

因为汉字特征点反映了汉字组成结构的本质特征，不随字体、字号甚至印刷体和手写体的变化而变化，因此特征点法的适应性很广，抗干扰能力也较强，对规范书写的手写体汉字也能适应，是一种较好的识别方法。

另外，提取的特征点的信息量只是原汉字信息量的几十分之一，大大节省了存储空间和保证了识别的效率。

4.4.3 统计与结构相结合的识别

统计和结构方法是模式识别中常用的两种理论方法，在实际的文字识别系统中，没有必要也很难能把它们分得很清，为了提高识别率，经常是两种方法混合使用。统计法适宜于识别有噪声干扰的文字，但却不能很好地利用文字结构信息，对字体字号变化识别能力差，因而适合于汉字识别的粗分类；而结构法利用文字的结构关系来识别，对字体字号变化识别能力强，适合于汉字单字的识别，但抗噪声干扰能力低。两种方法各有优缺点，这是由于两者的方法和机制的不同所决定的。

统计法常用距离判别或类似度判别，即把与标准特征向量距离最近或类似度最高的模式作为识别结果。统计法一般采用多维特征值累加的方法。一般而言，噪声服从正态分布，它们的方向不同，累加的结果就把局部噪声和微小的畸形"淹没"(抵消)在最后的累加之和里，但缺点是可以用来区分结构的"敏感部位"的差异也随之淹没了。

结构法则依赖汉字结构特征的提取，然后进行一个文法匹配过程，即字符串相似性决策过程。因此，结构方法对文字结构特征是敏感的，这导致了它的不稳定性。汉字的任何噪声和微小的畸形所造成的一个误判都可能把整个判别引入歧途，尽管可以采用误差校正分析等手段，但校正过来的可能性不大，整个识别过程的时间开销比较大。

结构方法采用分而治之的方法，把一个复杂的任务分解为若干个复杂程度较低的子任务；而统计法由于缺乏相应的措施，只好增加特征向量的维数来区分细微差别,对高度相似的字,则只能对区别特征用局部算法进行特殊处理,效率很低。

结构方法用于文字识别,不但能将文字的未知模式分类,而且可以给出它的结构信息,能对未知模式进行描述,这是结构方法的一大优点。

表 4.3 统计方法和结构方法的比较(张炘中,1992)

	识别策略	判决方法	特征提取	字体字号	抗干扰	标准模板	相似字符区分	时间开销
统计法	多维向量	距离和相似度	容易,稳定	较难适应	好	容易形成	难区分	低
结构法	分解字符	字符串相似度	不易,不稳定	容易适应	差	不易形成	易区分	高

综上所述,结构模式识别与统计模式识别各有优缺点,随着对于两种方法认识的深入和广泛应用于实际的识别系统中,这两种方法正在逐渐融合。网格化特征就是这种结合的产物。字符图像被均匀地或非均匀地划分为若干区域,称之为"网格"。在每一个网格内使用结构的方法,寻找各种特征,如笔画点与背景点的比例,交叉点、笔画端点的个数,细化后的笔画的长度、网格部分的笔画密度等。对整个汉字使用统计的方法,统计组成该汉字的所有网格,即使个别点的统计有误差也不会造成大的影响,增强了特征的抗干扰性,这种方法正得到日益广泛的应用。

如图 4.23 所示,汉字"藏"被均匀地分为 16 个网格,在第 2 行第 3 列的网格中找到的特征包括:2 个交叉点、3 个笔端端点、笔画点与背景点的比例为 4∶6 等特征,然后与标准模板中第 2 行第 3 列的网格的特征进行比较,使用的是结构化的方法;而统计的目标是网格,而非整个字符的特征,这样,个别网格的噪声干扰就不会影响到整个字符的判别过程,从而既提高了抗干扰能力,又利用了字符的结构特征,提升了对相似字的判别精度。

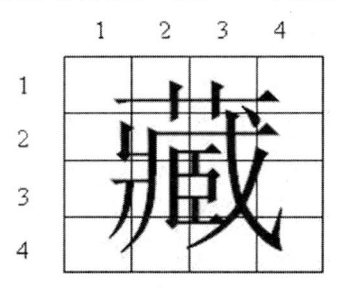

图 4.23 统计和结构结合的识别

4.4.4 人工神经网络

迄今为止,人类识别文字的能力远远胜于基于计算机的 OCR 系统,无论是变形的字符、模糊的字符,甚至是破损的字符,人类都能很好地识别。基于人工神经网络(Artificial Neural Network,以下简称 ANN)的字符识别技术目的就是力图通过对人脑功能和结构的模拟来实现计算机对字符的高效识别。

人工神经网络是一种模拟人脑神经元细胞的网络结构,它是由大量简单的基本元件——神经元相互连接成的自适应非线性动态系统。虽然目前对于人脑神经元的研究还很不完善,还无法确定 ANN 的工作方式是否与人脑神经元的运作方式相同,但是 ANN 正在吸引着越来越多的注意力。

ANN 中的各个神经元的结构与功能较为简单,但大量的简单神经元的组合却可以非常复杂,从而可以通过调整神经元间的连接系数完成分类、识别等复杂的功能。ANN 还具有一定的自适应的学习与组织能力,组成网络的各个"细胞"可以并行工作,并可以通过调整"细胞"间的连接系数完成分类、识别等复杂的功能。这是早期的非并行性计算机无法做到的。

ANN 可以作为单纯的分类器(不包含特征提取、选择),也可以用作功能完善的分类器。在英文字母与数字的识别等类别数目较少的分类问题中,常常将字符的图像点阵直接作为神经网络的输入。不同于传统的模式识别方法,在这种情况下,神经网络所"提取"的特征并无明显的物理含义,而是储存在神经物理中各个神经元的连接之中,省去了由人来决定特征提取的方法与实现过程。从这个意义上来说,ANN 提供了一种"字符自动识别"的可能性。此外,ANN 分类器是一种非线性的分类器,这也为复杂分类问题的解决提供了一种可能的解决方式。

人工神经网络方法用于文字识别的研究主要包括以下几个方面:

(1)神经网络用于特征抽取与选择:通常直接将字符点阵信息送入网络进行学习训练,由网络抽取得到的特征不具有明显的物理含义。

(2)神经网络用于学习训练及分类器的设计:这是目前人工神经网络在文字识别领域的主要研究方向,也是最为成功的应用。

(3)神经网络用于单字识别后处理。

通常,用于文字识别的人工神经网络模型有:Hopfield 神经网络、前向多层神经网络(如 BP 算法、RBF 网络等)、ART 网络、自组织特征映射网络、认知器模型等。目前常用的做法是将神经网络方法和传统的识别方法结合起来使用,互相取长补短,如先用传统的方法抽取较为稳定的特征,然后再用神经网络进行自组织聚类学习并设计性能良好的分类器等。

关于 ANN 的研究表明,人工神经网络特别适用于模式识别。国内外已有不少机构采用 ANN 来识别拼音文字和阿拉伯数字;对于大字符集的汉字识别,除日本外,从事研究工作的国家不多,或者只限于识别方法研究。我国关于用人工神经网络识别汉字的研究始于20世纪80年代中期。中国科学院自动化研究所的手写汉字联机识别系统——"汉王笔",已采用人工神经网络作为预分类器。清华大学电子工程系于1992年和1996年先后研制成两种ANN汉字识别实验系统。与以传统计算机作为主机的识别系统相比较,ANN汉字识别系统具有不少特点。以下介绍清华大学研制的"清神Ⅰ型ANN汉字识别系统"的结构、工作原理和实验结果(吴佑寿,2000)。

图4.24是清神Ⅰ型ANN汉字识别实验系统的原理框图。汉字识别系统一般包括预处理、特征提取和识别三大功能模块。图4.24略去了预处理和特征提取两部分,只画出基于ANN的汉字识别部分。整个识别系统分为三级:

(1)第一级为粗分类。从3755个汉字提取的特征先送到"自组织聚类网络模块",进行粗分类。这一级的分类能力很强,它把3755种汉字分为3023个子集(称为聚类子集Cluster);其中有902个子集中只有一种汉字,这些子集已不需要再进行单字识别,可以作为识别结果直接输出。此外还有2121个子集,这些子集中的汉字种类数目有2~31种,必须送入第二级再进行处理。

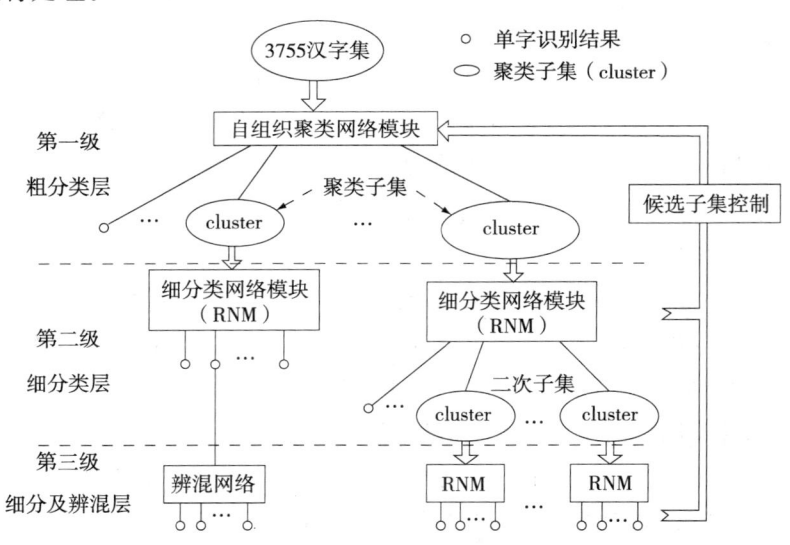

图4.24 识别3775个印刷汉字的神经网络系统结构

(2)识别系统的第二级含有(单字)识别网络和细分类网络模块(RNM)。第一级粗分类时汉字种类数等于2或3的子集,被送到(单字)识别网络进行识别;汉字种类数多于3的子集则送到细分类网络再进行一次分类,把这些子集再分为若干个汉字种类数更少的"孙集",以便于进行单字识别。

（3）系统的第三级主要是进行单字识别,即把由第二次粗分类的"孙"集进行细分,得到单字识别输出,或由辨混网络区分极相似的汉字,如"王、主、玉"等。应该指出,通过上述三级处理后的单字识别结果可能还有错误。为了提高整个系统性能,清神Ⅰ型神经网络汉字识别系统还采取一些"反馈协同控制"（候选子集控制）等措施使系统的错识率进一步减少。

实验结果表明：上述系统的性能很好,对训练样本的正确识别率为100%,测试样本的正确识别率也在98%以上,识别速度很快,这是神经网络固有的特点。缺点是系统比较复杂,目前还没有专用的神经网络器件或神经计算机,只能采用传统的PC机做模拟实验。

目前,在对于像汉字识别这样超多类的分类问题,ANN的规模会很大,结构也很复杂,现在还远未达到实用的程度。其中的原因很多,主要的原因由于人工神经网络是对生物神经网络的一种极端的简化,并且人们对人脑活动的认知还停留在初级阶段,远未达到人脑识别的智能水平,所以人工神经网络在学习效率和算法收敛性等方面还存在很多亟待解决的问题。

4.5 OCR系统的其他关键技术

对一个实用的OCR系统,除了选择全面、高效、准确的字符识别算法,也必须在识别的所有阶段实施其他关键技术,主要包括：

4.5.1 预处理阶段

（1）扫描仪自动亮度调节技术。具有自动亮度调节的扫描仪可以根据输入的文本的灰度而自动调节扫描仪亮度,使得无论输入的文本清晰与否,都能在计算机中得到一致的灰度输入,尽量降低二值化的误差。

（2）印刷表格的自动输入的邻域分析技术。能够自动区分表格与字符,能够区分表格内和表格外的字符,识别字符时,排除表格的干扰。

（3）版面的自动分析技术。对输入的一页文本进行自动分析,包括文种（中、英、其他语言、符号）区分、字体字号识别与归一化、表格区分、图形图像区分等。

4.5.2 后处理阶段

利用语法和语义知识,排除那些明显违反语法语义知识的错误的识别结果,并利用识别模块给出的其他选项,再次进行符合语法语义的判断,直至得到满意的识别结果。比如印刷文本"我们已经完成了工作"被识别器识别为"我们己经完成了工作",经过后处理的分词和语义分析,"己经"不是一个词,由此判断识别有误,在对"己"识别的候选项"己、已、巳、巴"与"经"的组合中,只有"已经"是一个词,所以最后识别为"已经"。另外,对识别率偏低的部分文字,如相似文字,应用专门算法,进行再次识别,以提高识别率。

4.6 OCR系统现状及前景

总体来说,近几年来国内对印刷体汉字识别的研究还是相当深入的,也取得了很大成绩,使系统的识别率不断上升。国内市场上流行的一些成熟的印刷体识别系统,对中等质量的样本,识别率已经可以达到99%左右或更高。但是,尽管如此,这些系统都存在着一些可改进之处。

4.6.1 识别稳定性方面

(1)印刷体汉字识别的鲁棒性还不够强。鲁棒性可以理解为识别系统对于不同印刷质量、不同字号、不同字体的文本图像表示出来的适应性。在文字识别中,识别系统的鲁棒性尤其反应在随着印刷质量的下降、扫描效果不够理想时系统识别率的稳定性上。

目前的OCR系统都对扫描图像的质量有一定要求,扫描亮度不能太暗、也不能太亮,保证文字的图像既不会暗成一个黑块、也不会亮得笔画发生很多断裂。这就对用户的使用提出了较高要求。

印刷文本的质量可能千差万别,一般用户对扫描仪的操作不够熟练以及扫描文本倾斜也往往造成识别图像的质量不佳,为使任何未经训练的用户都能用好OCR系统,系统的鲁棒性必须不断提高。

(2)汉英混排文本的切分仍不够成熟。与识别技术相比,对切分的理论和方法还缺乏系统的研究。随着汉字识别率的上升以及汉英混排文本的增多,切分错误在所有错误中所占的比重不断上升,怎样使文字正确分割成为一个急迫的问题。

4.6.2 识别界面和自动化方面

(1)扫描仪自动亮度调节,无须用户自己选择,能够自动随文本种类、印刷质量不同选择合适的扫描仪亮度门限,以保证识别率。

(2)版面的自动分析,无需人工干预,可以将印刷文本材料,如报纸、杂志等,上面有各种插图、表格、花边,且同时存在横、竖版面等加以区分和作相应的标记,以便分别处理。

(3)中文印刷表格的自动录入,对于中文印刷表格,可以进行框线的自动检测、栏目自动切分,直至将各栏目中的内容识别出来,并且可以和数据库直接相连,完成印刷表格自动录入至数据库的任务。

(4)版面自动恢复,仅有文字识别往往不能满足实际需要。能够保持原来的排版形式、字体信息、表格和插入的图形图像,以便在字处理和排版软件中直接修改,一直是许多用户所期待的。

(5)系统提供用户自学习功能,使用户自由地扩大专业识别字符集;以及适用于各种应用环境的汉字识别系统。例如:MS-DOS 环境、Windows 环境和 UNIX 环境下文字 OCR 版本,满足不同用户的需求。

4.6.3 识别性能和应用范围方面

(1)系统总体性能的进一步提高。解决像报纸这种栏目多而位置排列复杂的印刷文本材料的版面自动理解;利用自然语言理解知识进行识别后处理;进一步提高混排文字的识别率和适应性,降低系统的误识率,等等。

(2)开发 Internet/Intranet 上的 OCR 网络版本。充分利用网络上的资源及计算能力,提高系统的性能,使用户能够更方便地协同工作。

(3)系统固化以及系统各部分的质量和性能的稳定提高。

(4)扩大 OCR 核心技术的应用范围,开发更多的应用系统,并将研究成果迅速转化为产品,提高软件的商品化水平。

这些都是 OCR 系统急待解决的问题,也是 OCR 技术今后努力发展的重要方向。

4.6.4 OCR 新技术展望

文字识别率是文字识别中最重要的指标,应该不断应用最新最好的算法以达到更高的识别率,从而最大程度地减少用户校对、修改的工作量。近年来,随着 OCR 系统实用化的提高,出现了一些新的 OCR 技术。

(1)基于模糊技术的识别方法。由于字符本身,特别是手写字符,在字形字体上的变化很大,导致在文字识别中存在着很大的不确定性,因此模糊数学的观念便很自然地被引用到了模式识别领域中。1976 年,A. Rosenfeld 等人提出了一种景物标识松弛算法,1977 年,R. Jain 等人运用模糊集的理论对复杂图像进行了分析,实现了运动目标的检测,同时开始了模糊数学在图像识别中的应用。1996 年,朱学芳通过对文字中直线、折线和圆进行模糊定义,提出了一种无约束的手写数字识别方案,有效地克服了手写数字变化大的问题(朱学芳、石青云,1996)。

(2)结合语义理解的后处理技术。对识别的结果进行后期处理,可以提高识别的正确率。分析人类识别文字的过程不难发现,文字一般都是结合上下文的语境进行理解的,因此,计算机在识别文字时也可以在识别单字的基础上,结合单字的上下文信息对识别结果进行校正,以单词甚至句子作为一次识别的结果。依据对语言文字的统计信息,可以确定某个文字后可能跟随的候选字符集,以达到缩小搜索范围、简化计算的目的。如果把候选字符集中可能出现的字符赋以一定的出现概率,每识别完一个字符便赋以一个新的状态,则可以采用隐性马尔可夫模型(HMM)加以描述。这种结合上下文信息识别的技术存在的问题主要集中在如何高效组织候选字符子集,以及实现候选字符的快速定位上。

(3)多种策略的综合集成。在 OCR 领域,虽然新的算法思路不断涌现,但是在一个高效的 OCR 系统中仅仅采用一种识别方式是无法满足现实要求的。单个识别策略的能力有限,因此采用多种策略实现优势互补,多角度利用字符的特征信息是 OCR 发展的方向。在这个方向上经常采用的集成策略有投票法、概率法、Dempster－Shafer 法以及行为知识空间法等多种综合方法。以投票法为例,每种识别策略都拥有一张选票,对于同一个字符不同策略各自产生自己的结果,即投票,所有策略投票之后,得票最多的识别结果就是最终的识别结果。显然,在这种综合方式中需要大量资源。一方面要使各种算法都能够完成,另一方面,各种算法间的并行性如果不好,总的执行时间就要成倍增长。

除了像投票法这样多个识别策略并行识别的综合方式之外,多种方法互相渗透,相互补充也是一个综合的趋势,例如遗传算法和神经网络的综合就是这种情况。与人工神经网络不同,遗传算法主要在一个大的解集中寻找全局的最佳解或者近似最佳解。遗传算法和人工神经网络的综合一般有两种方式:一种是在人工神经网络对输入的字符特征进行识别分类前,先利用遗传算法对通常是大量的字符特征进行优化,去除掉冗余的或者分类性不好的特征,达到减少人工神经网络的计算量,提高神经网络分类性能的目的;另一种是优化人工神经网络的互联强度和学习策略,以达到缩短学习时间、提高学习效果的目的。1987年,B. Kosk将神经网络和模糊理论结合起来产生了模糊神经网络的理论(Fuzzy Neural Network)。该理论汇集了两个理论的各自优势,集FNN学习、联想、识别、自适应等优势于一身。

第五章　中、英、藏文 OCR 的实现

5.1　OCR 系统分类

OCR 系统按照待识别字符来源的不同分为印刷体字符识别和手写体字符识别；对手写体识别，又根据信息采集方法分类，分为联机手写体识别与脱机手写体识别。如图 5.1 所示。

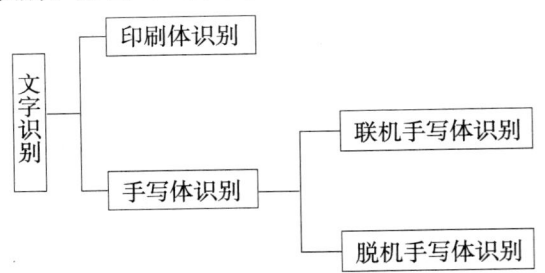

图 5.1　文字识别系统的分类

印刷体识别属于脱机识别，其流程包括：扫描文本进计算机、模拟—数字转换 A／D（Analog To Data Conversion）、预处理、提取特征、分类判别、后处理等。

联机手写体的输入，是依靠电磁式或压电式等手写输入板来完成的。在书写时，笔在板上的运动轨迹（板上的坐标）被转化为一系列的电信号，电信号可以串行地进入到计算机中。通过记录和分析这些电信号的运动轨迹，就比较容易地抽取笔画和笔顺的信息，从而为分类和识别提供更多的信息并提高识别率。

脱机手写体的识别与印刷体识别流程大致相同，所不同的是输入的文本是手写的符号。

从识别技术的难度来说，手写体识别的难度高于印刷体识别，这是因为手写体字符因人而异，变化很大，手写体文字的连笔、断笔、倾斜等因素使得

某些书写很潦草,个体差异大,甚至人眼都无法识别;而印刷体虽然有字体、字号的变化,但是数量有限,字符的轮廓、形状、比例等都基本相同,便于提取字符特征。对手写体识别而言,脱机手写体的难度又远远超过了联机手写体识别,这是因为联机识别可以借助笔画的书写顺序等附加信息。由于以上原因,脱机手写体还停留在实验阶段,没有达到市场化的程度,以下主要介绍印刷体识别技术。

5.2 汉字 OCR 的实现

汉字 OCR 是文字字符识别的一个分支,它是研究将印刷体或手写体汉字自动"扫描"进计算机,从而辅助键盘输入,大大提高汉字输入的效率和准确率的技术。近二十年以来,汉字 OCR 技术获得了长足的发展,其中印刷体汉字识别率已经达到 95% 以上,出现了汉王汉字识别系统、清华同方汉字识别系统等实用的汉字 OCR 系统,联机手写体汉字识别也已经实用化并走向市场。

5.2.1 汉字 OCR 系统要求

汉字识别系统的作用是把汉字输入计算机。因此,对系统的基本要求是:(1)能识别一定数量的汉字及标点符号;(2)具有足够高的识别率和识别速度;(3)系统可靠性要高;(4)价格要低廉;(5)用户使用方便等。

汉字识别系统所能识别的字符类总数是系统设计的基础和依据。根据我国 1980 年颁布的国家标准 GB 2312—80《信息交换汉字编码字符集——基本集》,目前我国研制的汉字识别系统的字量大体上分为三级:第一级主要包括国标第一级汉字 3755 个;第二级包括第一、二两级汉字共 6763 个,或国标一级汉字 3755 个和繁体字 5401 个;第三级的字数可扩大至 1 万个左右,包括国标两级字和繁体字,但根据实际需要和可能适当增删某些汉字,使之适合应用。此外实际文本还有标点符号、数码和拼音文字等,在系统设计容量时也应考虑在内。

对识别率和识别速度的要求,主要根据实际应用的需要来确定。但是作为一种输入手段,它的性能应该可以和其他输入手段(如人工键入)相比拟。目前专业人员操作的汉字键入错字率约为 $10^{-2} \sim 10^{-3}$ 的量级,键入速度最高达 250 字/分钟,平均速度约在 50 字/分钟。作为参考,这些指标应该是汉字识别系统必须达到的最低要求。在某些需要大量输入的场合(如数据库的建立),对识别系统性能的要求还应更高(昊佑寿,2000)。

印刷汉字识别系统的识别率和印刷质量有密切关系。目前我国的印刷汉字识别系统,对于印刷质量很好的文件,识别率可高达99%,一般印刷物也可达98%左右。手写汉字的字形变化较大,正确识别比较困难,因而识别率较低:联机手写汉字识别系统的"首字(第一个字)识别率"一般在90%左右,脱机识别率则低于90%。这样的识别率不能满足实用的要求,因而通常还采用"前十字识别率"来表示识别系统的性能。这种方法同键盘键入法相似,对某一个待识字进行识别时,计算机给出十个最可能的候选字,这些候选字中含有待识字的概率,叫做"前十字识别率"。在联机手写汉字识别时,用户可以用鼠标从这十个字中挑出待识字输出。脱机手写汉字识别时,计算机可以把这十个字作为候选字,再用"单字识别"模块对这些候选字进一步加以判别,给出待识字。由于手写字的字形变化很大,目前一般的脱机手写汉字的单字识别率都不高,大多在95%以下,难以广泛应用。

计算机在对某一待识字进行识别时,有时难于作出判断。对于这种待识字可以作"拒识"处理。在识别系统中采用对那些难以识别的字符加以拒识,可以降低系统的错识率。在一些要求识别率很高的场合,采用这种办法可以减少差错。例如在邮局的信函自动分拣中,有的邮政编码写得很潦草,计算机辨认这种信函很容易出错。对于这种信函先做"拒识"处理,然后再用人工分拣的办法,可以保证该信函能正确地寄给收信人。

识别率、误识率和拒识率是识别系统的三个性能指标,它们之和应该等于100%。

5.2.2 汉字特点

汉字是图形文字,汉字识别就是应用计算机算法研究汉字字型特点,从而判断某字属于哪一类汉字的过程。因此,建立能够反映汉字字型特点并适合计算机处理的模型,是进行汉字识别的基础和先决条件。

汉字OCR属于大模式识别系统,汉字数量浩大,根据不同的统计方法,汉字的具体数量也有不同,一般公认在1万个以上。根据国家标准GB2312—80规定,计算机用汉字数量为6763个,其中又分一级和二级汉字,分别对应常用的和非常用的汉字。英文只有26个字母,考虑大小写的区别,也只有52个字母,加上少量标点符号等也不超过100个符号,即使加上文本中标点符号和其他可打印文本符号也仅近百项之数(P. Brown,1992),所以英文OCR是个小模式识别系统,由此可见汉字OCR比英文

OCR 要困难得多。

汉字最早是由象形文字发展而来,由最初的"形"发展为偏旁、部首、笔画,这些不同的部件有的表音,有的表意,规律性不强,并且因为汉字数量庞大,造成汉字难学、难记、难认。汉字字型结构一般分为单字、部件、笔画三个层次,对于计算机识别而言,笔画因涉及笔迹的多个走向,不利于计算机进行处理,需要进一步分解为笔段,所以汉字识别为单字、部件、笔画、笔段四个层次。

在实际的汉语中,有特定意义的最小语言单位是词,而非单字,所以如果在汉字单字识别时考虑词的层次,去除无意义的单字之间的组合,则可以提高汉字识别率,所以根据吴佑寿先生对汉字结构特点的分析和进行计算机识别的需要,可以把汉字识别分为词、单字、部件、笔画、笔段五个层次(吴佑寿,丁晓青,1992),如图 5.2 所示:

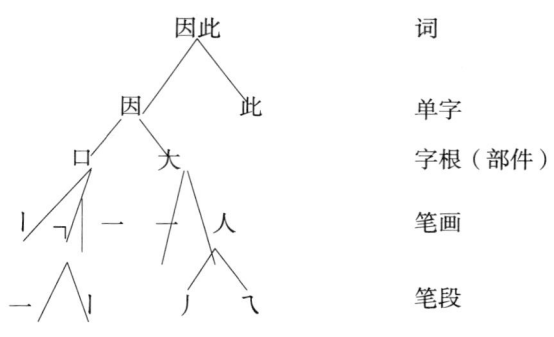

图 5.2　汉字结构的层次

以下从 7 个方面介绍汉字的具体特点。

(1) 字形

随着中国历史的变迁,汉字字形从最早使用的甲骨文到现在使用的简体汉字经过了多次演变,主要包括:甲骨文(商朝)、金文(商周)、小篆(秦初)、隶书(秦汉)、草书(汉)、楷书(汉末)、行书(魏晋)、简化字(1964年)。

楷书是汉朝末年以来流行的一种字体,中华人民共和国成立以后,于 1964 年在楷书的基础上对部分字形进行了部分简化,称作简体汉字,主要流行于中国内地,但随着中国影响力的扩大,简化汉字也逐渐扩展到海外;未简化的字型称为繁体字,流行于港、澳、台和海外的华人社区。

(2) 字型

汉字单字由字根(或称部件)组成,根据字根的数目可以分为单根字、二根字、三根字、多根字(见表 5.1);根据字根的位置关系可以分为独立型、左右型、上下型、内外型、组合型等(见表 5.2)。

表 5.1　字根的数目举例

单根字	二根字	三根字	多根字
天、日、月	话、昌、体	海、娜、动	湖、蔓

表 5.2　字根的位置关系举例

独立型	左右型	上下型	内外型	组合型
人、又	说、明	吕、曼	国、围	周、琵、琶

(3) 字体

为了印刷体汉字的美观和艺术性,汉字印刷体又分多种字体,例如:宋体、仿宋体、黑体、楷体。其中宋体又分为华文中宋、新宋、报宋、小宋等,黑体又分细扁、粗扁、圆头黑体等,另外,在印刷体的标题中还常使用隶书、魏碑、行楷等字体,如表 5.3 所示。

表 5.3　字体举例

宋体	印刷体汉字识别
仿宋体	印刷体汉字识别
黑体	印刷体汉字识别
楷体	印刷体汉字识别
隶书	印刷体汉字识别
华文彩云	印刷体汉字识别
华文行楷	印刷体汉字识别

(4) 字号

字号是印刷体汉字大小的一种度量,常用磅数和毫米数来表示具体大小,如表 5.4 所示。

表 5.4　字号、磅数、毫米数对照表

字号	磅数	毫米数
初号	42	14.76
一号	27.5	9.66
五号	10.5	3.69
七号	6	2.11

(5) 部件

部件是由笔画组成的简单图形,是居于笔画和单字之间的一个中间层次,是构成单字的不能分拆的最小的结构单位。对于拼音文字,部件就是字母,但对于汉字这样由象形文字发展而来的大字符集文字,部件迄今还没有统一而明确的定义。

分解汉字的传统方法是把单字分解为偏旁和部首,再分解为笔画,偏旁和部首包含字形、字音和字义。东汉许慎的《说文解字》把 9353 个篆书构形分为 540 个部首,作为查字的依据,明朝以后对部首进一步简化为 214 个,对以后字典的组织和查找起到了重要作用。

对于计算机汉字识别而言,必须抛开汉字的字音和字义,单独研究组成汉字字形的部件。另外,有的部首的图形还比较复杂,粒度太大,不适合计算机识别,可以进一步分解。如部首"鼻"可以分解为"自"、"田"、"兀"三个字根(部件)。以下给出部件的定义、分类、构成、关系、部位、顺序和统计。

①定义

部件是构字时多次出现的并能从汉字中分解出来的有固定形体的笔画组合。大部分部件具有一定的含义,但有的部件并不包含发音和意义的信息。部件又称字根,由于字形分解的角度不同,部件数量并无公认的数目。

②分类

部件按照复杂度可以再分解为简单部件和复合部件。前者不可再分,后者可以分解。简单部件如"一"、"日"、"口",复合部件如"穴"、"圭"、"左"。

按照是否构成汉字分为成字部件和不成字部件。前者如"口"、"广"、"水",后者如"亻"、"幺"。

按照使用频次可以分为高频部件和低频部件。

③构成

表示部件的构成方法:单笔、散笔、连笔、交笔以及它们的组合(见表5.5)。

表 5.5 部件的构成

单笔	散笔	连笔	交笔
一、乙	二、八	日、月	工、十

组合的例子如"米"、"耳"、"贝"等。

④关系

表示部件之间的关系,包括连接关系和位置关系。

部件之间的连接关系包括:A. 分离关系,部件之间完全分离,如"泳"、"梦"、"狭";B. 连接关系,部件之间部分连接,如"允"、"有";C. 相交关系,部件之间部分交叉,如:"申"、"未"。

部件之间的位置关系包括:A. 上下关系,如"音"、"草"、"寒";B. 左右关系,如"位"、"冰"、"翔";C. 内外关系,如"周"、"国"、"圆"。

⑤部位和比例

表示部件出现在汉字中的相对位置,如上下左右以及部件在汉字中的大小长短的比例。例如部件"亻、丬"总在左边,"冖"总在上边,而"口"可出现在任何地方。各个部件在汉字中占的比例也不相同,有学者对此信息进行了统计。

⑥顺序

汉字拆分为部件或书写汉字部件时有固定的顺序,如先左后右、先上后下、先外后内。利用此顺序信息,对手写体联机汉字识别具有重要意义。

⑦切分

从单字中切分出部件的原则是以形而不是以义切分。相离、相接、相交三种连接关系切分原则为,相交关系的部件为单部件,不再切分,相离关系优于相接关系。

部件切分顺序为,对单层位置关系中先左后右,先上后下,先外后内;对多层关系为先左右、后上下。例如"耀"为左右结构的多层结构字,经过第一层左右和第一层上下切分后为(小、兀)、(羽、隹),经过第二层左右切分为(小、兀)、(习、习)、(亻、圭)。

⑧统计

关于部件特征的统计信息有很多种,例如组字频度(部件在汉字中出现的频度)、出现频度(部件在一个汉字中出现的频度)、部位频度(部件在汉字的各个部位中出现的频度,如汉字的上下左右部位)、结构频度(部件构成单字时结构位置出现的频度)等。

(6)笔画与笔段

笔画指书写汉字时,从起笔到收笔之间笔尖描绘的轨迹。由此定义,汉字笔画有二十多种,可分为六种笔画走向(吴佑寿、丁晓青,1992),如表 5.6 所示。

表 5.6 常见的笔画类型

笔画走向	笔画分类举例
横	一
竖	丨
撇	丿
捺	丶 ㇏
左折	㇕ 亅 ㇉
右折	乙 乚

每个汉字有不同的笔画数,笔画数决定了汉字的复杂度,笔画越多,汉字越复杂。表 5.7 为国标 GB2312—80 中 6763 个汉字中笔画的频度统计表。(表 5.7 至表 5.9 的数据引自吴佑寿、丁晓青,1992;张炘中,1992)

表 5.7 笔画数概率

笔画数	概率	笔画数	概率	笔画数	概率	笔画数	概率	笔画数	概率
1	0.0003	7	0.121	13	0.054	19	0.007	25	0.0009
2	0.003	8	0.127	14	0.043	20	0.004	26	0.0004
3	0.008	9	0.136	15	0.031	21	0.001	29	0.0001

续表

笔画数	概率	笔画数	概率	笔画数	概率	笔画数	概率	笔画数	概率
4	0.022	10	0.119	16	0.024	22	0.001	30	0.0001
5	0.035	11	0.0956	17	0.018	23	0.0009	36	0.0001
6	0.059	12	0.079	18	0.009	24	0.0004		

如上所述,笔画是书写汉字时形成的一笔的轨迹,对于像"ㄋ"这样的笔画,是不适合计算机进行识别处理的,因为它包含多于一个的轨迹走向,必须进一步分解为单走向的单位,称为笔段。

笔段可以定义为笔向相同的,组成笔画的线段。由表 5.6 可以看出,横、竖、撇、捺只含有一个笔段,而左折和右折含有 2~4 个笔段。在采用统计方法进行汉字识别时,笔段的特性经常作为一个重要的属性,例如笔段数分布和笔段长度分布。

(7) 字频与词频

字频是每个汉字的使用频率。汉字是一个庞大的集合,经过几千年历史的演变,汉字总数约数万之多,但是常用的不过几千个,国家标准《信息交换用汉字编码字符集——基本集》GB2312—80 包括了 6763 个汉字,根据常用与否,分为一级 3755 个常用字和二级 3008 个非常用字,根据字频统计结果,6763 个汉字的使用频率约 99.99%,3755 个一级汉字的使用频率达到 99.9%。

不同领域使用的汉字字频是不同的,表 5.8 列出了政治、文艺、新闻三个领域使用频率最高的十个汉字的频率:

表 5.8 频率使用最高的十个汉字

序号	政治		文艺		新闻	
	汉字	频率	汉字	频率	汉字	频率
1	的	0.0536	的	0.0324	的	0.0375
2	是	0.0165	一	0.0218	一	0.0132
3	一	0.0136	了	0.0196	了	0.0120
4	在	0.0115	不	0.0165	和	0.0086
5	这	0.0109	是	0.0141	在	0.0086
6	主	0.0108	说	0.0130	人	0.0083
7	不	0.0101	他	0.0130	大	0.0083
8	和	0.0098	这	0.0119	主	0.083
9	人	0.0087	着	0.0107	是	0.0078
10	们	0.0087	个	0.0097	们	0.0065
总计		0.1544		0.1627		0.1189

所谓词频指词的使用频率。词是由字组成的,按照语法来分,词分为名词、动词、形容词、副词等;按照是否具有独立的意义来分,词分单字词、二字词、三字词等。词的数量远远多于字的数量,并且随着社会的发展,新词层

出不穷,例如"电脑"、"克隆"、"态势"、"山寨"等,同时一些过时的词逐渐被淘汰,如"洋车"、"练摊"等。与相对稳定的字相比,词更显现出较大的流动性。表5.9为不同长度词条的词频统计表。

表 5.9　词条数目分布统计表

词条字数	1字	2字	3字	4字	5字	6字	7字	合计
词条数	9199	65891	26352	21699	5124	2446	980	131691
词频	0.07	0.5	0.2	0.165	0.039	0.018	0.007	1.00

与字频统计类似,可以在不同长度词条中,按使用频率对词频进行排列。例如,经过对中小学教材统计,单字词中词频最高的十个单字为:的、了、是、一、不、在、和、我、着、个;双字词中词频最高的七个双字词为:我们、他们、起来、社会、同志、国家、生活。不过,词频统计数会随着时代而变迁。

5.2.3　汉字识别的难点

汉字识别和所有模式识别一样,都要考虑识别速度和识别正确率的平衡。考虑到实用的识别系统,还要考虑系统的强壮性、界面友好性和价格等。

对汉字识别系统而言,不同的应用环境对识别速度和识别正确率有着不同的要求。一般来说,商品化的汉字识别系统的识别率至少应该在80%以上,对识别速度则没有公认的标准,录入员手工输入汉字的平均速度为50字/分钟,则实用汉字识别系统的识别速度不应该低于此速度。但是,汉字识别系统的正确率和识别速度是一对矛盾,正确率提升意味着算法复杂、数据量大、运算量大,也意味着耗用更多计算机资源以及识别时间变长;反之亦然。但是,根据摩尔定律,随着计算机价格的快速下降和硬件性能的快速提升,汉字识别系统应该越来越注重识别率。

相比其他文字的识别系统,汉字识别面临更多的困难,主要体现在:

(1)汉字识别属于大模式识别,常用汉字三千多个,国标GB2312—80收录6763个汉字,识别模式多意味着识别速度低,难以兼顾识别率。为了提高识别速度,通常采用树形多级分类法,但也降低了识别率。

(2)由于中国悠久的历史和文化,汉字字体繁多,常用的就有十几种,字体之间结构虽然相似,但是笔画的粗细、长短、位置不同,多种字体使得系统不得不对每个字设置多个标准模板,大大增加了模板数量,也增加了汉字识别的难度。

(3)汉字的结构复杂,平均每个汉字的笔画数为11画,最多笔画数的汉字为36画,某些汉字之间非常相似,很容易造成识别系统的识别错误。如"士"、"土";"己"、"已";"人"、"入"等,这就要求系统具有很高的性能和抗干扰能力。

5.2.4 汉字识别的预处理技术

根据张炘中汉字识别著作的描述,汉字识别的第一步是把待识别文字通过光电扫描和 A/D 转换成为带灰度值的数字信号输入计算机,然后进入到预处理阶段,主要包括:二值化、版面分析、行字切分、平滑去噪、规范化等,以下分别介绍这些步骤。

(1)二值化

待识别文字通过光电扫描和 A/D 转换后表示文本的不同灰度电平值,但是在识别时,只需要判断某一个点是文字覆盖的(用 1 表示)或者是空白点(用 0 表示),所以需要对所有的灰度值进行处理,转化为 1 或者 0,这一过程称为二值化,假设阈值为 T,灰度值大于 T 为 1,否则为 0。下面介绍几种二值化方法。

A. 人工设定阈值

根据经验值,事先给定一个固定的阈值作为笔画和空白的分界点,大于此阈值为笔画(值为 1),否则为空白(值为 0)。

这种方法简单、效率高,但有缺点,一是对所有文字一视同仁,造成某些文字二值化错误,二是抗干扰性差,扫描亮度变化、版面污点、断笔等都会造成二值化错误,为下一步的识别带来困难和错误。

B. 灰度级直方图法

灰度级直方图给出了一幅图像灰度值的概貌。设规范化灰度值 g 的范围为 $[0,1]$,分别表示最黑和最白,M 为灰度级数目,$p(g_k)$ 为第 k 级灰度的概率。n_k 为图像出现的灰度级为 k 的次数,n 为图像的像素总数,则:

$$p(g_k)=n_k/n \qquad g_k\in[0,1], k=1,2,\ldots M$$

通常称图 5.3 为灰度级直方图。该图一般有两个峰值,一个对应汉字笔画部分,另一个对应汉字背景部分,阈值取在两个峰的波谷处,波谷越陡,二值化效果越好。这是根据图像和背景的灰度值自动确定阈值的方法。

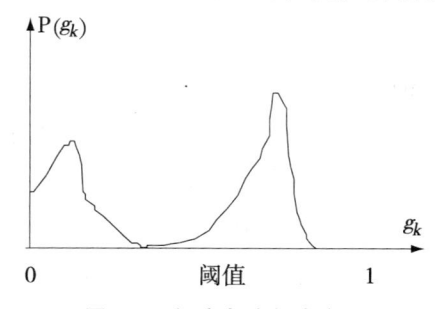

图 5.3 汉字灰度级直方图

C. 经验函数法。如图 5.4 所示。

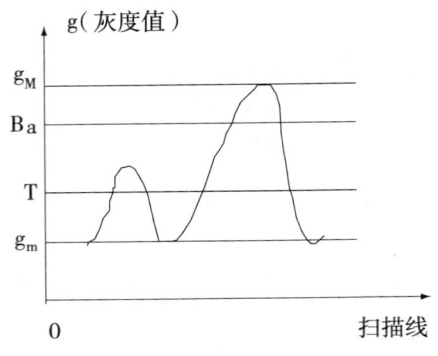

图 5.4 用经验函数确定整体阈值

$T=B_a-(B_a-g_M)/2=(B_a+g_M)/2$。

其中，B_a 为背景灰度值平均值；g_M 为图像最黑的灰度值。

D. 二次定值法

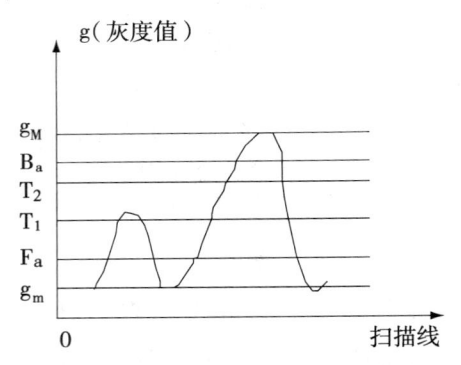

图 5.5 用二次定值法确定整体阈值

先取 $T_1=g_m+a$(a 为经验值)进行第一次扫描，根据 T_1 区分是背景或图像，再分别计算对应 T_1 的图像和背景的平均值 F_a 和 B_a，则阈值为：

$T=(F_a+B_a)/2$

(2) 版面分析和理解

实际的文本版面如报纸、书籍、杂志、宣传册的版面是丰富多彩和复杂的，为了显得更生动、更吸引读者以及以更直接的方式传达信息，版面往往包含插图、表格、公式等；对篇章而言，除了正文，还有标题、作者、注释等；排列方式也可能是单栏、双栏和多栏等，由此可见实际的版面是非常复杂的。版面分析的任务是把版面按照空白或间隔线(符号)分割成一个个方块，如段落、标题、作者、图表、图像、公式等，版面理解的任务是对每个方块的属性进行判别并对文本块之间的关系进行判定，为识别奠定良好的基础。由此可见，必须先对版面进行正确的分析和理解,才能进行正确和高效的行、字切分。

在印刷文本中,文本块是被背景区分隔开的,所以一般可以利用文本图像的水平和垂直投影确定背景的位置进行文本的切分。例如,文本行的投影有周期性的行空白间隔,而图像则无此特征;标题字号一般比较大,所以投影也比较大;等等。

版面分析和理解可以从上到下和从下到上进行。前者需要用户提供版面的整体信息,引导计算机进行版面分析和理解,此法速度快,但需要人工干预,后者完全由计算机局部的信息逐渐合并得到整个版面的信息,此法不需要人工干预,但是速度慢,运算量大。

(3)行、字切分

通过版面分析和理解得到的文字块区域还必须切分出一个个单字,才能最终进入识别流程,这就是文字块区域的行、字切分。

A. 行切分

对文字块的二值图像从上向下逐行扫描,并累计每行的像素,得到每行像素的水平投影,然后根据水平投影来判断行间空白的位置,从而切分出文字行。如图 5.6 所示,在左边的投影中,像素之间的空白表示为文本的行的位置。

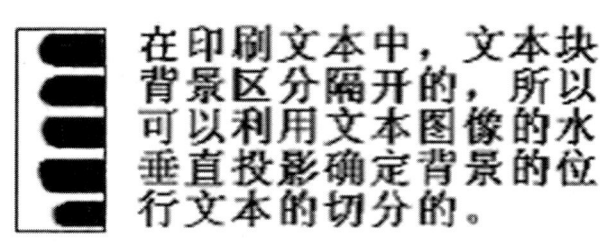

图 5.6 根据水平方向投影空白的行切分处理

在行切分过程中遇到的最大问题是由于文本倾斜扫描造成的行间隔投影粘连在一起,从而造成行切分失败。理论上可以通过复杂的算法把倾斜文本校正,但占用系统资源太多,且对以后的识别有影响,最简单的办法就是重新扫描,保证文本扫描不过分倾斜即可。

B. 字切分

字切分是从已经切分好的文本行中将一个个单字切分出来,从而进行下一步识别处理。由于汉字本身的特点,汉字与数字字母混杂以及汉字的字间距一般小于行间隔,所以字切分比行切分要复杂得多。

字切分的基本算法是从左向右逐列扫描,并累计每列的像素,得到每列像素的垂直投影,然后根据垂直投影切分出一个个文字来。如图 5.7 所示,投影之间的空白表示字的间隔。

图 5.7 根据垂直方向投影空白的字切分处理

字切分的第一个问题是相当数量的汉字是左右两部分甚至左中右三部分组成的,例如"湘"由三部分组成,这些部分之间存在空白间隔,造成切分失败。解决的方法有:字间距一般大于字内间距,设定阈值为字间距,小于该阈值的空白是字内间距,不做切分;利用汉字的方块特性,即高等于宽,通过行切分得到汉字的高度,同时也是汉字的宽度,以此作为参照,在每一行中从左向右切分汉字;将前两种方法结合起来可以大大提高字切分的准确率。

以上讨论的方法是基于理想的情况下,即文本为大小相同的纯汉字,如果每行中汉字大小不一或者混杂半角英文字母和数字,前述的方法就难以达到理想的效果,还必须结合其他方法来解决此问题。

(4)汉字归一化

汉字切分以后,汉字的字体、字号、位置并不一致,还必须将它们转换成大小、位置、粗细一致的字才能与标准模板中的汉字进行相似度比较,这个过程称为归一化。

A. 大小归一

不同字号的汉字大小相差很大,实用的汉字识别系统必须能够识别包含不同字号的汉字文本,将不同字号的汉字放大或缩小的算法称为大小归一。

大小归一的常用算法是求得汉字的外围特征,即汉字的四个方向的边框,然后进行线性地放大或缩小,得到"标准"的大小。

B. 位置归一

将切分后的汉字移动到相同的位置称作位置归一。位置归一有两种算法:重心归一和外边框归一。所谓汉字的重心就是整个字的分量或笔画分布的中心点。重心归一先计算出每个汉字的重心,再将重心移动到汉字点阵的指定位置;外边框归一是将汉字外边框移动到汉字点阵的指定位置。因为重心计算是全局性的,因此抗干扰能力较强。

C. 粗细归一

将二值化文字点阵剥离轮廓上的点,剩下宽度只有一位(1bit)的文字骨架的过程称为粗细归一,又称细化。细化后的文字保留了文字的所有特征,减少了需要处理的点阵,有利于进行分析和判别。

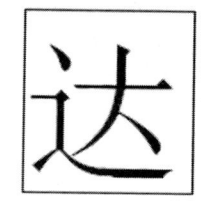

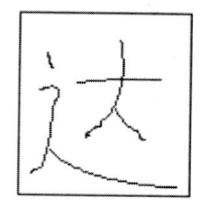

图 5.8　汉字"达"细化前后示意图

(5)平滑

汉字图像的平滑可以去掉图像点阵中独立的噪声点、干扰和毛刺,平滑笔画的外边缘。一种简单的平滑算法如下:

采用图 5.9 所表示的 3 行 3 列的辅助矩阵对文字点阵进行扫描,根据辅助矩阵中像素 0、1 的分布,基于平滑公式,将位于矩阵中心点的像素 P0 进行从 0 到 1 或从 1 到 0 的变换,从而完成平滑。

P4	P3	P2
P5	P0	P1
P6	P7	P8

图 5.9　3 行 3 列的辅助矩阵

根据此算法,图 5.10 表示平滑前和平滑后的汉字点阵。

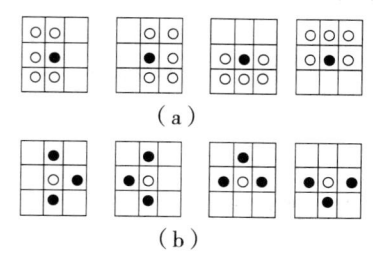

(a)

(b)

(a)为平滑前的图形,(b)为平滑后的图形(黑点代表"1",圆圈代表"0")

图 5.10

5.2.5　印刷体汉字识别技术

汉字识别处理是整个识别过程的重心所在,可采用多种方法或算法处理(张炯中,1992)。

(1)汉字分类特征

汉字识别过程是从汉字的测量空间映射到汉字的特征空间,最后映射到汉字的模式空间的过程。

首先，从待识别的汉字点阵中提取该汉字的测量特征，如像素分布特征、笔画走向特征、在各个方向投影特征等，这就是从汉字测量空间到汉字特征空间的映射。然后与模板中存储的标准汉字库的点阵数据进行比较，按照某种算法确定两者的相似度，从而判别该汉字属于哪一个汉字或哪一个类别的过程，这就是从汉字的特征空间到汉字的模式空间的映射。

汉字的特点是字量大（仅国标 GB2312—80 就收录 6763 个汉字，ISO/10646 则收录超过 1 万余个汉字），字体多（几十种），字号多（几十种），由此造成汉字的标准模板空间很大，在比较和计算时非常耗时。所以为了提高识别速度，一般采用把模板中的汉字进行二级甚至多级分类的方法，即使用树型的方法先把汉字进行多级的分类（树枝），再在该类中进行更细的分类或识别单字（树叶）。

汉字识别的分类特征应满足下列要求：

A. 类内样本间距离尽量小，类间样本间距离尽量大，类间无交叠。即同类内的样本尽可能相似，不同类内的样本的区别尽可能大。这样的要求是基于提高粗分类的准确性目的。

B. 具有较高的稳定性和抗干扰性。

C. 基于识别效率的考虑，特征量要易于提取，运算不宜过大。

模式的特征可以分为物理的、结构的、数学的三种。人们通常是用物理特征和结构特征来识别世界的，因为人类拥有强大的视觉、听觉器官。但是计算机则最擅长数学的、计算的特征。汉字识别中，汉字的结构特征常常被使用，因为汉字是由笔画组成，如果能把笔画构成的结构信息转化为计算机擅长处理的数学特征，则将大大提高汉字识别的效率。

以下将介绍几种常用的汉字特征及其提取算法。

(2) 四边码法

用一个矩形条从文字的四周分别切割该文字，将切割部分包含的黑像素的点数的数量用四级（0—3）表示，数字大意味着在该方向的黑像素的点数多。这样，每一个汉字得到一个四边码，如图 5.11 所示。

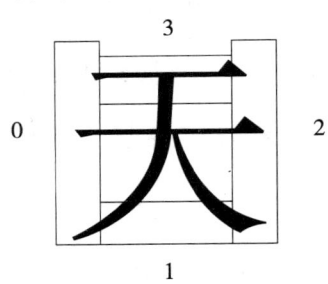

图 5.11 "天"的四边码

如图 5.11 所示,"天"的四边码为"1213",表示它在"上"的方向上黑像素(3)最多,在"左""右"两个方向上黑像素(1)相同,这样可以用黑像素的分布对汉字进行分组,因此四边码特征法适合于对汉字进行粗分类,它对断笔和介质污点有良好的稳定性,抗干扰能力较强,但对字体字号的变化敏感。

(3)平均线密度法

平均线密度是利用反映笔画轮廓的平均线密度进行印刷体汉字的细分类方法。设 $C(i,j)$ 是二值化后的文字图形,则横线图形 $H(i,j)$ 为:

$$H(i,j)=|C(i+1,j)-C(i,j)|, i,j=1,2,\ldots p, C(p+1,j)=0$$

(5—1)

纵线图形 $V(i,j)$ 为:

$$V(i,j)=|C(i,j+1)-C(i,j)|, i,j=1,2,\ldots p, C(i,p+1)=0$$

(5—2)

把 $H(i,j)$ 和 $V(i,j)$ 在 4 行 4 列的网格中计算黑点数,就构成了平均线密度特征。

(4)结构特征法

该方法分别利用外围特征和内部特征来完成两级粗分类,利用端点和结点相结合的方法完成单字识别。

外围特征指分布在汉字的左右上下方向的部件,内部特征指分布在汉字的内部的部件。所谓部件是把偏旁和部首进行分解得到的组成偏旁和部首的最小单位,汉字是由偏旁和部首组成的,其数量很有限,构成的部件就更少。表 5.10 是一些外围特征部件的例子。

表 5.10 外围特征部件

左偏旁	口、月、日、石、方、巾
右偏旁	力、卜
上偏旁	广、尸、干、口、曰
下偏旁	木、心、十

内部特征部件的例子有"口"、"王"、"田"、"日"等。

表 5.11 是用 20 种常用的外围特征对 GB2312-80 的 6763 个汉字进行分类后得到的分布表,730 个无法归类的汉字归为第 21 类。

表 5.11 汉字的外围特征分布

1	2	3	4	5	6	7	8	9	10	11
249	368	622	230	278	392	351	559	493	286	316
12	13	14	15	16	17	18	19	20	21	
329	254	111	81	197	165	398	151	203	730	

从表 5.11 看出,各个分类子集包含的字数差异较大,并不平衡,最大的(622)与最小的(81)之比为 7.68,这样的分布使得分类的效率很低。解决此

问题的办法是利用汉字的内部特征进行第二级粗分类,经过第二级分类后,候选集中的汉字数量显著减少,并且各个候选集中汉字的数量更加平衡。

提取结构特征的方法:以提取外围特征为例,假定 F 表示外围特征,它由笔画 S 和连接关系 R 所构成:F={S,R},S=(h,v,l,r),其中 h,v,l,r 分别表示横、竖、撇、捺。

R 共包含 13 种连接关系,如图 5.12 所示:

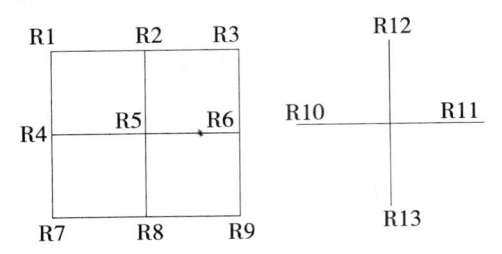

图 5.12 汉字的结构特征

将上面右图的横、竖按顺时针旋转 45 度,可以表示撇和捺。

例如"口"可以表示为:F=(v1R1h1,h1R3v2,v2R9h2,h2R7v1)

下面介绍数学形态学的提取方法。这种算法比较简单,可进行并行运算,有利于提高处理速度。只要正确设计所需的结构元素,就可以很容易从待识汉字图形中提取横、竖、撇、捺等笔画。以提取横、竖两种笔画为例,设这两种笔画长度都大于 7(像素),取结构元素 H 和 V 如下:

H=[1 1 1 1 1 1 1]

V=[1 1 1 1 1 1 1]^r

用它们分别对汉字点阵图进行"开"变换,就可以提取笔画长度大于等于 7 个像素的横画 X_H 或竖画 X_V:

$X_H = X \cdot H$,

$X_V = X \cdot V$

上式中"·"是"开"变换符号:$X \cdot B = (X \odot B) \oplus B$

应该指出,由于外围特征位于汉字点阵四周,因此提取边框笔画时,只需在边框内提取,不必整个汉字扫描,只要扫描从汉字的四个方向扫描区域部分外围,这样可以节省搜索时间,并且提取特征的稳定性很高。

结构特征法的优点是基本上不受字体的影响,边框抗干扰能力较强,另外时间开销也比较小。

5.2.6 汉字识别后处理技术

根据吴佑寿、丁晓青(1992)论述,对于汉字识别,提高识别率是一个主要目标。现在市场上一些汉字识别系统的识别率一般能达到百分之九十几,但要想进一步提高识别率则困难重重,并且在算法的时间和复杂性以及存储空间方面的代价很大。而汉字识别的后处理则独辟蹊径,它从初步识别过的文本基础上,利用句法和语义的知识,根据上下文关系自动发现或改正识别的错误或拒识的字符。这是提高识别率的一个重要步骤,特别是对汉字这样字量大、相似字多的文字更是如此。

(1)对拒识字的后处理

在汉字识别中设定一个阈值,当某待识汉字与所有参考模式的距离都大于此阈值时,说明该汉字与所有参考的汉字都不匹配时,则做待判处理,同时将若干个距离最小的选项显示在屏幕上,供用户手工选择。这是一种简单有效的矫正方法,但是当拒识率很高时,人工的负担就很重。而自动矫正就是试图利用词匹配方法来自动矫正拒识的汉字,从而大大减轻人工的负担。如图 5.13 所示。

首先,待识别文本经过粗分类和识别后,包含拒识字符的文本提交后处理模块;后处理模块将拒识字的候选字与拒识字的前和后各 L 个字(例如 L=2,L+1+L=5)组成一个序列,将此序列在常用词条库里面搜索,若搜索到,则将拒识字替换,否则减小序列长度为 L—1,重复上面的处理,直至找到匹配字符串;如果没有找到,则需要人工干预。

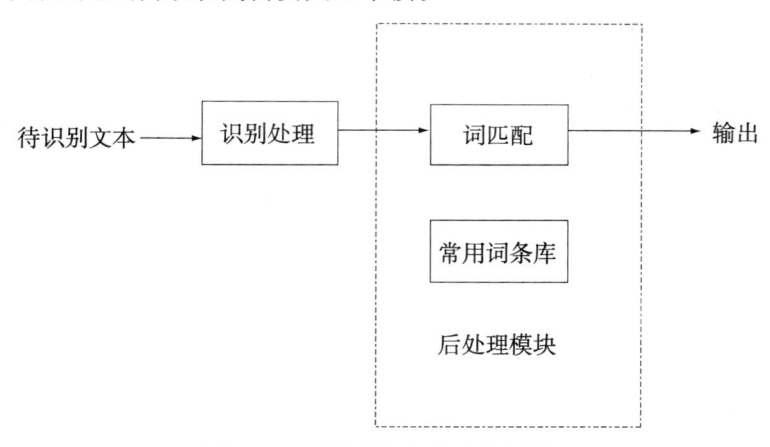

图 5.13 纠正拒识字的后处理流程

例如,一段文本的标题为:"汉字识别技术的最新进展",经过粗分类和识别后的结果为:

汉 32

字 36

识 23 认 39

别 47

歧 53 技 67 伎 69

术 23 木 38

的 23

最 35

新 46

进 26

展 32

汉字后的数字为相似距离,假定拒识阈值为 50。其中第五行的相似距离为 53＞阈值 50,为拒识字,以该字为中心,从前和后分别组成 5 字,4 字,3 字,2 字序列,并分别与常用词条库搜索比较,结果只有 2 字词"技术"被搜索到,所以第五行的拒识字应该为"技"。

(2)基于句法—语义分析的后处理

上面介绍的后处理技术限定识别的字属于常用词,所以只能纠正部分错误,它们对单字词和错判是无能为力的,为了进一步提高后处理的纠错能力,必须从语法、句法、语义、语用的层面上下工夫,以下介绍基于句法和语义分析的后处理方法。

系统工作原理如下:

在语义知识的指导下,根据句法规则消除输入字符串中的干扰(如拒识字)并进行自上而下的分析;当输入的字符串可以映射成为有意义的语义表达式时,便被接受,否则被拒绝。所以系统输出的是无干扰的、有意义的字符串。

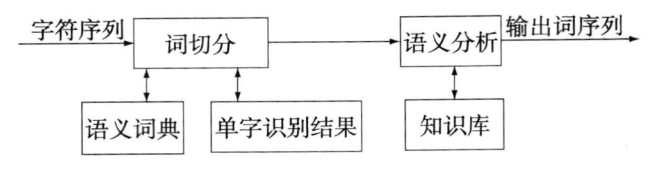

图 5.14 基于句法—语义分析的后处理系统

系统工作包括两个过程:1.首先把输入字符序列进行词切分而转化为词条串,并找到拒识符的待定字。此过程把识别后的字符序列调用词切分程序切分为词,同时利用语义词典对切分的词进行判别,最后将符合词典的词序列送入语义分析。2.借助知识库对词条串进行句法和语义分析,做出是否接受该字符串的判决。

如图 5.14 所示,语义词典是含有语义信息的词条库,它和词切分程序共同工作,把输入的字符串切分为词条串,并标识它们的词性,如名词、动词、形容词、副词等。知识库存储了为语义分析使用的知识，如词类的联用规则和句法分析的规则等。语义分析在知识库的基础上对输入的词条串进行分析，如果符合句法规则，同时表达了一定的语义，则输出词序列，否则拒绝。

不像英文句子，词与词之间有空格分割，汉语词之间没有分割符，需要特定的算法才能把词分割开来，这就是词切分。比较简单和常用的是最大匹配法，首先需要准备一个分词词表，收录尽可能多的汉语词，包括二字词、三字词，最大七字词；然后对输入的汉语字串截取最大长度子串，例如七字子串，在分词表中搜索，如果找到，则分词成功，否则将子串长度减一，继续查找，如果都没有找到，则为一字词。这种算法有时会分错词，例如对"有意见分歧"应用最大匹配法的切分结果为："有意"、"见"、"分歧"，而不是所期望的："有"、"意见"、"分歧"，解决此问题的一种方法是对有多个切分选项的句子进行最大概率法分词。仍见上例，"有意"和"意见"在实际文本中概率不同，后者要大些，所以选用"意见"。必须指出的是，仅仅依靠概率的方法难免出现误判，更可靠的方法是利用语义知识。

语义分析可以矫正分词中的错误和检测识别的错识字。例如句子"门前的水沟很难过"，通过语义词典中词的约束分析，"难过"的主体是人，不能是水沟，说明分词有误，"难过"应该切分为"难"、"过"。

对于单字识别输出的句子"国民经济己经上了一个新台阶"，根据语义词典的词搭配分析，"己"和"经"不能连用，这是一个错误的句子，说明识别有误，将"已"误识为"己"，这样就达到了检测并改正错误的目的。

5.3 中英文混排 OCR 的实现

以上介绍的是汉字文本的识别理论和技术，如果文本中包含英文字符，则对识别提出了更高要求，除了对中英两种文字的识别算法的性能和识别率的要求外，还必须具有文字种类判别和划分的功能，以便调用各自的识别算法，输出各自的识别结果。

5.3.1 中英文混排 OCR 的现状和特点

欧美国家从 20 世纪 50 年代起就开始计算机西文 OCR 技术的研究，英文 OCR 商业软件在 20 世纪 90 年代前期日渐成熟并为市场所认可，如 OmniPage 的英文识别率达到了 99%。令人欣喜的是，在这个西方人传统的市场里，中国人研究开发的技术也占有了重要的地位。20 世纪 90 年代初,南开大学机器智能研究所研究的西文 OCR 核心技术被美国 ExperVision 公司采用并推向全球市场。在 1992 年至 1994 年由美国内华达大学拉斯维加斯分校(UNLV)信息科学研究所(ISRI)组织的英文 OCR 核心技术评测中,该技术获得性能评测全面世界第一,该技术也被上百家国内外著名公司采用,包括微软、AT&T、理光、汉王科技、清华大学等。

尽管中英文各自的 OCR 系统都取得了很大成就,但没有一项 OCR 核心技术能够同时圆满识别英文和中文两类文字的混排,其原因如下:

(1) 字符远近粘连:中文汉字有可能由两个或多个分离的部件组成,英文字符则(除 i,j 以及顶部带变音符的字符之外)都是连通体;另一方面,中文文字的相邻字符是不粘连的,但英文相邻字符的粘连则很普遍,有时粘连还十分严重。因此,中文的字符切分困难不大,而且主要是解决如何将同一字符的分离部件合并的问题;而英文字符切分则是十分困难的课题。

(2) 字体字符数量:中文文字字体较少,但字符数目往往在几千数量级。英文字符的数目只有 26 个,考虑大小写也只有 52 个;但其字体数量很大,在几百到几千之间。因此,英文 OCR 的关键在于字符识别和字体判断,利用字体信息来提高字符识别率;中文文字 OCR 的关键在于字符识别,其受字体的干扰远没有英文那样严重。

(3) 形状拓扑差别:东方文字一般结构复杂、笔画繁多,但各种字体之间的差别却不是很大;英文字符则结构简单、笔画稀少,但字体变化很大,有的字体,对字符"l"和数字"1"、字符"O"和数字"0"等人眼都很难识别。毫无疑问,这两类语言文字的核心识别技术必然有很大差异。

基于此,可以将最好的英文 OCR 技术和最好的中文 OCR 技术结合起来,构造最优良的中英文混排文件 OCR 系统。以下是一般性的解决方案:

(1)两项识别技术:选用一项英文 OCR 技术和一项中文 OCR 技术,它们必须是成熟的、性能优异的 OCR 技术。

(2)一个系统:构造一个包括这两项核心技术的 OCR 系统,该系统在相对较高的层次上设置语言判断模块,以决定调用哪一个 OCR 技术来处理当前的局部文字环境。

(3)语言判断:该模块完成对当前文档的语言类别(中、英)进行判断的功能。为此,需要研究一些新的技术,并改造原有系统结构、系统其他模块来支持该语言判断模块,使系统的双语识别性能最优化,满足识别和理解西文、东方文字混排文档的要求。

5.3.2 一个实用的中英文混排 OCR 系统

下面介绍一个实用的中英文混排 OCR 系统的组成部件及其功能(王

恺、王庆人,2005)。它是由一项中文 OCR 技术和一项英文 OCR 技术构造的中英文混排 OCR 系统,能使系统在双语环境下的性能极为接近或达到两项技术分别在单语环境下所达到的最佳性能。这个系统涉及的 3 个关键部件是:

(1)系统流程控制

按照可计算性理论的观点,模式识别问题就其本质而言是不可单独由计算解决的。因此,一个高性能的实用 OCR 系统不可能只依靠一个简洁算法构成,它必须具备复杂的控制结构,即允许大量具有互补性能的算法共同发挥作用,相互弥补各自的不足来保证系统的整体性能(识别率、识别速度、稳定性等)达到要求。如何协调各种算法使其发挥出最优性能是系统构造最为关键的问题。

中英文混排 OCR 系统流程分为预处理、后处理、高层控制和双语 OCR 四大部分:

A. 预处理

包括图像输入、预处理、版面分析、段行切分和粗切分 5 个步骤,其中,前 4 个步骤的功能与普通 OCR 系统一致:

① 图像输入。将文本图像从扫描仪或文本图像文件系统导入内存中,开始以下各步处理。

② 预处理。对图像进行灰度二值化、噪音滤除、页面自动定向和倾斜校正等操作。

③ 版面分析。将文档图像划分为文本区域、图像区域和表格区域。以下只对文本和表格中的文本内容进行识别。

④ 段行切分。文本区域划分为若干文本段落和文本行。

⑤ 粗切分。是为后面的双语 OCR 处理所做的特殊准备工作,实际上是语种切分。主要是把文本行分为或是中文或是英文的"文本短行",便于以下分别调用不同的识别程序。

粗切分作为双语 OCR 的初始划分,利用投影操作或连通体操作(或者是二者的结合)将一个文本行划分为若干"文本短行",使得每个"文本短行":

或为某一个汉字,

或为某一汉字的一个部分,

或为某一个英文字符,

或为几个连续的英文字符。

注意,这里既排除了多个汉字的情况,也排除了汉字和英文字符混合的情况,这为下一步根据"文本短行"的不同属性(中或英)调用相应的识别模块奠定了基础。这是否能够做到呢？只要以下两条假设成立，"文本短行"所满足的上述条件就是可以保障的：

(a)假设两个相邻汉字之间是不粘连的；

(b)假设汉字与其附近的英文字符是不粘连的。

可以看得出，上述假设(a)和假设(b)对于一般的、印刷质量不是很差的印刷品中都是成立的。本书只介绍系统的基础算法，不讨论那些不满足假设(a)或假设(b)的极端情况。出现那些极端情况的概率极小，商业系统可能根据客户需求和特殊条件给予解决，但都不在本书中讨论。

B. 后处理

包括性能评价、版面恢复和结果输出3个步骤。

① 性能评价：根据词典拼写式检查和识别可信度来评价识别结果。

② 版面恢复：依据原始排版和文字识别结果，恢复原始文件版面。

③ 结果输出：按所恢复版面输出文件，并允许用户选择各种文件格式。

C. 高层控制

性能评估是用于决定高层控制的。根据性能评价结果来决定是否接受双语 OCR 的识别结果，如果不接受，就调整识别系统参数，重新调用双语 OCR 进行识别，有时可能在某些局部区域多次反复，以提高整个系统的性能。有时某个区域所获识别性能评价无法提升，系统可能按照另一种语言属性重新进行切分—识别操作，纠正前处理的错误之后再调用双语 OCR。

D. 双语 OCR

双语 OCR 是系统的核心部分，包括以下几个步骤：

① 汉英语言区域分离。通过归并同类文本短行将文本行划分为中文区域和英文区域，以便根据不同的语言区域应用不同的字符切分算法和识别算法。

② 中/英文字符切分。分别针对中/英文区域应用中/英文字符切分算法，将单个字符图像从文本行中分离出来。

③ 中/英文 OCR 引擎。OCR 引擎可以定义为实施一项具体 OCR 核心识别技术的软件。中文 OCR 引擎可采用市场上已经成熟产品的核心技术，如汉王公司、北京信息工程学院、清华大学等单位开发的中文 OCR 核心技术，英文 OCR 引擎可采用由南开大学机器智能研究所研究的西文 OCR 核心技术。

④ 英文切分评价。根据词典拼写式检查和识别可信度来评价英文切分结果，对于评价不高的切分反复进行英文字符切分—识别—评价的过程，以逐步改善识别结果，这实际上是英文 OCR 引擎的一种内部控制机制。

因为英文是由单词组成的,英文评价可以采用查询英文字典的方法解决,对于未查询到的字母串(单词),意味着切分或识别有误(存在误识字母)的概率较大,需要重新调用切分或识别引擎。对于汉文或藏文这样的文字的评价就比较困难,需要调用字典和语义分析结合的方法。

(2) 汉英语言区域分离

即将同一文本行划分成多个区域,每个区域中的字符具有相同的语言属性(对于中英文混排文本行来说,或者是中文区域,或者是英文区域),并且相邻区域具有不同的语言属性。具有不同结构特性的语言需要采用不同的切分方法,因此,在解决多种不同结构语言混排问题时,将具有不同语言属性的区域相分离是切分前的必要步骤。对于中英文混排 OCR 系统来说,汉英语言区域的分离是最根本的操作。

表 5.12　一个文本行的分离结果

序号	内容	语言属性
1	模式识别,即	中
2	Pattern Recognition	英
3	,是	中
4	OCR	英
5	技术的基础。	中
6	Pattern	英
7	,就是模式。	中

如对于这样一个待分离文本行:

模式识别,即 Pattern Recognition,是 OCR 技术的基础。Pattern,就是模式。

该文本行可以根据不同的语言属性,分离为 7 个"文本短行",其中 4 个中文行,3 个英文行,如表 5.12 所示为分离结果,然后根据语言属性,对"文本短行"调用不同的识别程序。

(3) 英文字符切分

纯中文区域的汉字之间的切分是比较简单的,因为汉字之间都有间隔,一般没有粘连,汉字像素在垂直方向投影中出现的空白一般就是汉字间隔。对于左右结构的汉字,其偏旁和部首之间也会有空白,这时可以利用汉字等宽的特点予以解决(对于大小不等的汉字除外)。英文字符则因为严重粘连而难于切分。因此,英文字符切分是中英文混排 OCR 系统中必须着重考虑的问题。

从切分难度上来看,可以将待切分图像定义为 3 个级别。

- 0 级:相邻字符图像间可以用白竖线进行分割。如:Recognition 中每个字符都可以分割。

* 1级：相邻字符图像间不粘连，但无法用白竖线进行分割。如Roaster 中字母 a 和 s 之间无法分割。
* 2级：相邻字符图像间存在粘连。如：pattern 中的 tt 连在一起，无法分割。

相应地，针对不同级别的图像，应该采用不同的切分算法。

* 0级：竖直方向投影。
* 1级：搜索连通体。
* 2级：利用字符的轮廓搜索所有可能的切分点，生成一系列切分路径，根据英文切分评价挑选出最佳切分路径。

以往的英文字符切分方面的研究工作都是针对某个特定级别的，然而，在一幅待处理的文档图像中，3 种级别一般会同时存在。因此，如何协调 3 类切分算法，使系统既能利用竖直投影算法和搜索连通体算法的简单、高效，又能充分发挥搜索切分点算法对字符间粘连的复杂情况的处理能力，这是解决英文切分问题的关键所在。

这个系统采用的控制流程中，英文切分评价以单词为基础，根据词典拼写式检查来判断识别的可信度，通过评价决定是接受识别结果或者以更复杂的方法做进一步的字符切分。

5.4 藏文 OCR 的实现

相对于汉语识别而言，藏文 OCR 的研究开始得相对较晚，识别水平也相对较低。但是对 OCR 而言，识别文字的不同实际上仅仅是拓扑图形的不同，识别技术在很多方面都是相通的，所以藏文 OCR 可以借鉴汉、英 OCR 的研究成果，避免或少走弯路。

当然由于文字的不同，藏文有许多不同于汉字的特点，使得藏文识别比汉字识别在某些方面简化，而在另一些方面则更加复杂，这就需要根据藏文特点开发针对性的算法。

5.4.1 藏文 OCR 的特点和难点

与汉语相比，现代藏文的字符集比汉文要小得多，这个特点使得藏文识别比汉文识别难度降低。大多数藏文识别算法中都把藏文分为字丁，因为藏文的高度和宽度都不同，所以把藏文的每个水平单位称为字丁，现代藏文大约有 600—900 个字丁。藏文的一些独特之处决定了藏文 OCR 也具有汉文 OCR 没有遇到的困难(王维兰、丁晓青等,2003 年):

(1)藏文字丁不等高。

不管是哪一种藏文字体,辅音字母中一部分宽高比小于等于 1/2,如ཀ、ཁ等,而另一部分如ཤ、ཟ等则基本呈现方形。一般而言,叠字的宽高比都小于等于 1/2,但同一个字符的不同字体,长宽比又是不同的,比如,长体、竹体就比黑体、圆体更长一些。

(2)藏文字符不等宽。

藏文字符集中,字丁的宽度基本一致,而音节点、单垂线的宽度占字丁宽度大约 1/8,另外,数字、标点符号和修饰符比字丁窄,并且宽度不同。如下面的数字、标点和装饰符:༡༢༣༤༥༦༧༠ ། ༎ ༄。

(3)藏文相似字丁很多。

在总共 527 个藏文字丁中,极其相似的字丁对子如ཅ、ཆ、ཇ等,类似这样两个以上元音的相似而组成的相似形共 74 对;由基字ད和ང的微小差别所形成的相似形共 42 对,如相似对:ཇ、ཉ等。经统计,两类相似形占总字丁的 37.19%。

(4)藏文字丁之间间隙小甚至粘连。

藏文字丁之间间隙非常小,甚至粘连在一起,这给字丁的切分带来了很大的困难。有关论述参见第 6 章。

5.4.2 藏文 OCR 的预处理技术

与汉文识别的步骤类似,为了保证藏文文字识别的准确率、降低识别算法的难度和提高识别算法的效率,藏文识别的第一步是对扫描进计算机的灰度值图像进行预处理,包括二值化、倾斜矫正、版面分析、行和字切分、归一化等几个步骤。幸运的是,大部分汉文预处理技术都可以用于藏文预处理,但由于藏文字符与汉字的差异较大,倾斜矫正、文字切分方法与汉字存在明显不同之处,第 6 章将对此进行详述。

5.4.3 印刷体藏文识别技术

现代藏文印刷体包括木刻、铅印、激光照排、激光打印、计算机点阵打印和老式打字机文献等字体类型,由于字体的不同,同一藏文字符都有所变化。对于不同字体的相同藏文字符,虽然总体拓扑结构不变,但笔画的粗细、长短、方向和走向,都有一定的变化。

藏文字符识别的理论可以借鉴汉字识别的理论。但由于藏文字的特点，以下将介绍基于藏文字符的特征、基于藏文字符的构件分类、基于藏文字符基线分割的算法来阐述藏文字符识别的算法和过程。

5.4.4 藏文识别后处理技术

藏文识别的后处理是藏文识别的最后一个步骤，是排除识别错误、提高藏文字符最终识别率的一个重要步骤。由于藏文字符的特殊性，如相似字符多，据统计，有多达三分之一左右的相似字符，且相似度极高，如果不进行适当的、高效的后处理，势必存在大量的识别错误；而且，如果不利用蕴涵在文本中的大量上下文的统计信息，将无助于提高最终识别率。

与汉字识别的后处理类似，藏文字符的后处理也是利用藏文统计信息的结果，对经过识别算法识别后的文本进行矫正。上文提过，由于大量的藏文相似字符和由此引起的识别错误的存在，后处理显得更为重要。

第六章 藏文识别预处理

6.1 藏文预处理概述

什么是预处理？它有哪些方法和手段呢，这些问题是这一章关心的焦点，所谓预处理是指在图像分析中，对输入图像进行特征抽取、分割和匹配前所进行的处理，就像运动员上比赛场进行决赛之前需要热身，把身体调整到最佳状态一样。图像预处理的主要目的是消除图像中无关的信息，恢复有用的真实信息，增强有关信息的可检测性和最大限度地简化数据，从而改进特征抽取、图像分割、匹配和识别的可靠性。本章主要讨论印刷体藏文预处理。从文字识别的全过程来看，预处理是整个过程中的重要步骤之一。藏文印刷体字符识别的过程基本上可以概括为输入——接收——处理。在这个过程中，首先通过光电扫描把印在纸上的字符转换为数字信号后输入计算机。计算机收到信号后对所接收到的信号进行处理。在光电扫描中，有许多因素影响扫描的质量，一是纸张本身的质量、洁白度、所印刷文字符号的油墨深浅、印刷质量的好坏等，这些方面的差异都会产生污点、断笔、交连等干扰。二是所扫描的版面。版面不一定是单纯的、字迹大小同等的文本，可能是文本与图形共存，字符大小位置不确定。三是扫描时纸张摆放不正而造成扫描图像的倾斜等情况。上述这些情况均使识别无法在原始图像上直接进行。因此，在进行图像识别之前，首先要对原始图像进行预处理。预处理主要包括图像去噪、二值化、倾斜校正、字符切分、归一化等步骤。由于识别过程是在经过预处理的文字图像上进行的，预处理性能的优劣将直接影响整个识别系统的性能。

6.2 图像去噪处理

6.2.1 噪声模型

什么是噪声？可以理解为“妨碍人们感觉器官对所接收的信源信息理解的因素”(沈庭芳，1998)。就是人的感觉器官在接收外部的信息时，会受到一些内在和外在因素的影响，从而妨碍对所接收的信息的理解。例如一幅黑白图片(见图 6.1)，其平面亮度分布假定为 $f(x,y)$，可想而知，对于一幅图片来说，它的平面亮度并不是那么均匀，表面也并不一定那么平滑，有些地方可能会暗淡一点，有些地方可能会明亮一点，当感觉器官接收明亮不均匀的图片时，就存在对其接收起干扰的作用，那么我们

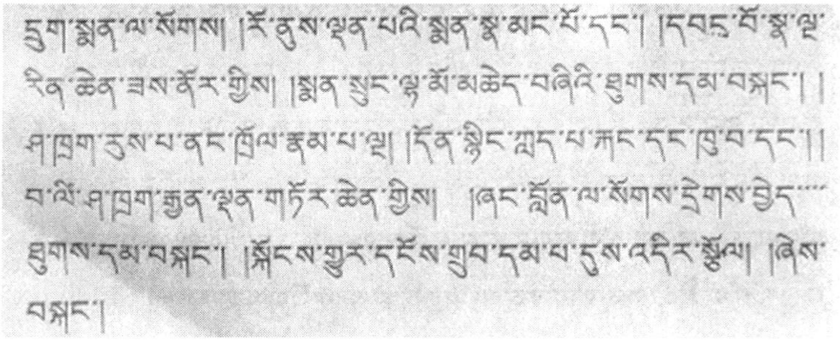
ཐུག་སྨན་ལ་སོགས། །རོ་ནུས་ལྡན་པའི་སྨན་སྣ་མང་པོ་དང་། །དབང་པོ་སྣ་ལྔ
རིན་ཆེན་ཟས་ནོར་གྱིས། །སྨན་སྦྱར་ལྔ་མོ་མཆེད་བཞིའི་ཐུགས་དམ་བསྐང་། །
ཤ་ཁྲག་ཏུས་པ་ནང་ཁྲོལ་རྣམ་པ་ལྔ། །དོན་སྙིང་ལྒང་པ་རྐང་དང་ཁུ་བ་དང་། །
བ་ལོ་ཤ་ཁྲག་རྒྱན་ལྡན་གཏོར་ཆེན་གྱིས། །ཞང་བློན་ལ་སོགས་རིགས་བྱེད་....
ཐུགས་དམ་བསྐང་། །སྐོང་ས་གསུར་དངོས་གྲུབ་དམ་པ་ཏུས་འདིར་སྩོལ། །ཞེས་
བསྐང་།

图 6.1 带有噪声的图像

可称之为图像噪声，文字底板的黑色墨迹可视为图像噪声。一般来说，现实中的图像都是带噪图像，所以为了后续更高层次的处理，有必要对图像进行去噪。噪声在理论上定义为“不可预测的、只能用概率统计方法来认识的随机误差”。因此将图像噪声看成是多维随机过程是合适的，描述噪声的方法完全可以借用随机过程的描述，即用其概率分布函数和概率密度分布函数进行描述。但在很多情况下，这样的描述方法很复杂，甚至是不可能的，所以在实际应用中往往也是避免使用。通常是使用其数字特征，即均值方差、相关函数等，因为这些数字特征都可以从某些方面反映出噪声的特征。例如：均方差 $E[R^2(\cdot)]$ 描述噪声总功率，方差 $E[R^2(\cdot)-E[R^2(\cdot)]]$ 描述噪声的交流功率，而均值的平方 $(E[R^2(\cdot)])^2$ 表示了噪声的直流功率。

当前，在人们常见的大多数数字图像处理系统中，输入图像基本上采用先对图像进行冻结，然后再扫描的方式，把多维图像转变成一维电信号，在

此基础上对其进行处理、存储、传输等加工变换,最后还要将一维电信号组成多维图像信号,同样,图像噪声也将经过这样的分解和合成。在这些复杂的处理过程中,图像噪声既要受到电气系统的影响,也将受到外界的各种影响,这些影响将给图像噪声的精确分析带来不少的麻烦,而且操作起来也十分复杂。另外,图像是一种介质,人们感觉到的不是图像本身,而是图像所代表或者蕴涵的信息,感觉器官通过图像的方式来获得信息。可见图像只是传输视觉信息的媒介,对图像信息的认识理解是由人的视觉系统所决定的。不同的图像噪声,人的感觉(理解)程度是不同的,主观因素必将影响对图像信息的理解,这就是人的噪声视觉特性课题。这方面虽然研究已久,但是人的感觉系统本身十分复杂,很多领域还未搞清楚。所以要规定出确切的图像噪声干扰的客观指标是不可能的,也是不现实的,权宜之计只能进行一些主观评价研究。尽管如此,图像噪声在数字图像处理技术中的重要性还是愈加明显,如高放大倍数航片的判读及 X 射线图像系统中的噪声去除等都成为不可缺少的技术步骤。再如在图像系统的空间频率特性等某些性能测试中,在图像信息的伪装以及全息技术中都有一定的应用。

影响数字图像的噪声主要有两类:外部噪声与内部噪声。

外部噪声,即指系统外部干扰以电磁波或经电源串进系统内部而引起的噪声。如电气设备、天体放电现象等引起的噪声。

内部噪声,一般又可分为以下四种:

(1)由光、电自身的基本性质所引起的噪声。比如电流的产生是由电子或空穴粒子的集合所形成。因这些粒子运动的随机性而形成的散粒噪声;导体中自由电子运动所形成的热噪声;根据光的粒子性,图像是由光量子所传输,而光量子密度的时间和空间变化所形成的光量子噪声等,在图片扫描时,计算机与扫描设备因电流而产生噪声是不可避免的。

(2)电器设备的机械运动产生的噪声。如各种接头因抖动引起电流变化所产生的噪声;磁头、磁带等抖动而产生的噪声等。

(3)器材材料本身引起的噪声。如正片和负片的表面颗粒性和磁带磁盘表面缺陷所产生的噪声。

(4)系统内部设备电路所引起的噪声。如电源引入的交流声,偏转系统和箝位电路所引起的噪声等。

图像去噪是个古老的课题,也是一项针对性十分强的技术,根据不同应用、不同要求所使用的方法和手段也各式各样,但是不管使用何种方法,都综合各学科的先进成果，比如数学、物理、心理学、生物、医学、计算机、通信技术、信号分析等。当然，使用什么样的手段首先得考虑实际图像的特点，噪声的统计特征以及频谱分布的规律。当前，计算机图像去噪主要有两类方法：一类是空域中的去噪处理，就是在图像空间中对图像进行各种处理；另一类是频率中的去噪处理，即把空域中的图像经过正交变换，变换到频率域，在频率域内进行各种去噪处理，然后再变回到图像的空间域，得到去噪处理后的图像，常见的变换如傅立叶变换、小波变换等方法。

6.2.2 图像平滑

图像平滑是指用于突出图像的宽大区域、低频成分、主干部分或抑制图像噪声和干扰、高频成分，使图像亮度平缓渐变，减小突变梯度，改善图像质量的图像处理方法（谷口庆沾，2002；章毓晋，2002）。图像的平滑方法是一种实用的图像处理技术，它能减弱或者消除图像中的高频率分量，但是对低频率分量不会造成影响。原因在于高频率分量主要对应于图像中的区域边缘等灰度值具有较大较快变化的部分，平滑滤波将这些分量滤去可以减少局部灰度起伏，从而使图像变得平滑。噪声消除的方法又可以分为空间域或频率域，也可以分为全局处理或局部处理，还可以按线性平滑、非线性平滑和自适应平滑来区别。因为本书讨论的主要是灰度数字图像，包含的色彩简单，且对比度比较大，为了减少在预处理阶段的运算步骤及运算量，仅对空间域的平滑方法进行了研究。

(1)邻域平均法

最简单的平滑滤波是把原图中的一个像素的灰度值和它周围邻近8个像素的灰度值相加后除以9求得平均值，以平均值作为新图像中该像素的灰度值。这就是邻域平均法，它主要采用模板计算思想，模板操作采用邻域运算，即用下式得到平滑的图像。

$$g(x,y) = \frac{1}{M} \sum_{(i,j) \in s} f(i,j)$$

(6—1)

式中：$x,y=0,1,2,\ldots,n-1$，s 是 (x,y) 点邻域中心点的坐标的集合（不包括点 (x,y)），M 是 S 内坐标点的总数。图6.2示出了四个邻域点和八个邻域点的集合。

邻域平均法算法简单，计算速度快，但它的主要缺点是以图像模糊为代价来降低噪声，模板尺寸越大，噪声减小的效果越显著，特别是在边沿和细节处，邻域半径越大，模糊程度越厉害。

(a) (b)

图 6.2 邻域图

为了减少这种效应,可以采用阈值法,即根据下列准则形成平滑图像:

$$g(x,y)=\begin{cases}\frac{1}{M}\sum_{(i,j)\in s}f(i,j)\\ f(x,y)\end{cases},若其他\left|f(x,y)-\frac{1}{M}\sum_{(i,j)\in s}f(x,y)\right|>T$$

(6—2)

式中:T 是一个规定的非负阈值,当一些点和它们的邻值的差值不超过规定的 T 阈值时,仍保留这些点的像素灰度值。这样平滑后的图像比邻域平均法模糊度减少。当某些点的灰度值与各邻点灰度的均值差别较大时,它必然是噪声,则取其邻域平均值作为该点的灰度值,它的平滑效果仍然是很好的。

(2)空间域低通滤波

滤波就是将信号中特定波段的频率滤除的操作,是为了抑制和防止干扰的一项重要措施,而低通滤波可以简单地认为,设定一个截止频率,当频域高于这个截止频率时,则全部赋值为 0。让低频信号全部通过,所以称为低通滤波。低通滤波可以对图像进行钝化处理。从信号频谱分析的知识,可以知道信号的慢变部分在频率域属于低频部分,而信号的快变部分在频率域是高频部分,对图像来说,它的边缘以及噪声干扰的频率分量都处于空间频率域较高的部分,因此可以采用低通滤波的方法来去除噪声,而频域的滤波又很容易从空间域的卷积来实现,为此只要适当地设计空间域系统的单位冲激响应矩阵就可以达到滤除噪声的效果。

$$G(x,y)=\sum_i\sum_j F(i,j)H(x-i+1,y-j+1)$$

(6—3)

式中:G 为 $N\times N$ 阵列,H 为 $L\times L$ 阵列。

下面是几种用于噪声平滑的系统单位冲激响应阵列:

$$H_1=\frac{1}{9}\begin{bmatrix}1&1&1\\1&1&1\\1&1&1\end{bmatrix}\quad H_2=\frac{1}{10}\begin{bmatrix}1&1&1\\1&2&1\\1&1&1\end{bmatrix}\quad H_3=\frac{1}{16}\begin{bmatrix}1&2&1\\2&4&2\\1&2&1\end{bmatrix}$$

(6—4)

以上矩阵 H 又叫系统卷积模板。

(3)中值滤波

中值滤波法是一种非线性平滑技术,它将每一像素点的灰度值设置为该点某邻域窗口内的所有像素点灰度值的中值,其基本原理是基于排序统计理论。它是一种能有效抑制噪声的非线性信号处理技术,是把数字图像或数字序列中的一点的值用该点领域中各点值的中值去替代,让周围的像素值接近这个值,从而消除孤立的噪声点。中值滤波在图像处理中,常用来保护边缘信息,是经典的平滑噪声的方法。由于它是一种非线性滤波,在实际运算过程中并不需要图像的统计特性,所以比较方便。在一定的条件下,中值滤波可以克服线性滤波器所带来的图像细节模糊,而且对滤除脉冲干扰及图像扫描噪声最为有效。

中值滤波用一个含有奇数点的滑动窗口,将窗口正中那一点的像素值用窗口内各点的中值代替。假设窗口有 5 点,其值为 80,90,200,110,120,那么此窗口内各点的中值即为 110。

对二维序列$\{X_{ij}\}$进行中值滤波时,滤波窗口也是二维的,这种二维窗口可以有各种不同的形状,如线状、方形、圆形、十字形等。二维数据的中值滤波可以表示为:

$$Y_{ij} = \underset{A}{Med}\{X_{ij}\} \qquad A \text{ 为窗口}$$

(6—5)

在图像阵列中进行中值滤波时,如窗口是以中心点对称的,并包含中心点在内,即

$$(r,s) \in A; (-r,-s) \in A; (0,0) \in A$$

(6—6)

其中(r,s)为窗口内一点与窗口中心的坐标距离,则中值滤波能保持任意方向的跳变边缘。图像中的跳变边缘是指图像中不同灰度区域之间的灰度突变边缘。在实际使用窗口时,窗口的尺寸一般先用 3 再取 5 逐点增大,直到其滤波效果满意为止。对于有缓变的较长轮廓线物体的图像,采用方形或圆形窗口为宜,对于包含尖顶角物体的图像,适宜用十字形窗口。使用二维中值滤波最值得注意的是要保持图像中有效的细线状物体。如果图像中点、线、尖角细节较多,则不宜采用中值滤波。

扫描后的文本图像通常处理为灰度图像,噪声主要为光电管噪声及光学噪声。图像中的文字包含较多的线与尖角,因此比较适合采用带阈值的邻域平均法滤波。

6.3 二值化

一幅图像包括目标物体、背景还有噪声,如果要想从多值的数字图像中

直接提取出目标物体,最常用的方法就是设定一个阈值T,用T将图像的数据分成两部分:大于T的像素群和小于T的像素群。这是研究灰度变换的最特殊的方法,称为图像的二值化。图像的二值化处理是把图像上的点的灰度设为0或者255,使整个图像呈现出明显的黑白效果,将256个亮度等级的灰度图像通过适当的阈值选取获得二值化图像,新的二值化图像仍然可以反映图像整体和局部特征。当需要再对二值化图像进一步处理时,图像的集合性质只是和像素值为0或者255的点的位置相关,不会再涉及像素的多级值,从而使处理过程变得简单,数据的处理与压缩量也小。在二值化图像的时候把大于某个临界灰度值的像素灰度设为灰度极大值,把小于这个值的像素灰度设为灰度极小值,从而实现二值化。在预处理模块中加入灰度图像的二值化功能,一方面可以提高扫描仪等输入设备的二值化质量,另一方面也可以增强识别系统的适用性。二值化算法有整体阈值二值化与局部阈值二值化两种。

6.3.1 整体阈值二值化

整体阈值二值化是指对一幅图像的各个部分都使用同一阈值进行二值化,而不考虑图像局部的情况。可以结合使用下面的两种方法(王耀南等,2001)。

(1)由灰度级直方图确定整体阈值。通常文本图像的直方图有两个峰值:一个对应字符笔画部分;另一个对应字符的背景部分。阈值应取在两个峰值的波谷处,波谷越陡,二值化效果越好。

(2)二次定值法。先根据经验取 T_1 作为阈值,对文字图形进行整体阈值二值化,区分出是背景还是图像。再分别求出对应 T_1 的图像和背景的灰度平均值F和B,定出二次选用的阈值为:$T_2=(F+B)/2$,即首先由灰度级直方图确定整体阈值 T_1,然后用二次定值法得到 T_2 作为最后的二值化阈值。

6.3.2 局部阈值二值化

局部阈值二值化由像素点的灰度值和该像素点的周围灰度特性来确定该像素点的二值化阈值。对于印刷质量差,干扰较严重的文本图像,使用局部阈值二值化可以得到较好的效果,但是,局部阈值二值化比整体阈值法要慢得多,同时可能产生一些整体阈值二值化不会产生的失真。所以对质量较好的灰度图仍采用自动选择阈值的整体阈值二值化方法,而对质量差的图可以选用局部阈值二值化的方法。

6.4 倾斜校正

通常扫描得到的图像由于扫描时摆放不正会造成图像中文本有不同程度的倾斜。倾斜的存在不仅会对识别造成干扰,而且会使字符切分变得困难。为了提高识别的正确性和有效性,需要进行倾斜校正。

6.4.1 Hough 变换

Hough 变换的基本思想是在原始图像坐标系中的一个点对应了参数坐标系中的一条直线,同样参数坐标系的一条直线对应了原始坐标系下的一个点,原始坐标系下呈现直线的所有点,它们的斜率和截距是相同的,所以它们在参数坐标系下对应于同一个点。这样将原始坐标系下的各个点投影到参数坐标系下之后,看参数坐标系下有没有聚集点,这样的聚集点就对应了原始坐标系下的直线(Jain A k,1989;Part W K,1991;Gonzalez R C,1992;Lim J S,1990)。

通常文字行的上下沿是两条明显的平行线,因此可以采用 Hough 变换检测出这两条直线的倾斜角,然后对图像进行校正。

在实际应用中,$y=kx+b$ 形式的直线方程没有办法表示 $x=c$ 形式的直线(这时候,直线的斜率为无穷大)。所以实际应用中,采用参数方程 $\gamma=x\cos(\theta)+y\sin(\theta)$。这样,图像平面上的一个点就对应到参数 γ,θ 平面上的一条曲线上,其他的还是一样。

Hough 变换的基本思想是点——线的对偶性。它将平面坐标用极坐标来表示,如直线方程 $y=mx+b$ 表示为:

$$\gamma=x\cos(\theta)+y\sin(\theta)$$

(6—7)

式中 (γ,θ) 定义了一个从原点到线上最近点的向量(见图 6.3),这个向量与该直线垂直。

考虑一个以参数 γ 和 θ 定义的二维空间。x,y 平面的任意一直线对应了该空间的一个点。因此,x,y 平面的任意一直线的 Hough 变换是 γ,θ 空间中的一个点。

现在考虑 x,y 平面的一个特定的点 (x_1,y_1)。过该点的直线可以有很多,每一条都与 γ,θ 空间中的一个点对应。但是这些点都必须满足以 x_1 和 y_1 为常量时的等式。因此在参数空间中与 x,y 平面中所有这些直线对应的点的轨迹是一条正弦曲线,而 x,y 平面上的任一点,对应了 γ,θ 空间的一条正弦曲线。

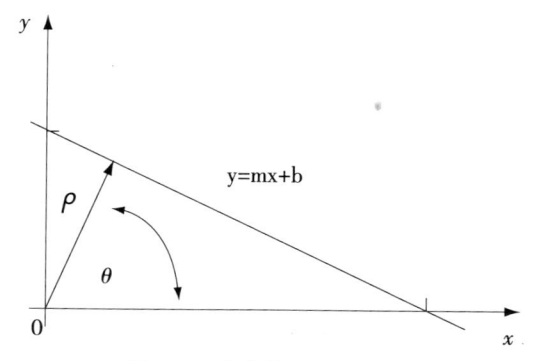

图 6.3 直线的极坐标表示

如果有一组点正好位于由参数 γ_0 和 θ_0 决定的直线上的边缘,则每个边缘点对应了 γ,θ 空间的一条正弦曲线。所有这些曲线必定有一个交点 (γ_0,θ_0),原因在于它们共享了一条直线的参数。

目的是要找出这些点所构成的直线段,就可以将 γ,θ 空间量化成许多小格。根据每一个 (x_0,y_0) 点带入 θ 的量化值,算出各个 γ,所得到的值(经量化)将会落在某个小格内,便使该小格的计数累加器加 1,当全部 (x,y) 点变换后,再对小格进行检验,计数值增大了的小格对应于共线点,其 (γ,θ) 可用作直线拟合参数。计数值小的各小格一般反映非共线点,应舍弃不予使用。

由此可见,如果 γ 和 θ 量化得过于粗糙,则参数空间的凝聚效果较差,很难找出直线的准确的 γ 和 θ 值;反过来,如果 γ 和 θ 量化得过细,结果会使计算量增大,因此,必须兼顾这两方面,采用合适的量化值。

若图像中各点处于图像边沿,并且它的梯度方向已算出,在寻找有无直线边沿时可以在它的梯度方向内把 θ 精细量化,反之其他 θ 角则粗量化,这样在不增加总的量化小格数量的前提下,可以提高检测直线边沿的方向角的精度。

传统的 Hough 变换采用了对整幅图像的每个像素进行计算,以求出图像中可能存在的直线。但是结果导致计算量大,不能满足实时需求。为了减少计算量,我们采用改进了的 Hough 变换方法进行倾斜度的校正。印刷体藏文有一个显著的特点是每一行文字中的音节点都处在同一条水平线上,利用这个特点可以计算文本的倾斜度,用此方法可以大大减少计算量,以提高计算的实效性。

由于音节点的大小要比藏文字丁小得多,因此可以利用提取连通域的方法来提取文本图像中的音节点。取阈值 Tch、Tcl 为音节点像素点个数 SC 的一定比例,比如取 Tch 为 1.5SC,Tcl 为 0.6SC。当一个连通域的点的数量小于阈值 Tch,大于阈值 Tcl 时,则可以认为该连通域为一个音节点。阈值 Tcl 的作用是消除小污点的干扰,将像素点小于阈值 Tcl 的连通域作为噪声直接删除。

音节点像素点 SC 的值可以通过统计连通域的点数得到,图 6.4 所示的藏文文本图像中的连通域的点数分布展示在图 6.5 中,由于音节点的大小相似,因此将会形成明显的峰值,以此可以将分布图中与峰值点相对应的像素点数作为 SC 的估计值。

图 6.4　倾斜图像文本

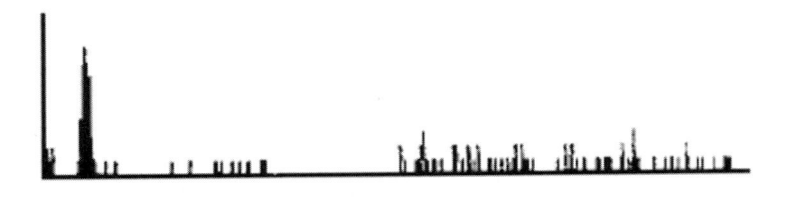

图 6.5　连通域包含像素点个数的分布图

对于如图 6.4 所示的藏文文本图像,首先需要提取其中的音节点,然后对其进行 Hough 变换。一般来说,文字识别时对图像的倾斜角有一定的要求,原始图像倾斜角不能太大,否则在图像旋转过程中会造成较大的失真,直接会给识别带来困难,极大的影响识别的精准度,因此我们假定所要处理的图像的倾斜角在正负 15°之间,因此 θ 的取值范围为(75,105),我们将其量化为 600 个等级,对于 γ 值也要量化成 600 个等级,如此 Hough 变换的结果如图 6.6 所示,从图中可见变化结果中有明显的峰值点,通过峰值点所对应的 θ 值就可以得到倾斜角 $\alpha=90°-\theta$。

倾斜角 α 的计算精度与 θ 和 ρ 的量化精度相关,但要想增加量化精度就必须增加计算量,这可以采用两次校正的方法来实现,第一次将其校正到大致水平,第二次通过缩小 θ 的取值范围来获取比较高的量化精度。如果要想提高峰值点提取的精确性,那么可以对 Hough 变换的结果进行平滑化处理。从图 6.5 中我们还可以看到在原始图像中每一行都会形成一个峰值,而且各个峰值点所对应的 θ 值是一致的,因此可以同时提取多个峰值点,再从这一组 θ 值中统计出最佳结果。

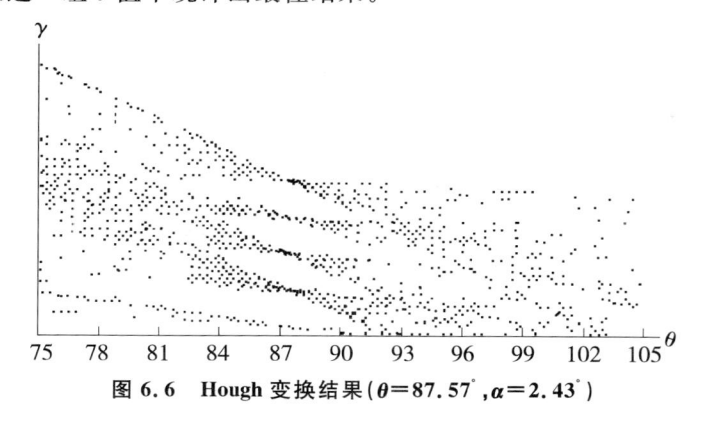

图 6.6　Hough 变换结果($\theta=87.57°, \alpha=2.43°$)

6.4.2　图像旋转

图像的旋转是以图像的中心为原点,旋转一定的角度。但是,当文本图像旋转后,其大小一般会发生改变。当把转出显示区域的图像截去的时候,一定要注意保留所有的文字图像。

下面来推导旋转运算的变换公式(Castleman K R,1996;Banks S,1996;Schalkoff R J,1989)。如图 6.7 所示,点 (x_0, y_0) 经过顺时针旋转 θ 后坐标变成 (x_1, y_1)。

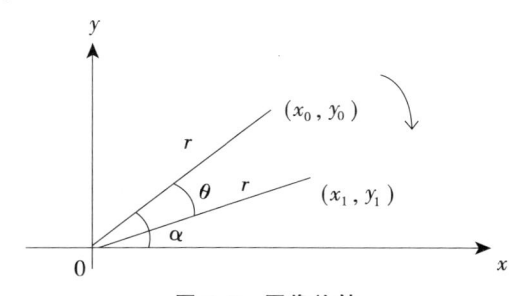

图 6.7　图像旋转

即旋转前可以表示为:

$$\begin{cases} x_0 = r\cos(\alpha) \\ y_0 = r\sin(\alpha) \end{cases}$$

(6—8)

旋转后的坐标为:

$$\begin{cases} x_1 = r\cos(\alpha-\theta) = r\cos(\alpha)\cos(\theta) + r\sin(\alpha)\sin(\theta) = x_0\cos(\theta) + y_0\sin(\theta) \\ y_1 = r\sin(\alpha-\theta) = r\sin(\alpha)\cos(\theta) - r\cos(\alpha)\sin(\theta) = -x_0\sin(\theta) + y_0\cos(\theta) \end{cases}$$

(6—9)

将上式写成矩阵表达式为：

$$\begin{bmatrix} x_1 \\ y_1 \\ 1 \end{bmatrix} = \begin{bmatrix} \cos(\theta) & \sin(\theta) & 0 \\ -\sin(\theta) & \cos(\theta) & 0 \\ 0 & 0 & 1 \end{bmatrix} \begin{bmatrix} x_0 \\ y_0 \\ 1 \end{bmatrix}$$

(6—10)

其逆运算如下：

$$\begin{bmatrix} x_0 \\ y_0 \\ 1 \end{bmatrix} = \begin{bmatrix} \cos(\theta) & -\sin(\theta) & 0 \\ \sin(\theta) & \cos(\theta) & 0 \\ 0 & 0 & 1 \end{bmatrix} \begin{bmatrix} x_1 \\ y_1 \\ 1 \end{bmatrix}$$

(6—11)

上述旋转是围绕坐标轴原点(0,0)进行的，但如果是围绕一个指定的特定点(a,b)旋转时，则首先要将坐标系平行移动到该点进行旋转，然后再平移回新的坐标原点。

下面首先推导坐标系平移的转换公式。如图6.8所示，将坐标系Ⅰ平移到坐标系Ⅱ处，其中坐标系Ⅱ的原点在坐标系Ⅰ中坐标为(a,b)。

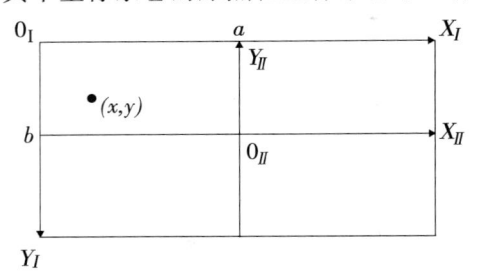

图6.8 坐标系平移示意图

两种坐标系坐标变换矩阵表达式为：

$$\begin{bmatrix} x_{\text{II}} \\ y_{\text{II}} \\ 1 \end{bmatrix} = \begin{bmatrix} 1 & 0 & -a \\ 0 & -1 & b \\ 0 & 0 & 1 \end{bmatrix} \begin{bmatrix} x_{\text{I}} \\ y_{\text{I}} \\ 1 \end{bmatrix}$$

(6—12)

其逆变换转换矩阵表达式为：

$$\begin{bmatrix} x_{\text{I}} \\ y_{\text{I}} \\ 1 \end{bmatrix} = \begin{bmatrix} 1 & 0 & a \\ 0 & -1 & b \\ 0 & 0 & 1 \end{bmatrix} \begin{bmatrix} x_{\text{II}} \\ y_{\text{II}} \\ 1 \end{bmatrix}$$

(6—13)

假设图像未旋转时中心坐标为(a,b)，旋转后中心坐标为(c,d)（在新的坐标系下，以旋转后新图像左上角为原点），则旋转变换矩阵表达式为：

$$\begin{bmatrix} x_1 \\ y_1 \\ 1 \end{bmatrix} = \begin{bmatrix} 1 & 0 & c \\ 0 & -1 & d \\ 0 & 0 & 1 \end{bmatrix} \begin{bmatrix} x_{1\mathrm{II}} \\ y_{1\mathrm{II}} \\ 1 \end{bmatrix} = \begin{bmatrix} 1 & 0 & c \\ 0 & -1 & d \\ 0 & 0 & 1 \end{bmatrix} \begin{bmatrix} \cos(\theta) & \sin(\theta) & 0 \\ -\sin(\theta) & \cos(\theta) & 0 \\ 0 & 0 & 1 \end{bmatrix} \begin{bmatrix} x_{1\mathrm{II}} \\ y_{1\mathrm{II}} \\ 1 \end{bmatrix}$$

$$= \begin{bmatrix} 1 & 0 & c \\ 0 & -1 & d \\ 0 & 0 & 1 \end{bmatrix} \begin{bmatrix} \cos(\theta) & \sin(\theta) & 0 \\ -\sin(\theta) & \cos(\theta) & 0 \\ 0 & 0 & 1 \end{bmatrix} \begin{bmatrix} 1 & 0 & -a \\ 0 & -1 & b \\ 0 & 0 & 1 \end{bmatrix} \begin{bmatrix} x_0 \\ y_0 \\ 1 \end{bmatrix}$$

(6—14)

其逆变换矩阵表达式为：

$$\begin{bmatrix} x_0 \\ y_0 \\ 1 \end{bmatrix} = \begin{bmatrix} 1 & 0 & a \\ 0 & -1 & b \\ 0 & 0 & 1 \end{bmatrix} \begin{bmatrix} \cos(\theta) & -\sin(\theta) & 0 \\ \sin(\theta) & \cos(\theta) & 0 \\ 0 & 0 & 1 \end{bmatrix} \begin{bmatrix} 1 & 0 & -c \\ 0 & -1 & d \\ 0 & 0 & 1 \end{bmatrix} \begin{bmatrix} x_1 \\ y_1 \\ 1 \end{bmatrix}$$

(6—15)

因此，

$$\begin{cases} x_0 = x_1\cos(\theta) + y_1\sin(\theta) - c\cos(\theta) - d\sin(\theta) + a \\ y_0 = -x_1\sin(\theta) + y_1\cos(\theta) + c\sin(\theta) - d\cos(\theta) + b \end{cases}$$

(6—16)

在对图像进行变换时可能会产生一些原图中非整数位置的点,这时需要进行插值运算来计算出该点的像素值。下面介绍几种常用的插值算法。

(1)最邻近插值

最邻近插值是一种简单的插值算法,也被称为零阶插值。它输出的像素灰度值就等于距离它映射到的位置最近的输入像素的灰度值。然而,当图像中包含像素之间灰度级有变化的细微结构时,这种方法就显示出它的缺点,比如在图像中产生人为加工的痕迹,图像将会带有锯齿形的边等现象。

(2)双线性插值

双线性插值算法又称一阶插值算法,它的效果要好于最邻近插值算法。但是计算量相对大一些。如图 6.9 所示,设 $0<x<1,0<y<1$。

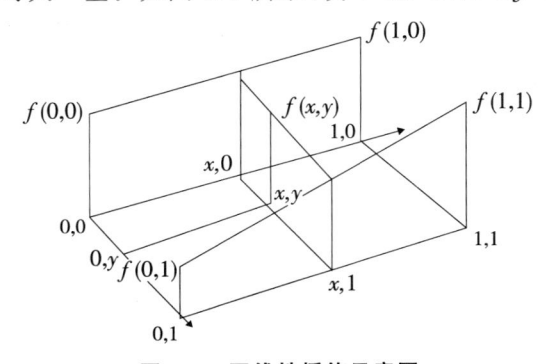

图 6.9 双线性插值示意图

首先可以通过一阶线性插值得出 $f(x,0)$：
$$f(x,0)=f(0,0)+x[f(1,0)-f(0,0)]$$
类似地，对 $f(x,1)$ 进行一阶线性插值：
$$f(x,1)=f(0,1)+x[f(1,1)-f(0,1)]$$
最后对垂直方向进行一阶线性插值，以确定 $f(x,y)$：
$$f(x,y)=f(x,0)+y[f(x,1)-f(x,0)]$$
合并上述 3 式可得：
$$f(x,y)=[f(1,0)-f(0,0)]x+[f(0,1)-f(0,0)]y$$
$$+[f(1,1)+f(0,0)-f(0,1)-f(1,0)]xy+f(0,0)$$

一般情况下，在程序中进行双线性插值计算时直接用 3 次一阶线性插值即可。直接用 3 次一阶线性插值要进行 3 次乘法和 6 次加减法运算，用上式只需要 4 次乘法和 8 次加减法运算。

上面的推导是在单位正方形上进行的，但同样可以推广到一般情况中使用。

(3) 高阶插值

在几何运算中，双线性灰度插值的平滑作用可能会导致图像的细节产生退化，尤其是在进行放大处理时，这种影响将更为明显。同样在其他应用中，双线性插值的斜率不连续性也会产生不好的结果。这两种情况都可以通过高阶插值得到修正。高阶插值需要大幅增加计算量，因此在我们的课题中未做过研究。

图 6.10 显示了对图 6.4 倾斜校正的结果。

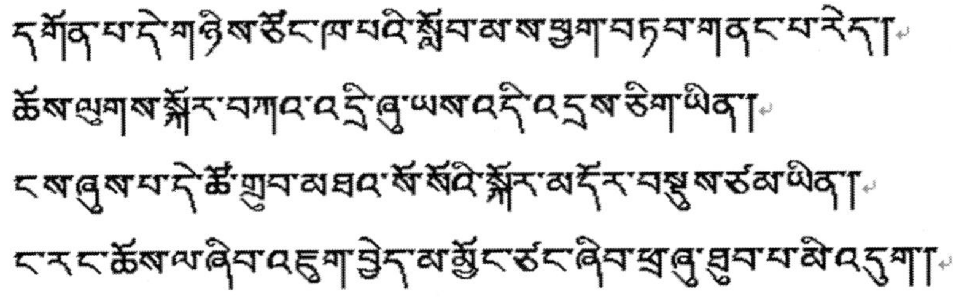

图 6.10　倾斜校正结果

6.5　字符切分

字符切分是识别过程的一个重要环节，可以根据文字不同提出不同的字符切分方法(李伟等,2003,王浩军,2001)。藏文文本图像经过去噪、二值化及倾斜校正以后,为了识别单个字丁,还需要将每个藏文字丁的图像从整块文字图像中分割出来。

印刷体藏文文本一般以横向排版为主。横排版的文字是从左至右按行编排,然后再从上往下逐行排列。下面讨论两种在藏文文字识别实验系统中实验过的字符切分算法。

6.5.1 积分投影法

在文字识别中,积分投影法是最常用的一种行、字切分方法。积分投影法的特点在于算法简单、计算量小。然而它本身的适应性较差,要求文字图像不能有倾斜,且噪声较小,字符之间不相互粘连,但根据藏文特点,此方法有一定的适用性。一般来说,此方法的操作过程可以分为行切割与字切割两个步骤。

(1)行切割

对于输入的二值化文字图像,首先要逐行地把各文字行图像切分开来。行切割的方法是:对二值化图像从上到下逐行扫描并同时计算每个扫描行的像素,以获取图像的水平投影,再根据水平投影值确定文字行的位置,利用文字行间空白间隔导致的水平投影空白间隙将各行文字分割开来,如图6.11所示。

(2)字切割

字切割是从行切割后得到的文字图像中将单个藏文字丁的图像分割出来。字切割的正确与否直接影响到识别的结果,是文字识别系统中比较重要也比较难的部分。

字切割的基本方法是利用字与字之间的空白间隙在图像行的垂直投影上形成的空白间隙将单个字丁的图像切割出来,处理方法基本上和行切割相同。

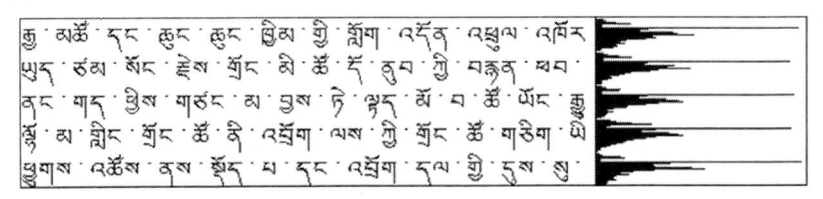

图 6.11 行切割

6.5.2 搜索连通域法

在实验中,我们发现由于藏文的高度变化很大,有些字丁笔画向下延伸较长,使得积分投影在谷底处变化比较平滑,行的下界很难确定,特别是对倾斜校正的要求非常高,即使倾斜角非常小,都可能导致切分失败。因此,我们尝试采用搜索连通域的方法,直接完成字丁的切分,同时利用积分投影的波谷划分出文本行,以保留每一个字丁在文本中的位置信息。

提取连通域后,按照以下规则进行连通域的组合,最后每一个(组)连通域包含一个藏文字丁。

假设 R_1、R_2 分别为包含两个(组)连通域的最小矩形,如果这两个(组)连通域满足以下条件,则该两个(组)连通域包含一个藏文字丁:

(1) R_1 与 R_2 的横向位置重叠度 R 大于阈值 TR;

(2) R_1 与 R_2 的纵向位置间距 D 小于阈值 TD;

其中:$R=r/W$;

r:R_1 与 R_2 在横向位置上的重叠长度;

W:R_1 与 R_2 宽度的较小值;

TR:横向重叠度阈值,$TR<1$;

D:R_1 与 R_2 的纵向间距,如 R_1 与 R_2 在纵向有重叠,则 $D=0$;

TD:纵向间距阈值,TD 与字体大小相关。

在字符切分模块中,利用积分投影的波谷划分出文本行,同时利用积分投影的峰值确定基线的位置,基线的位置可用于字符的位置归一化。

藏文的音节具有特定的拼写与语法规则,在字符切分过程中提取音节信息可以用于粗分类和后处理。如通过音节中字丁的个数及基本辅音的位置可以判断其中某个字丁是否属于前置辅音、后置辅音或重后置辅音。而藏文中可以作为前置辅音、后置辅音以及重后置辅音的字丁分别只有 5 个、10 个和 2 个,可以大大缩小识别的候选集。音节及音节之间又有特定的语法规则,可以充分用于识别后处理中。

提取音节信息,首先需要提取音节点。为了提高音节点提取的可靠性,在此增加一个条件,即要求连通域基线的相交或者两者之间的距离小于一个小的阈值,以防污点以及断裂的笔画被误认为音节点。然后还需分割藏文的句子,每一个藏文的句子之后有明显的空白,句子的句尾有标点符号。一个音节包含在每两个音节点之间,记录每一个音节的字丁数以及每一个字丁在这个音节中的位置。

连通域切分字符的结果见图 6.12。

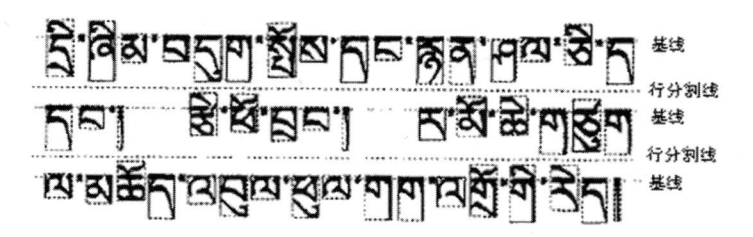

图 6.12　连通域字符切分

6.6　归一化

字符切分后的单个藏文字丁图像在计算机中进一步提取特征之前，还要进行归一化预处理。归一化是用来消除字体不同、字号变化等因素带来的字符图像在尺度和位置上的变化。因此归一化包括位置归一化与大小归一化等。

6.6.1　位置归一化

为了消除文字点阵位置上的偏差，需要把整个文字点阵图像移动到规定的位置上，这个过程被称为位置归一化。

根据定位方法的不同，有两种较常用的位置归一化方法。其中一种是基于质心的位置归一化；另一种是基于文字外边框的位置归一化。

(1)基于质心的位置归一化

基于质心位置的归一化方法需要首先计算文字的质心，然后再把质心移动到指定的位置上来。因为基于质心的计算是全局性的，因此质心归一化的抗局部干扰能力强，能够得到比较稳定的结果。

(2)基于外边框位置的归一化

基于文字外边框的位置归一化需要首先计算文字的外边框，并找出中心，然后把文字中心移到指定的位置上来。外边框归一化时各边框的搜索是局部性的，容易受污点或笔画缺损等干扰的影响。相对而言，基于外边框的位置归一化方法抗干扰能力较弱。

在汉字识别过程中，由于大多数汉字的笔画在上、下、左、右四个方向上的分布比较均匀，其质心与字形的中心基本重合，所以采用质心归一化方法基本上不会造成字形的失真。但在藏文字符识别中，除了某些本身笔画分布均匀的字母以及以它为主要构成部分的字丁的质心与字形中心较接近外,大多数字丁的笔画在各个方向上分布很不均匀(见图 6.13)。若仅采用质心归一化,相当比例的字丁将产生极大的字形畸变;但是如果采用外边框归一化,由于外边框对噪声和形变的敏感性,其结果也欠缺稳定性。因此,单一的依靠一种方法,效果不会太理想,如果把两种方法结合起来使用,扬长避短,将会是一种好的选择。

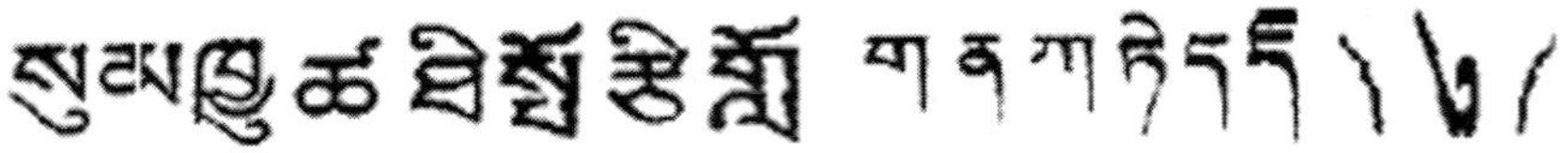

(a) 笔画分布较均匀的字丁　　(b) 笔画分布不均匀的字丁

图 6.13　具有不同笔画分布的藏文字丁

设二值化字符图像点阵为 $f(i,j), i=1,2,\ldots,m; j=1,2,\ldots,n$,且 f 在黑像素位置取值为 1,背景处取值为 0。令其质心和外边框中心分别为 $G(G_I, G_J)$ 和 $C(C_I, C_J)$,则有:

$$\begin{cases} G_I = (\sum_{j=1}^{n}\sum_{i=1}^{m}(i*f(i,j)))/(\sum_{j=1}^{n}\sum_{i=1}^{m}f(i,j)) \\ G_J = (\sum_{i=1}^{m}\sum_{j=1}^{n}(j*f(i,j)))/(\sum_{i=1}^{m}\sum_{j=1}^{n}f(i,j)) \end{cases}$$

(6—17)

$$\begin{cases} C_I = m/2 \\ C_J = n/2 \end{cases}$$

(6—18)

令 $M(M_I, M_J)$ 为介于 $G(G_I, G_J)$ 和 $C(C_I, C_J)$ 之间的一点,即:

$$\begin{cases} M_I = \alpha G_I + (1-\alpha)G_I \\ M_J = \beta G_J + (1-\beta)G_J \end{cases} \text{其中} \alpha, \beta \text{为常数且} 0<\alpha,\beta<1$$

(6—19)

移动字符点阵使 M 位于归一化后新的字符点阵的中心,从而完成输入字符的位置归一化。

6.6.2　大小归一化

由于字号不同而引起的藏文字符的尺寸相差最大可达 10 倍,为了使同一识别系统适应多字号字符识别的要求,必须对不同大小的文字做变换,使之成为同一尺寸大小的文字。使不同大小的文字变为同一尺寸大小的文字的过程称做大小归一化。通过大小归一化,许多特征就能够用于识别不同字号混排的文字。

常用的大小归一化方法有两种。一种是先确定输入字符的外接边框,再将文字的外边框按比例线性放大或缩小成规定尺寸的文字大小,即统一大小的目标点阵。另一种方法是根据水平和垂直两个方向文字黑像素的分布进行大小归一化。

(1)基于外接边框的大小归一化算法。假设输入大小为 $m \times n$ 的字符图像为 $f(i,j), i=1,2,\ldots,m, j=1,2,\ldots,n$。

大小归一化之后大小为 $p \times q$ 的字符点阵为：
$g(i,j), i=1,2,\cdots,p, j=1,2,\cdots,q$，则有：

$$g(i,j) = f(i/r_i, j/r_j)$$

(6—20)

式中 r_i 和 r_j 分别为 i 和 j 方向的尺度变换因子：

$$r_i = p/m, r_j = q/n$$

根据上式，输出图像点阵中的点 (i,j) 对应于输入字符中的点 $(i/r_i, j/r_j)$。$f(i,j)$ 为离散函数，而 $i/r_i, j/r_j$ 的取值一般不为整数，故需要根据 f 中已知的离散点处的值来估计其在 $(i/r_i, j/r_j)$ 处的取值。这里采用三次 B 样条函数来进行插值运算，以减少大小归一化后字符点阵出现诸如阶梯状边缘等畸变。对于给定 (i,j)，令：

$$\begin{cases} x = i/r_i = x_0 + \Delta_x \\ y = j/r_j = y_0 + \Delta_y \end{cases} \quad 0 \leq \Delta_x, \Delta_y < 1$$

(6—21)

式中：$\begin{cases} x_0 = [x], \Delta_x = x - x_0 \\ y_0 = [y], \Delta_y = y - y_0 \end{cases}$，$[\cdot]$ 为取整函数。插值过程可表示为：

$$g(i,j) = f(x_0 + \Delta_x, y_0 + \Delta_y) = \sum_{k=-1}^{2} \sum_{l=-1}^{2} f(x_0+k, y_0+l) R_B(k-\Delta_x) R_B(\Delta_y - l)$$

(6—22)

式中的 $R_B(z)$ 为三次 B 样条函数：

$$R_B(z) = \frac{1}{6} [(z+2)^3 U(z+2) - 4(z+1)^3 U(z+1)$$
$$+ 6z^3 U(z) - 4(z-1)^3 U(z-1)]$$

(6—23)

式中：$U(z)$ 为阶跃函数，$U(z) = \begin{cases} 1, z \geq 0 \\ 0, z < 0 \end{cases}$

(2)基于黑像素分布的大小归一化算法

对于根据水平和垂直两个方向上文字黑像素的分布进行大小归一化的方法，首先需要计算文字的质心 G_I 和 G_J：

$$G_I = (\sum_{j=1}^{n} \sum_{i=1}^{m} (i * f(i,j))) / (\sum_{j=1}^{n} \sum_{i=1}^{m} f(i,j))$$

$$G_J = (\sum_{i=1}^{m} \sum_{j=1}^{n} (j * f(i,j))) / (\sum_{i=1}^{m} \sum_{j=1}^{n} f(i,j))$$

(6—24)

式中 $f(i,j)$ 为 1 时表示该像素点为黑像素（即文字像素），为 0 时表示该像素点为背景。

下面计算水平和垂直方向的散度 σ_I 和 σ_J：

$$\sigma_I^2 = \sum_{i=1}^{m} \left(\sum_{j=1}^{n} f(i,j) \right) \cdot (i - G_I)^2 / \sum_{i=1}^{m} \sum_{j=1}^{n} f(i,j)$$

$$\sigma_J^2 = \sum_{j=1}^{n} \left(\sum_{i=1}^{m} f(i,j) \right) \cdot (j - G_J)^2 / \sum_{i=1}^{m} \sum_{j=1}^{n} f(i,j)$$

(6—25)

最后，按比例将文字线性放大或缩小成规定散度的点阵。

藏文字丁与汉字的一个显著差别是藏文字丁并非方块字，只有字丁的宽度具有相对稳定性，而各个字丁之间的高度差异很大，所以不能像汉字那样把藏文字丁归一化为诸如 48×48 或 64×64 的方形点阵。

对收集到的 1050 套藏文字符样本中超过 60 万个（6 种字体、7 种字号，每套样本超过 600 个字丁）字丁的高度比特性做了统计，藏文字丁高宽比分布具有如下特点：不同字体间字丁的高度比特性差异显著；同一字体字丁的高宽比分布范围非常大；各字体的高宽比均有一个聚集了 50% 以上字丁的相对集中的分布区间。这些特点决定了归一化目标点阵大小的选择必须考虑各种字体，兼顾大多数的情况，同时又要方便处理。据此，取归一化之后的藏文字丁高宽比为 2 比较合理，不失为差别各异的各种字体高宽比的一个折中。经过在相同的试验条件下各种大小的归一化字体的识别性能比较，得出当归一化后字符点阵为 48×96 时，系统的识别性能达到最佳状态。

总之，藏文预处理可以借鉴其他成熟文字识别技术，但是也必须要考虑它本身的一些特点。

第七章　藏文印刷体识别

7.1　藏文字符及文本特点

藏文字符和文本的诸多特点使得藏文识别与汉字和英文的识别技术不同,藏文面临很大困难,必须在设计识别算法时依据藏文字符和文本特点予以重点考虑。藏文字符的这些特点包括:

(1)相似的字丁多,在总共 500 多字丁中,有 37% 的相似;
(2)字丁的高度不等;
(3)字丁的宽度相等,但标点符号与字丁不等宽;
(4)字丁之间粘连非常严重。

7.2　藏文基本字符的投影识别算法

7.2.1　藏文文字特征提取

由前所述,所谓文字识别实际上是一种模式识别,识别的重点、难点和关键点是文字特征的选取和提取。如果选取最适合文字特点的特征,就能使识别过程占用较少的时间和空间资源,并得到较高的识别率(王维兰,1999)。一般而言,文字特征抽取的原则是:

(1)特征能最大程度地代表字符本质的结构。即特征与字体、字号、笔画粗细、笔画长短、位置、倾斜,甚至写法等变化无关或关联很小。
(2)特征要简单、数量少,占用存储空间小。
(3)特征要易于计算机抽取和学习。
(4)特征的分辨性要强,即不同的字符的特征值之间的距离要远,以便于识别算法的实现以及分辨相似字符和保证较高的识别率。同时相同字符的特征值之间的距离要小,以便把他们归并为同一类。

藏文识别的特征提取也遵循这些原则。在藏文识别中,藏文基本字符(字丁)是藏文识别的最小单位,它是音节拼写的每一个横向基本单元。藏文基本字符特点如下:

(1)把藏文字符视为二值图像点阵,并以长宽比1∶2的24×48点阵形式存放。

(2)藏文起笔在同一水平线上,称为基线。基线之上是元音字符或空白,基线位于点阵第11行。

(3)藏文基本字符不等高。基本字符都是辅音字母,它们按照基线对齐,但因为有些是长字母,有些是短字母,所以它们并不等高;若基本字符是纵向叠加组合而成,其层数可以是2至7层(梵文)。

为了更清晰描述藏文基本字符,引出如下定义:

定义1 设 T 是某一藏文基本字符的二值化图像点阵:

若 $T(i,j)=1$,则为文字像素点;若 $T(i,j)=0$,则为背景像素点

其中:i,j 分别为点阵的行列数,$i=1,2,\ldots,24,j=1,2,\ldots,48$

定义2 基本字符图像 $T(i,j)$ 的基线为 $T(11,j),j=1,2,\ldots,24$

我们采用图像投影法抽取字符特征。图像投影法即统计图像 $T(i,j)$ 沿一定方向的文字像素总点数,如垂直、水平或对角线方向等。藏文字符一级字库为现代藏文,不超过600个字符,与汉字集相比属于小字符集,但若考虑**梵源藏文**(下同),将有10000个字符,则是大字符集了。我们提出把每个字符向四个方向:垂直、水平和两个对角线进行投影,从而得到字符的特征向量。

定义3 对字符 T 的二值化图像 $T(i,j),i=1,2,\ldots,24,j=1,2,\ldots,48$:

(1)垂直方向的图像投影为 $P_x=[P_{x1},\ldots,P_{xj},\ldots,P_{x24}]$,其中 $P_{xj}=\sum_{i=1}^{48}T(i,j)$

(2)水平方向的图像投影为:

    a)基线之上 $P_{10}=[Py_1,\ldots,Py_{10}]$,

    b)基线以下 $Py=[Py_{11},\ldots,Py_i,\ldots,Py_{48}]$,其中 $Py_i=\sum_{j=1}^{48}T(i,j)$

(3)60°对角线方向的图像投影为:

$$P60°=[Pd1_1,\ldots,Pd1_i,\ldots,Pd1_{47}]$$

其中 $Pd1_i=\sum_{k=1}^{2i}\sum_{l=1}^{i}T(k,l)$ $1\leqslant i\leqslant 24$

$=\sum_{k=2i-47}^{48}\sum_{l=i-24+1}^{24}T(k,l)$ $24<i<48$

(4) 120°对角线方向的图像投影为：

$P120° = [Pd2_1, \ldots, Pd2_i, \ldots, Pd2_{47}]$

其中 $Pd2_i = \sum\limits_{k=1}^{2i} \sum\limits_{l=24-i+1}^{24} T(k,l) \quad 1 \leqslant i \leqslant 24$

$\qquad = \sum\limits_{k=2i-47}^{48} \sum\limits_{l=1}^{48-i} T(k,l) \quad 24 < i < 48$

这样,把藏文字符在四个方向的投影(其中水平投影分基线上和基线下)$Px,P10,Py,P60°,P120°$作为字符的五个子特征。

定义 4 对字符图像 $T(i,j)$,特征向量定义为 $P=(Px,P10,Py,P60°,P120°)$

于是我们可得字符 T 的特征向量的抽取算法:

算法 1

S1 按定义 3 计算 $T(i,j)$ 的四个方向的五个投影数:$Px,P10,Py,P60°,P120°$

S2 将 $P=(Px,P10,Py,P60°,P120°)$作为字符 $T(i,j)$的特征向量。

7.2.2 建立识别字典

对藏文字符抽取特征后,每个字符就可用一串特征来代表,这串特征就构成了一个特征代码,将特征代码和它对应的字符存入数据库中,就构成了识别字典。

设藏文字符集的维数是 N,即包含 N 个字符,则字典为一线性阵列 $D[N].D[i](i=1,2,\ldots,N)$。它的每一个元素都是一元组,包含三个变量,代表一个字符即,$D[i]=(D[i].I,D[i].C,D[i].P)$,其中:

$D[i].I = Px + P10 + Py + P60° + P120°$:是为了快速检索字符集建立的字符索引;

$D[i].C$:是预先给定的整数,它代表字符集中的第 i 个字符,是字符代码;

$D[i].P$:是由算法 1 得到的 P,是字符特征向量,是进行下一步字符匹配的依据。

字典的建立有两种方法:一种是人工获取。即从不同的识别文本扫描中得到字符图像的采样,通过大量采样,即大样本学习,使样本尽可能多的涵盖不同形态、不同条件下的藏文字符,这时字符对应的总码数将稳定在一个数量级上,不再有大的增加,达到收敛平衡状态,然后把它们的平均特征及相应的字符存入字典中,识别字典就基本形成,且识别字典就能适应字符的各种变形和文本印刷质量的变化。另一种是自动获取。比如每一次扫描得到一个字符的原始图像,然后旋转一系列一定的角度来模拟作为不同的采样,同样将所有采样特征向量的平均值作为字典中某一字符的特征。但这种方法不太适应由于文本印刷质量的不同造成的字符特征的波动。

字典中的所有字符按 $Px+P10+Py+P60°+P120°$ 从小到大的方式排列,此数作为字符的索引,如果有几个索引值相近或相同,则连续排列在一起,索引的目的是为了快速检索字符,因为字符索引能在一定程度上反映字符结构和笔画的多少。

7.2.3 字符匹配

字典建立后,就可进行模式匹配,即分类输入待识字符进行识别。对待识别字符,抽取其特征,计算索引,找到字典集中与该索引接近的一定范围的元素,选出候选字符,如果候选字符中字符代码与测试字符代码相同,则被正确识别,否则被误识;若测试字符被拒识,且字符代码不属于字典集,那么它被正确拒识,否则是错误拒识。这一过程为局部模式匹配,即不是在所有字典阵列中搜索,只是在字典中与待识字符有相近索引的位置进行搜索,这个区域的适当参数通过实验可获得。模式匹配算法如下:

算法 2

S1 按算法 1 抽取待识别字符 S 的特征向量:$S=(Sx,S10,Sy,S60°,S120°)$,然后计算出特征元组:$(S.I\ S.C\ S.P)$,S.I 为字符的索引,S.C 为字符代码,S.P 为特征向量。

S2 按照索引 S.I 在 $D[i](i=1,2,\ldots,N)$ 中定位 i,其中 $D[i].I$ 应该是 S.I 最接近的。

S3 在字典中 i 的位置附近进行搜索,查找字符候选集,即计算特征误差阈值 l:

$l=\min(S.P-D[k].P)$,其中 $1\leqslant k\leqslant N$,且 $D[i].I-A\leqslant D[k].I\leqslant D[i].I+B$,A、B 为两个整型常数,根据实验取得的经验值适当确定。

S4 若 $l\leqslant=\varepsilon$(ε 为预先给定的特征误差阈值),则转 S5,否则转 S6。

S5 比较 $D[k].C$ 与 $S.C$,若 $D[k].C=S.C$,则待识字符被正确识别,否则误识,转 S7。

S6. 若 $1\leqslant S.C\leqslant N$,则拒识正确,否则拒识错误。

S7 计算识别率和拒识率。

上面的算法首先利用字符索引进行局部匹配,因为基本字符的索引能反映字符结构和笔画数,而第三步计算最小特征误差阈值,则是包括了字符的四个方向五个子特征的全局特征。

$S.P-D[k].P$ 的计算就是反映一定范围内的候选字符与待识字符全局特征的匹配情况,可用对应子特征的距离大小来判断。

用上述的方法来测试基本字符集,当精度很高时,可以使用字典分类待识字符,使用以下算法:

算法 3

S1 按算法 1 抽取待识字符 X 的特征向量,并获得特征元组 $(X.I, X.C, X.P)$,其中的 $X.I$ 和 $X.P$ 为字符 X 的索引和特征向量,$X.C$ 为字符 X 的代码,它是未知的。

S2 在 $D[i](i=1,2,\ldots,N)$ 中定位 i,其中 $D[i].I$ 与 $X.I$ 最接近。

S3 计算 $l=\min(X.I-D[k].I), 1 \leqslant k \leqslant N$,且 $D[i].I-A \leqslant [D[k].I \leqslant D[i].I+B$,A、B 为整常数1(同算法 2 的 S3)

S4 如果 $l \leqslant \varepsilon$(ε 为特征误差阈值),则转 S5;否则待识别字符被拒识。

S5 取 $X.C=D[k].C$,则待识别字符被分类为代码是 $D[k].I$ 代表的字符。

7.3 基于藏文字特征提取的识别算法

7.3.1 方向特征向量提取

在汉字识别中,汉字的方向线素很好地描述了它所占的空间的不同位置上横、竖、撇、捺四种基本单元的数量和位置关系,从而全面、准确、稳定地反映了汉字的组成信息。藏文字符是由各部件(字母)按照一定的次序叠加在一起构成,而部件又由笔画组成,各部件中笔画之间的连接关系是固定不变的。这样,每个藏文字符都有特定的结构,并且这种结构可以从层次、局部和细节三个方面反映出来,而藏文字符的方向线素正是刻画这些结构特征的有效手段(王华、丁晓青,2003)。

(1)方向线素特征的提取

输入的藏文字符首先被大小归一化为 48×96 的点阵,然后抽取字符的外围轮廓。对轮廓中的每一黑像素,根据它与直接相邻的另外两个黑像素的位置关系,赋予它 0°、90°、45°和 135°四种方向线素,代表横、竖、撇、捺四种笔画走向,采取 16 种 3×3 模板(图 7.1):若此 3 个黑像素在同一直线上,则只给中心像素分配一种线素特征并赋值为2(图 7.1(a)~(d));否则,给中心像素同时分配两种线素特征且均赋值为1(图 7.1(e)~(p))。并据此对轮廓中所有黑像素进行线素特征的分配。将 48×96 的点阵分成 5×

11个 16×16 的子区域,每个子区域跟相邻的子区域之间有 8 个像素的重合。再把每个子区域划分成互相嵌套的、大小依次为 16×16、12×12、8×8、4×4 的 A、B、C、D 四个方块,如图 7.2 所示。对每个子区域定义一个四维向量,$X=(x_0,x_1,x_2,x_3)^T$,x_0、x_1、x_2、x_3 分别表示 0°、90°、45°、135°四个方向的线素的数量,令:

$$x_j = x_j^{(A)} + x_j^{(B)} + x_j^{(C)} + x_j^{(D)}$$
$$= (x_j^{(A)} - x_j^{(B)}) + 2(x_j^{(B)} - x_j^{(C)}) + 3(x_j^{(C)} - x_j^{(D)}) + 4x_j^{(D)}$$
(7—1)

式中 $x_j^{(A)}$、$x_j^{(B)}$、$x_j^{(C)}$、$x_j^{(D)}$ 分别表示 A、B、C、D 中某方向的线素数量,$j=0,1,2,3$。这样,从每个子区域都可得到一个四维特征向量,将所有子区域的特征向量按顺序排列在一起组成 220(5×11×4)维特征向量。

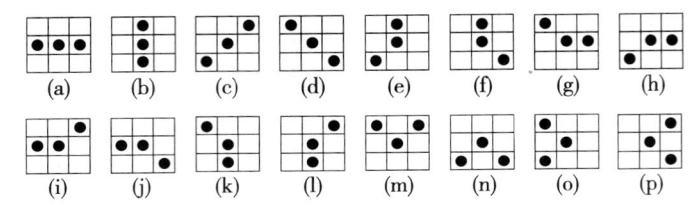

图 7.1 方向线素提取模板(黑点表示黑像素,空白表示白像素)

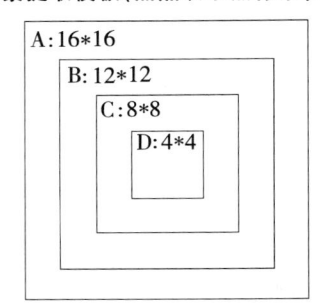

图 7.2 子区域中网格的划分

(2)LDA 压缩降维

原始方向线素特征为 220 维,而训练样本只有 1200 套,相对特征数量,样本数量明显不足。为了减小过高的特征维数和数量相对不足的训练样本给分类器参数估计带来的问题,我们利用 LDA(Linear Discriminate Analysis,线性判决分析,是一种有效的特征选择工具)方法对高维的原始特征进行压缩。这里采用 LDA 分析的优化准则的形式为:

$$J = tr(S_w^{-1} S_b)$$
(7—2)

式中 S_w 和 S_b 分别表示模式特征的类内和类间散度矩阵。LDA 分析

的目的是找到 $m \times d$(m 和 d 分别为压缩前后特征向量的维数)维的线性映射矩阵 Φ,使:$tr[(\Phi^T S_w \Phi)^{-1}(\Phi^T S_b \Phi)]$ 达到极大,从而使模式类内散度方差与类间散度方差的比值达到最大以增加各模式类别间的可分性。Φ 的解是由 $S_w^{-1} S_b$ 的前 d 个最大正或零特征值对应的特征向量所组成,它满足:

$$\Phi^T S_w \Phi = I$$

(7—3)

LDA 方法不但使压缩后的特征得到"显现化",而且使各维特征的方差也相同。在训练样本不足的情况下,利用 LDA 压缩不可避免地损失了部分鉴别信息,但只要 Φ 选择得当,LDA 方法能够尽量提高分类器对特征的利用效率,从而增强分类器的推广能力。

7.3.2 分类器设计(最短距离法)及匹配

分类器(Classifier)设计是字符识别的核心技术之一,识别系统研究者们针对不同的问题提出了许多模式分类器。但在多种因素制约下,目前在处理大字符集识别问题时,往往还是选择最小距离分类器。我们采用基于置信度分析的粗、细分类两级分类的策略来完成待识别藏文字符所属类别的判断,其流程如图 7.3 所示。

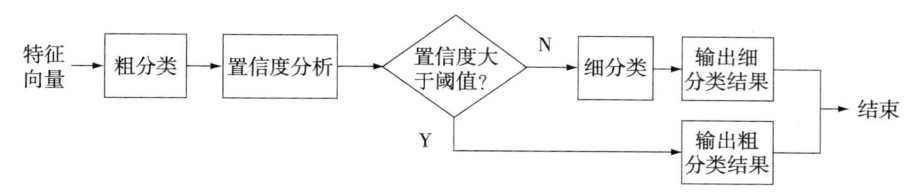

图 7.3 藏文字符识别中的分类过程

(1)粗分类

粗分类的目的是在一个大的字符集中快速选出一个数目相对很小的候选字子集,并保证在候选集中包含待识别字符所属正确类别的概率尽可能大。这就要求粗分类器结构简单、运算量小、运算速度快。为此,设计了一种带偏差的欧氏距离(EDD)分类器。

令 $X = (x_1, x_2 \cdots, x_d)^T$ 为输入未知字符的 d 维特征向量,$M_i = (m_{i1}, m_{i2} \cdots, m_{id})^T$ 为第 i 类字符的标准特征向量,带偏差的欧氏距离定义如下:

$$d_i(X) = \sum_{k=1}^{d} [\max(0, |x_k - m_{ik}| - \theta \cdot \sigma_{ik})]^2$$

(7—4)

式中,σ_{ik} 是第 i 类字符特征向量的第 k 个分量的均方差,θ 为常数。式

(7-4)的一个最重要的特性是在欧氏距离中引入了字符特征的二阶统计量,对字符的每一维特征,凡在数值上小于 $\theta.\sigma_{ik}$ 的都被忽略,这使得分类器对特征在空间上的分布具有一定的刻画能力。

(2) 细分类

贝叶斯分类器是理论上最优的统计分类器,在处理实际问题时,人们希望尽量去逼近它。

当在字符的特征为高斯分布且各类特征分布的先验概率相等的条件下,贝叶斯分类器可以简化为马氏距离分类器。但该条件在实际中通常不易满足,而且马氏距离分类器的性能随着协方差矩阵估计误差的产生而严重下降。所以我们采用修正二次鉴别函数 MQDF 作为细分类度量,它是马氏距离的一个变形,其函数形式为:

$$j = \begin{cases} i+4 & (i \leqslant 3) \\ i-4 & (i > 4) \end{cases}$$

(7—5)

式中 λ_{ij} 和 Φ_{ij} 分别为第 i 类样本的协方差矩阵 Σ_i 的第 j 个特征值和特征向量,K 表示所截取的主本征向量的个数,即模式类的主子空间维数,其最优值由实验确定,h^2 是对小本征值的实验估计。MQDF 产生的是二次判决曲面,因只需估计每个类别协方差阵的前 K 个主本征向量,避免了小本征值估计误差的负面影响。MQDF 鉴别距离可以看作是在 K 维主子空间内的马氏距离和剩余的 $(d-K)$ 维空间内的欧氏距离的加权和,加权因子为 $1/h^2$。

(3) 置信度计算

设粗分类器的输出候选集为 $\{(c_1,d_1),(c_2,d_2),\ldots,(c_n,d_n)\}$,$n$ 为候选集容量,c_i 和俄分别为候选字符和对应的粗分类距离,$d_1 \leqslant d_2 \leqslant \cdots \leqslant d_n$。细分类器的作用是根据重新计算的鉴别距离对粗分类候选集进行再排序,找到输入字符所属的最可能的类别。若粗分类结果可靠性足够高,换言之,若 c_1 已为输入字符的正确分类时,则细分类完全没必要进行。依据粗分类结果的置信度 f_{con} 的大小决定是否需要进行细分类,采用 EDD 输出的距离作为度量,依下面公式计算置信度:

$$fcon = (d_2 - d_1)/d_1$$

(7—6)

当置信度低于一定的阈值时,将粗分类候选集送入细分类器处理,否则直接输出粗分类结果。

7.3.3 方向特征提取法的讨论

用上面提出的基于方向线素特征的多字体多字号印刷体现代藏文字符识别的方法在对含 177600 字符的测试集上的平均识别率达到 99%。实验结果证明了本书所采用方法的有效性和可行性,同时表明方向线素是一种行之有效的藏文字符特征的描述手段。该方法发生误识的字符基本上集中在极相似字之间,如何有效区分这些相似字还需要提出更有针对性的区别特征并开发相应算法。此外,为了达到藏、汉、英混排文本识别的目的,还需要加入汉字识别模块和英文字符识别模块以及文种区别、判断、划分和控制模块,发展成为藏、汉、英混排的字符识别系统,具体方法可以参照第五章介绍的汉英混排文本识别的方案和流程。

7.4 基于藏文笔段提取的识别算法

7.4.1 藏文笔段特点及提取方法

笔段特征是汉字识别系统中常用的一种特征,它的直观性、简洁性和稳定性有利于建立高性能的模式识别系统。因为笔段也是藏文的基本组成结构,所以笔段特征同样可以应用到藏文的识别系统中。藏文的几何特征、拓扑结构与汉字有很大的差别。一方面由于藏文笔画比较稀疏,笔画之间的交叉和连接也要比汉字少一些,使得藏文笔段的提取具备比汉字更好的稳定性;另一方面,由于藏文的笔画包含大量的曲线段,无法像汉字那样简单的用直线来近似,也就使得许多汉字笔段提取的方法无法直接应用到藏文笔段的提取中,而必须加以改进。例如有一类基于方向笔段分解的笔段提取方法,一般把笔段方向定为横、竖、撇、捺四个方向,采用特定的 3×3 算子对未知点阵进行反复迭代,在迭代过程中保留算子规定方向上的笔段的像素,滤掉其他方向的笔段像素。还有利用二维小波变换对字符图像进行分析和处理,分别在其高频子图像中提取不同方向的笔段。

为了便于提取笔段,许多方法都是以笔画骨架线为基础,即把待识字符的笔段细化为骨架线(宽度为一个像素)后再做进一步的分析和处理,通常是采用链码跟踪的方法得到一系列链码形式的点列,然后再从点列中拟合出笔段。各种细化算法的优劣对这类方法的影响很大。针对各种不同的应用,国内外已发表了许多细化算法,然而细化过程本身固有的弱点总是会造成笔画骨架线的畸变,增加了对识别的干扰(王浩军、赵南元等,2001)。

这里采用一种基于轮廓跟踪的方法用于藏文笔段的提取。考虑到藏文笔画的特点,我们定义藏文笔段为笔画的一部分:当笔画的走向发生变化时,如果是突然的转折则将其分成两个笔段,如果是圆滑的过渡,则仍作为一个笔段。首先用链码跟踪的方法得到笔段轮廓的点列,然后从点列中提取代表笔段的特征点,并利用特征点切分出笔段,最后用笔段的轮廓线代替骨架线来表征藏文的笔段。从链码跟踪的角度来看,本方法与基于细化的笔段提取方法有一定的相似之处,但用笔段的两个轮廓代替骨架线,这样避免了细化造成的畸变,提高了笔段提取的抗干扰能力,同时减少了特征数量,从而减小了计算量,加快了特征提取的速度。

7.4.2 轮廓点的跟踪

(1) 轮廓点提取

假定 $f(p)$ 表示 p 点的值,如果笔段上有点则为非 0 值;如果为背景点值则为 0 值。如果 p 点满足以下三个条件则作为字符图像的轮廓点。其中 p 点的八邻域点如图 7.4 所示,下标为其八个方向码。

P1	P2	P3
P4	P	P5
P6	P7	P8

图 7.4　点 P 的八个邻域

(1) $f(p)=0$;

(2) p 的四个邻域内($P2$,$P4$,$P5$,$P7$)至少有一点的值为 0;

(3) p 的八个邻域内($P1\cdots P8$)至少有一点的值非 0。

搜索整个字符图像,提取字符图像的轮廓。在搜索过程中,如果发现 $f(p)$ 非 0 且 p 点的八邻域点的值都是 0,则认为 p 为一个干扰点,将其值清 0;如 $f(p)$ 为 1 且 p 点的四邻域点的值都是 1,则认为 p 为笔段的一个内部点,将其值置为 255,并重新判别 p 的八邻域点是否为轮廓点。

(2) 轮廓点邻域搜索顺序的确定

我们用链码来表示笔段的轮廓。根据藏文字符特点,一个笔段可以由包围它的上下(或左右)两个轮廓段来描述,记之为 E1、E2。而 E1 和 E2 由轮廓跟踪的方法得到,从一个轮廓点出发,按一定的顺序搜索它的八邻域点,当找到一个新的轮廓点后就将其添加到轮廓线链码中,然后从该点出发

继续搜索。其中,E1 中点的邻域以逆时针方向搜索,E2 中点的邻域以顺时针方向搜索。具体的邻域点搜索顺序如下所述:

如果 $P \in E1$,假设 p 之前的一个轮廓点为 q,已知 p 相对于 q 的方向码为 $i(i=0,1\cdots,7)$,则 q 相对于 p 的方向码为 j:

$$j = \begin{bmatrix} i+4(i \leqslant 3) \\ i-4(i>4) \end{bmatrix}$$

(7—7)

p 的下一个轮廓点的搜索顺序为:$(j+1)\ mod\ 8,(j+2)\ mod\ 8\dots(j+7)\ mod\ 8$。其中 mod 表示取模运算,类似的,如果 $P \in E1$,p 的邻域的搜索顺序为:$(j-1)\ mod\ 8,(j-2)\ mod\ 8\dots(j-7)\ mod\ 8$,其中 j 由公式(7—7)计算。

(3)笔段两个轮廓的确定

提取一个笔段首先要找到它的两个轮廓的一部分,然后才能进行继续跟踪,直至提取出包围该笔段的两个完整的轮廓。

首先,按确定的扫描方式得到一个笔段的起始扫描点 ps,笔段的起始扫描点指一个笔段中按确定的扫描方式第一个被扫描到的点。扫描到笔段的起始扫描点之后,再向两个方向跟踪笔段的轮廓,就得到两条短轮廓段。

从起始扫描点出发的两条短轮廓段不一定是同一个笔段的两个轮廓,它们也可能是两个笔段的两条轮廓,或是一个笔段同一轮廓的两个方向。如图 7.5 所示。

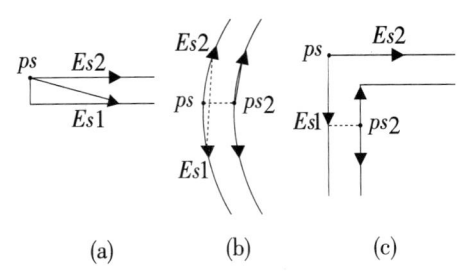

图 7.5 笔段起始轮廓判别示意图

(a) Es1、Es2 为一个笔段的两个轮廓

(b) Es1、Es2 在同一笔段同一轮廓上

(c) Es1、Es2 在不同笔段的轮廓上

其判别同一笔段两个轮廓段的确定方法如下所述:

(1)从起始扫描点 ps 出发,按上述的两种搜索顺序跟踪的轮廓点,记为轮廓队列 $Es1$、$Es2$。跟踪的轮廓点的数目可以是字符宽度(或高度)的一定比例,或是采用边跟踪边分析的方法,直至有足够的信息做出判断。

(2) 计算 $Es1$、$Es2$ 的方向。轮廓段的方向为其从链码起点到终点的矢量的方向,取值的范围是 $[-\pi,\pi]$;两个轮廓段的方向矢量的夹角称为两个轮廓队列的夹角,取值的范围是 $[0,\pi]$。

(3) 根据下面的规则判断两条轮廓是不是同一个笔段的两个轮廓段:

$Es1$、$Es2$ 的夹角小于下界 T_l:$Es1$、$Es2$ 为同一笔段的两个轮廓段,如图 7.5(a)所示。

$Es1$、$Es2$ 的夹角大于上界 T_h:$Es1$、$Es2$ 为同一笔段同一轮廓段的两个方向的延伸,如图 7.5(b)所示。从起始扫描点作两个轮廓段终点连线的垂线,交该笔段的另一轮廓与 $ps2$,从 $ps2$ 出发同样可以得到两个轮廓段,与 $Es1$、$Es2$ 形成两对轮廓,分别作跟踪,得到两个子笔段,然后将其合并。

$Es1$、$Es2$ 的夹角大于下界 T_l 且小于上界 T_h:$Es1$、$Es2$ 为不同笔段的两个轮廓段,如图 7.5(c)所示。选择其中一个轮廓段,从其队列头出发以与该队列垂直的方向进行搜索,找到该轮廓所在笔段的另一轮廓段 $ps2$,从 $ps2$ 出发可以找到该笔段的另一轮廓段。

7.4.3 特征点提取及判别

提取字符笔段的难点主要在于笔段之间的相互连接和交叉,这些连接和交叉构成了字符的特征点,如果能够将这些特征点准确地提取出来,笔段提取的问题也就迎刃而解了,同时这些特征点也可以作为分类器所使用的特征。本书中有关特征点的定义与汉字识别系统中的特征点基本一致,仅仅针对藏文笔段特殊性做了一点改动,将汉字识别中的歧点和交点两种特征点归纳为分叉点,这样做是基于藏文笔画特点的考虑:第一,藏文拥有交点的字母比较少;第二,藏文具有纵向拼写性,两个字母纵向连接时可能形成伪交点;第三,藏文中还有一些既非歧点,又非交点,用分叉点来描述更加合适。同时,在汉字笔段的提取中,交叉点笔段的正确提取是一个主要的难点,我们将交点归纳为分叉点,将交点处的笔画分成多个笔段就可以有效地降低笔段提取的复杂性,提高笔段提取的稳定性。

字符的特征点必然与字符轮廓线上的折点相关,这里所说的轮廓线折点是指轮廓线的走向发生剧烈变化的位置处的轮廓点。我们利用轮廓线折点及其前后轮廓线走向的变化来判断字符的特征点。

(1) 轮廓线折点的提取

轮廓线折点提取的基本依据是计算构成轮廓的点列中各个点的离散曲率,离散曲率的计算公式有多种形式,其区别在于如何计算曲率和在多长的一个链码范围内计算曲率。

我们采用如下的离散曲率计算公式（其中 k 的值反映了计算曲率的范围大小）

$$CUR_{ik} = \frac{1}{k}\sum_{j=-k}^{-1} f_{i-j} - \frac{1}{k}\sum_{j=0}^{k-1} f_{i-j}$$

(7—8)

式中：$f_i = 0\ldots,7$，是点 (x_i-1, y_i-1) 到 (x_i, y_i) 的方向码。

计算出轮廓点的离散曲率后，将其中大于阈值的作为轮廓线折点的候选点，然后作进一步分析，对于连续出现的轮廓线折点，去除其中方向变化相对较小的点和处于两端的点；最后再计算其附近轮廓线方向的改变，以消除局部干扰造成的伪折点，最后就得到了轮廓线折点。

(2)特征点的判别

特征点的判别是正确提取笔段的关键，我们有了笔段轮廓线上的折点之后，通过轮廓线的走向及其在折点前后的变化就可以来判别笔段的特征点，具体判别规则如下：

(1)端点，笔段的起点或终点且不与别的笔段相接，包括下面两种情况：

①从起始扫描点 ps 出发的一定长度的轮廓队列 $Es1$、$Es2$ 的夹角小于某一下界 T_l，则 ps 是一个笔段的起点，也就是端点。

②两个轮廓队列交于一点，且如果继续向前搜索，没有后续的轮廓点或找到后续轮廓点已出现在另一个轮廓队列中，则该点为笔段的起点或终点，也即是端点。

(2)折点，笔段方向有显著变化的点，包括下面两种情况：

①从起始扫描点 ps 出发的一定长度的轮廓队列 $Es1$、$Es2$ 夹角大于下界 T_l 且小于上界 T_h，则存在一个折点，如图 7.6(a) 所示。

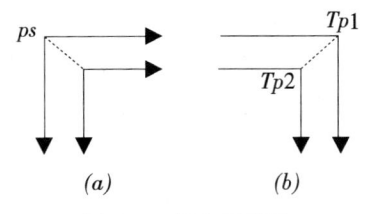

图 7.6 折点示意图

②两个轮廓的前进方向都出现变化，变化的角度大于一个阈值 T_l，变化后两个轮廓的前进方向仍保持基本一致，如图 7.6(b) 所示。

在折点处两个笔段的分界线为两个轮廓线折点的连线，如图 7.6 中的虚线，连线上的点为两个笔段所共有。

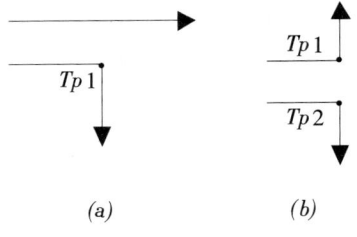

图 7.7 歧点示意图

(3)分叉点,笔画的走向出现了两个以上的分支。分叉点根据其走向又可以分为以下两类:

①其中一条轮廓的前进方向保持不变,另一条轮廓的方向出现变化,且变化的角度大于一个阈值 T_l,如图 7.7(a)所示。

②两个轮廓的前进方向都出现变化,变化的角度大于一个阈值 T_l,如图 7.7(b)所示。

对于前一种情况,我们认为笔段尚未结束,笔段的一个轮廓可以直接继续向前搜索,另一个轮廓需要找到它在越过特征点之后的延伸,搜索的方法将在下面说明,分叉点处各个笔段的分界线同样是轮廓线折点间的连线。

从轮廓线折点 $Tp1$ 出发,沿另一个轮廓的前进方向 $Df1$ 进行搜索,搜索的长度为 nW,W 为笔段的宽度,它可以用轮廓折点 $Tp1$ 和 $Tp2$ 的距离或字符的大小来估计,n 取 1.5~2。

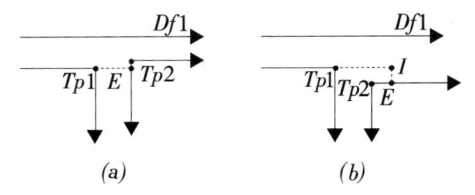

图 7.8 搜索分叉点笔段轮廓示意图

如在此范围内遇到轮廓点 E,如图 7.8(a),则从 E 出发沿两个方向跟踪一定长度的局部轮廓,计算这两条局部轮廓的方向,如果从 E 出发的两个局部轮廓有一个和 $Df1$ 的夹角小于固定阈值,则认为该局部轮廓特征点后轮廓的延伸,搜索 E 点附近存在的轮廓折点 $Tp2$,$Tp1$ 和 $Tp2$ 连线也作为该笔段一个轮廓的一部分。

如果从 $Tp1$ 出发在 nW 范围内搜索到的点都是笔段内部点,设最后搜索到的点为 I,如图 7.8(b),则从 I 点出发沿原搜索方向的垂直方向搜索找到轮廓点 E,接下来的处理同上。

7.4.4 笔段提取

笔段的提取采用对字符点阵的扫描和跟踪相结合的算法,按一定的扫描方式对点阵进行扫描,当找到一个笔段上的轮廓点后,从该点出发利用轮廓跟踪的方法提取该点所在的笔段,然后将该笔段抹去,再回到该点继续扫描,直至提取出所有的笔段。考虑到藏文各个字丁是相互分离的,同时现代藏文的字丁数不足600,我们以藏文的字丁作为基本的识别单位。由于字丁是由字母纵向拼写而成的,我们在笔段提取时,采用从上到下,按行扫描的扫描方式。

(1) 单个笔段的提取

当发现一个轮廓点后,需要从扫描转入跟踪,直至提取出该点所在的笔段。提取一个笔段,首先要找到它的两个轮廓,然后进行两个轮廓的同步跟踪,其具体步骤如下:

①找到一个笔段同向的两个起始轮廓队列;
②两个轮廓同步向前跟踪,并对已跟踪过的轮廓点作标记;
③判断是否出现特征点,如没有回到步骤2继续跟踪,否则执行步骤4;
④判断特征点的类型,如果是:①端点,该笔段结束;②折点,该笔段结束,利用一个轮廓线折点的连线将这个笔段分割出来;③歧点,如果两个轮廓都变向,该笔段结束,同样用一个轮廓线折点的连线将这个笔段分割出来;如有一个轮廓的方向不变,搜索该笔段歧点之后的笔段轮廓和轮廓线折点,并将两个轮廓线折点的连线上点作为该笔段轮廓的一部分,然后回到步骤2继续跟踪;

(2) 整个字丁的笔段提取

整个藏文字丁的笔段提取的具体算法如下所述:

①消除随机噪声点,提取字符点阵的轮廓点。
②扫描字符点阵,找到一个笔段轮廓上的点 Ps。
③从 Ps 出发两个方向跟踪,得到两个短轮廓点列。
④分析这两个轮廓点列:如果是同一个笔段的两个轮廓,则提取该笔段;如果是同一个笔段同一个轮廓的两个方向,则搜寻另一个轮廓,先后向两个跟踪轮廓,提取两个子笔段,再将其合成为一个笔段;如果是两个不同笔段的轮廓,选择其中一个提取,抹去提取出来的笔段后再提取另一个笔段。
⑤抹去提取的笔段。
⑥从 Ps 点开始继续扫描字符点阵,如找到一个新的笔段,则转③。
⑦扫描到字符点阵的末尾,结束笔段的提取。

7.4.5 笔段提取算法讨论

图 7.9 给出了一些具有代表性的藏文测试样本的笔段提取结果。每一

个小图中最左边的是一个藏文字丁,后面的是其依次被提取出来的笔段。

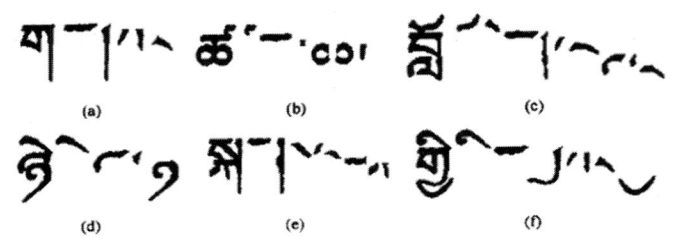

图 7.9 一些藏文测试样本的笔段提取结果

实验结果显示上述的基于轮廓跟踪的笔段提取方法具有较好的抗干扰能力,对于随机噪声和字符的变形都具有良好的稳定性;笔画的粘连是造成多数笔段提取算法稳定性较差的主要原因之一,而在本书所述的笔段提取方法中,充分运用了字符轮廓线上的折点,当两个笔段出现粘连时,往往会有成对的轮廓线折点出现,我们利用成对轮廓线折点的连线作为分割笔段的重要依据,使得算法对笔段粘连有了较好的抗干扰能力;由于省去了细化过程,本方法不仅避免了细化造成的畸变,同时减小了计算量,加快了特征提取的速度;另一个特点是不仅可以提取直线形的笔段,而且可以提取任意形状的曲线笔段,因此能够应用于藏文这样具有曲线笔段的文字的识别系统中。当然我们的笔段提取算法也还存在一些缺点,例如:虽然对于字符笔段的粘连有一定的抗干扰能力,然而对于笔段断裂还是比较敏感;藏文的字母在纵向拼写时相互连接,笔段提取时有些本是两个不同字母的两个笔段被当作一个笔段提取出来;对于复杂字丁笔段提取的正确率还有待提高。

7.5 基于藏文构件的识别算法

7.5.1 藏文构件概述

(1)藏文字丁和构件的比较

近年来,大部分藏文识别技术都采用结构特征的藏文字丁的识别策略,并辅助于统计特征为主对字丁寻找匹配对象。但考虑到不同的藏文识别技术中字丁集合元素数目的不确定性与字丁的多样性,以及随着识别功能的扩充必将遇到的古藏文、梵音藏文所引起的字丁数量的急剧增长的问题,藏文识别可以采用更为简洁有效的识别方法。藏文常用字丁约为 600~900 余个,而包括古藏文、梵音藏文的扩展字丁数目可达 7200 左右,为如此庞大的字丁集合建立特征库,必然导致识别时间和空间上的巨大开销以及增加识别算法的复杂性。若能够利用整字丁的构件进行识别,将大大压缩特征库的规模。同时,采用构件识别也充分利用了藏文丰富的结构信息和构造规律;从技术上看,构件识别把对整体模式的识别转化为对包含的子模式的识别,从而将模式的局部特征放大为子模式的全局特征,因此可以更好地捕捉藏文字符结构敏感部位的差异。构件在藏文识别上的这些优势,正是本书提出的基于构件的藏文识别算法的依据(康才畯、江荻、戴亚平,2005)。

(2)藏文字丁特点描述

一般的藏文识别方法的基本识别单位是字丁,也就是藏文字的横向组成单位。因为字丁包含叠置型的纵向拼写特征,所以字丁的高度可以由一层到四层不等。相当一部分包含基字的字丁高度超过两层,因而在书写上相当紧凑,笔画密度较大,粘连比较严重,因此对叠置型字丁的特征提取很难分辨出结构敏感部位的细微差异,这给藏文中相似字丁的区分带来了困难,造成算法对相似字丁的识别率低,也增添了藏文识别的难度。

(3)藏文构件描述及分析

叠置型藏文字丁包括基本辅音、辅音变体字符以及元音符号。如果能在识别这些构建符号的基础上对藏文字丁进行识别,不仅可以大幅减小特征库的容量,还可以针对相似字符或符号进行更细致的特征提取,有助于提高相似字丁的识别率。考虑到藏文在书写上笔画比较圆滑,而且笔画间的粘连又多,所以要从藏文字丁中分割出所有独立的辅音字符、辅音变体与元音符号困难很大,以下以汉字识别时部件的定义为参考,提出"藏文构件"(简称"构件")的定义。

定义:在藏文构字时多次出现,并能从字丁中比较容易分割出来的、有固定笔形的笔画组合块称之为藏文构件,是字丁的组成部分。

因为字丁是由构件组成的,所以构件的数目相比整个字丁的数目少得多。需要指出的是,构件的出现频率、组字频率、独立成字的出现频率以及构件在字丁中不同部位的出现频率都会有很大的差别。因此,以构件为识别单位,通过构件的结构特征并辅以构件的各种周围特征及频率信息进行识别,是一种可行的识别算法。

首先,我们通过对藏文识别算法中使用的所有字丁的分析,将构件分为五类:第一类为辅音类构件,包括基本辅音中共 32 个(含 5 个反写形式),辅音字母中的"ཙ"、"ཚ"、"ཛ"三个辅音因为书写时在基准线以上仍有部分笔画(藏文称为 $tsa\ la$),我们依基准线将其切分,基准线以下部分与"ཙ"、"ཚ"、"ཛ"形式相同因此不再归入辅音构件,而基准线以上笔画及其与元音的混合形式归入元音类构件;第二类为元音类构件,包括 6 个上置元音(含

3个梵音藏文元音)、1个下置元音,基本元音与基准线以上笔画混合形成的4个构件,以及单一的 *tsa la*。如"➘"、"➘"和"➘";第三类为辅音变体构件,如"ར"作为上置辅音的变体形式"ཚ(ㅜ)"与作为下置辅音的变体形式"ཉ(ᵕ)"以及"ཡ"作为下置辅音的变体形式"ྱ(ᵕ)"等,共计 4 个;第四类为数字及符号类,包括数字及标点共 25 个;除此以外,某些辅音变体连写形式以及辅音字符与下置元音符号连写构成的合体字符因为在物理结构上难以独立分割出来,可以视为是第五类构件,即连体构件,如"ཉ"和"ར",该类构件共计 32 个。四类构件共计 104 个。其次,因为连写形式与合体字符的存在,构件间可能出现包含关系,即一个构件可能是另外两个或几个独立构件的组合形式,如"ར"、"ᵕ"和"ར"。

7.5.2 藏文构件的分割与识别

(1)构件的分割

正确分割藏文构件是本算法的基础。针对藏文字丁的书写特点,这里介绍在汉字识别中常用的提取连通域与积分投影两种切实可行的分割算法。在分割时,两种分割算法综合应用,互相补充,其中又以积分投影法为主。

提取连通域法见 7.4.2 "轮廓点的跟踪"一节,以下介绍积分投影法。

采用积分投影法,利用字丁各部分结合处水平投影的特征来分割构件,主要是利用藏文基准线的投影特征来分割。

在藏文音节字的书写上,以上置辅音为基准线,没有上置辅音的音节字以基本辅音为基准线,元音可以超出基准线悬在上方,如图 7.10 所示(为简便,将两种藏文音节字模式合一表示,实际藏文中不存在这样的形式)。

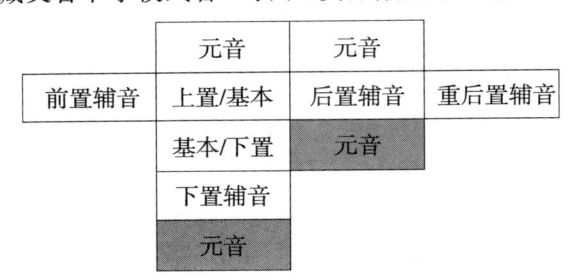

	元音	元音	
前置辅音	上置/基本	后置辅音	重后置辅音
	基本/下置	元音	
	下置辅音		
	元音		

图 7.10 藏文书写示例图

每个字丁在基准线下都有辅音字符,若对整行文字进行水平投影,则基准线处必将出现黑像素点投影值的峰值。而紧贴着基准线上方的上元音与基准线相交处,因为上元音与基准线接触的部位较少,其黑像素点投影值将会是一个相对比较小的值。通过投影值最大值与最小值相邻这一特征,可以确定基准线的位置,从而分割出上元音构件,如图 7.11 所示。

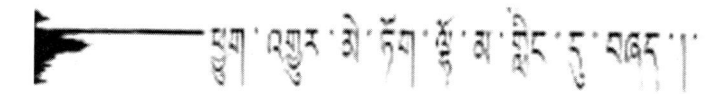

图 7.11　利用藏文文本行水平投影分割元音构件

其他构件的分割可以通过对单独字丁的水平投影来确定。通常两个构件的结合部的投影很小，且处在投影图中两个波峰间的波谷处，如图 7.12 中所示。根据这个投影特点，我们可以通过单字丁水平投影图中的波谷位置分割出相互间有粘连的构件。

图 7.12　单字丁积分投影图

(2) 构件的识别

① 构件的特征提取。

作为模式识别的关键，特征提取往往是决定识别效果最重要的一个环节。从不同字丁中分割出来的相同构件因为书写高度上的不同要求，其竖直方向上的笔段长度以及各方向上的笔画粗细和走向可能存在差异，这一点在特征选择中必须加以考虑。

在目前文字识别使用的各种主要特征中，方向线素特征是经常使用的特征，因为它不仅包含了文字的笔画的结构信息与统计特性，还具有适应笔画粗细及倾斜变形的稳定性等能力，广泛应用于汉字和藏文识别中，是适合藏文构件识别最有效的特征之一。该方法将字符边缘像素点按 4 个方向：水平、垂直、45°、135°进行量化，量化结果作为该点的方向属性。如果同时在抽取特征的过程中再加入网格划分，还能使抽取到的特征进一步具有局部特性。因此，可以采用方向线素特征和网格划分对藏文字丁构件进行处理。

对藏文预处理后的 48×48 二值点阵构件图像用 3×3 的网格进行划分，把每个分块内的 4 个方向的方向线素作为特征，这样，就得到了藏文字丁构件 $36(3\times3\times4)$ 维的特征向量。

② 分类器的设计。

提取藏文字符特征后，需要进行特征的计算、比较和分类决策以实现识别的功能。在一般的汉字识别分类器中，特征的距离测度分类器是一种直观有效的分类方法，适用于高维多模式的分类问题并且取得了较好的识别效果。所以在藏文字丁的构件识别中，也采用距离测度的分类器。距离测

度分类器的判别规则如下:

设有 C 类模式样本: $W_1, W_2, \ldots W_c$, 以 n 维特征向量 $Y_i = (y_{i1}, y_{i2}, \ldots, y_{in})^T$ 表示第 i 类模式 w_i 的标准模板, $X = (x_1, x_2, \ldots, x_n)^T$ 表示待识别样本的特征向量,待识别样本与 w_i 类标准模板间的距离为加权欧式距离:

$$d(X, Y_j) = \sum_{i=0}^{n} (x_i, y_{ji})^2$$

(7—9)

其决策规则可以表示为:

若 $d(X, Y_j) = \min d(X, Y_i), i = 1, 2, \cdots, c$, 则判定: $X \in W_j$

对于包含某些辅音字符如"ʒ"、"ɞ"、"ɛ"等在内的构件,其水平积分投影也会出现明显的波谷,使用积分投影法对该类构件进行分割,将有可能错误地割裂完整的构件。为了防止积分投影法可能出现的对构件的错误分割,构件的分割与识别过程要相互交叉进行,即进行交叉识别,具体的识别过程如下:

步骤一,使用积分投影法,确定藏文文本行基准线位置,分割出上元音行;

步骤二,采用提取连通域法以分割构件无粘连的字丁;

步骤三,识别上元音构件和步骤二分割出来的构件;

步骤四,使用积分投影法,通过水平投影图中从上至下遇到的第一个波谷来分割剩余可能的构件;

步骤五,对于分割出来的部分,经过特征提取送入分类器识别,假如识别为构件,则继续识别余下的构件;如果拒识,则寻找投影图下一个波谷分割剩余可能的构件。重复步骤五直至分割并识别出所有的构件。

7.5.3 藏文构件识别的实现

在完成藏文构件的识别后,需实现整字丁的组合和藏文的组合,进而最终实现藏文文本的识别。为此,需要构造与匹配算法相对应的藏文识别字典。根据以上提出的算法,藏文识别字典主要包括构件库与识别字丁库。

构件库由上述的五类构件集合构成,其表述如下:

$$G(B) = \{G(B_1), G(B_2), G(B_3), G(B_4), G(B_5)\}$$

(7—10)

其中 $G(B_i) = \{B_{i1}, B_{i2}, \ldots B_{im}\}$ 为包含 M 维特征的构件集合, B_{ij} 为构件信息,包括构件的特征及构件的编号。

识别字丁库需要包含的是整字丁与构件间的关系以及构成同一字丁的构件间的相互结构关系。根据构成字丁的构件数目上的不同,我们将字丁库分为单构件子库、双构件子库、三构件子库及四构件子库共 4 个子库。可表示如下:

$$G(C) = \{G(C_1), G(C_2), G(C_3), G(C_4)\}$$

(7—11)

其中 $G(C_i) = \{C_{i1}, C_{i2}, \ldots C_{im}\}$ 为不同类型的字丁子库,C_{ij} 为字丁信息。因为单构件子库内的字丁不涉及构件间的相互结构信息,可以直接采用构件编号识别,所以 C_{1j} 仅包括构件的统一编号信息。对于其他三个多构件子库内的字丁,C_{ij} 不仅要包含构件的统一编号信息,还要体现构件间的结构关系,为此对于 C_{ij},根据构件的上下位置关系,按照从高至低的顺序依次保存各构件的统一编号以体现构件间的结构关系。

识别字丁库以藏文字符集作为样本集,该字符集包含 1142 个各类字丁及数字和标点符号。在除去 136 个不可能单独出现的符号和不常用字丁和符号后,得到用于统计分析的字丁及符号共 1006 个,其中,藏文字丁 512 个,梵音藏文字丁 469 个,数字 20 个以及标点 5 个。通过结构分析,将以上 1006 个字丁及符号归入相应的字丁库,得到单构件子库(含字丁及符号 101 个),双构件子库(含字丁 551 个),三构件子库(含字丁 297 个),四构件子库(含字丁 57 个)。

在进行整字丁的装配时,首先判断字丁属于识别字丁库中的哪个子库,如果该字丁属于单构件子库,则根据字丁信息中的构件编号直接从构件库读取该构件;否则该字丁属于其他多构件子库,这时就需根据构件编号的先后顺序,将从构件库中读取到的构件从上至下叠置组合成整字丁。

7.5.4 藏文构件法讨论

本节基于藏文的结构特征提出了一种基于藏文构件的文字识别方法,试图从藏文字丁拆分的角度出发,将字丁拆分为构成字丁的构件(组件),从而将局部特征放大进而试图达到提高识别精度和分辨相似字丁的效果。该方法仅需要对少量的构件进行特征提取,因而大大缩小了特征库的规模,在识别时间和存储空间的开销上,相比常用的藏文整字丁识别有一定的优势。

采用上述构件识别/组合算法在后处理上需要考虑两个问题。一个问题是无法确定构件,这类问题可以通过构件在藏文的统计信息,结合待选构件的出现频率信息运用统计方法进行结构上的判别。另一个问题是完成构件识别并结合结构关系进行组合后,无法在识别字丁库中找到相匹配的字丁,这很可能是因为在识别构件的过程中出现了误识别,这类问题可以通过针对识别出的构件中置信度较低的构件进行重新识别,必要时允许手工纠误来解决。

7.6 基于藏文基本字符和字符块的藏文识别算法

这个识别算法不同于常用的藏文字丁识别法,而是基于藏文基本字符(辅音字母)和字符块(组合)的方式。识别的类别包括 30 个辅音字母,534 个常用的字母组合,10 个藏文数字,10 个藏文标识符号,总共 584 个类别。(王华、丁晓青,2004)

7.6.1 特征公式

对于藏文模式识别,特征的选取对于最终的识别率至关重要,首先进行特征提取和特征压缩,基于一定的优化标准和信息熵理论 IET(Information Entropy Theory),以提取更有效的特征。

IET 分析在识别过程中特征空间 $F=\{X, p(X) \mid X \in R^d\}$ 和类空间 $W=\{w_i, P(w_i) \mid w_i \in \Omega, i=1,2,\cdots,c\}$ 的关系,这里 $p(X)$ 指在 d 维特征空间 R^d 的特征向量 X 的观察概率,$P(w_i)$ 是类 w_i 的优先概率,Ω 是类别的全部集合。基本结果是 Bayes 分类器的识别错误 P_e 不大于后条件熵,$H(W \backslash F)$:

$$P_e \leqslant H(W \backslash F)/2 = (H(W) - I(F, W))/2$$

(7—12)

这个上限显示了特征提取制约着理想 Bayes 分类器的最佳性能,因为 $H(W)$ 对一个给定的类空间是常数,降低 P_e 的唯一方法是增加 $I(F, W)$,因此,合理的做法是:①选择一个"好"的特征达到最大的 $I(F, W)$。②选择这个 $I(F, W)$ 作为优化标准。

很明显,笔画边界的走向是文字的最基本的特征之一,方向线特征广泛应用在汉字识别中并被证明是很有效和稳定的方法。对藏文字符,笔画边界的走向也包含着足够的区别特征,能够用作分类和识别的目的。汉字和藏文字符笔画结构的最主要的不同是前者的笔画只有很少的弧,而藏文字符有大量的弧线,所以为了合理表达藏文字符,除了直线元素外,考虑采用方向弧元素来确定字符图像,特征的公式化包括如下顺序的步骤。

7.6.2 特征提取

首先通过分析归一化的字符 $[G(I,J)]_{M \times N}$,提取它的轮廓 $[Q(I,J)]_{M \times N}$,中

四种线元素(垂直、水平、45°倾斜、135°倾斜)和八种弧元素在$[Q(I,J)]_{M\times N}$的黑色像素的映射,这样就得到 12 个方向特征平面:

$$[P^{(k)}(i,j)]_{M\times N}=\begin{bmatrix} P^{(k)}(0,0), & P^{(k)}(0,1), & \cdots, & P^{(k)}(0,N-1) \\ P^{(k)}(1,0), & P^{(k)}(1,1), & \cdots, & P^{(k)}(1,N-1) \\ \vdots & \vdots & \cdots & \vdots \\ P^{(k)}(M-1,0) & P^{(k)}(M-1,1), & \cdots, & P^{(k)}(M-1,N-1) \end{bmatrix}$$

$$P^{(k)}(i,j)=\begin{Bmatrix} 1,\rho^{(k)}(i,j)\geqslant 3 \\ 0,\rho^{(k)}(i,j)<3 \end{Bmatrix}, \quad k=1,2,\ldots 12$$

(7—13)

$$g_i(Y,M_i)=\frac{1}{h^2}\left\{\sum_{j=1}^{r}(y_j-m_{i_j})2-\sum_{j=1}^{K}(1-\frac{h^2}{\lambda_{ij}})[(Y-M_i)^T\phi_{ij}]^2\right\}$$
$$+Ln(h^{2(r-K)}\prod_{j=1}^{K}\lambda_{ij})$$

$$\rho^{(k)}(i,j)=[R^{(k)}]_{3\times 3}\otimes[Q'(i,j)]_{M\times N}=\sum_{m=0}^{m=2n=2}\sum_{n=0}^{n=2}R^{(k)}(m,n)Q'(i+m-1,j+n-1)$$

$$Q'(i,j)=\begin{Bmatrix} Q(i,j),0\leqslant i<M,0\leqslant J<N \\ 0,otherwise \end{Bmatrix}$$

(7—14)

下一步,每个平面均分为 $u_0\times v_0$ 个像素的 $M'\times N'$ 个子域,每个子域和临近子域在水平方向交叠 $u1$ 个像素,垂直方向交叠 $v1$ 个像素,这样,映射每个子域到一个点就得到了压缩特征平面:

$\begin{matrix}0&0&0\\1&1&1\\0&0&0\end{matrix}$	$\begin{matrix}0&1&0\\0&1&0\\0&1&0\end{matrix}$	$\begin{matrix}0&0&1\\0&1&0\\1&0&0\end{matrix}$	$\begin{matrix}1&0&0\\0&1&0\\0&0&1\end{matrix}$	$\begin{matrix}0&0&1\\1&1&0\\0&0&0\end{matrix}$	$\begin{matrix}0&0&0\\1&1&0\\0&0&1\end{matrix}$
$[R^{(1)}(i,j)]_{3\times 3}$	$[R^{(2)}(i,j)]_{3\times 3}$	$[R^{(3)}(i,j)]_{3\times 3}$	$[R^{(4)}(i,j)]_{3\times 3}$	$[R^{(5)}(i,j)]_{3\times 3}$	$[R^{(6)}(i,j)]_{3\times 3}$
(a)	(b)	(c)	(d)	(e)	(f)
$\begin{matrix}1&0&0\\0&1&1\\0&0&0\end{matrix}$	$\begin{matrix}0&0&0\\0&1&1\\1&0&0\end{matrix}$	$\begin{matrix}0&1&0\\0&1&0\\1&0&0\end{matrix}$	$\begin{matrix}0&1&0\\0&1&0\\0&0&1\end{matrix}$	$\begin{matrix}1&0&0\\0&1&0\\0&1&0\end{matrix}$	$\begin{matrix}0&0&1\\0&1&0\\0&1&0\end{matrix}$
$[R^{(7)}(i,j)]_{3\times 3}$	$[R^{(8)}(i,j)]_{3\times 3}$	$[R^{(9)}(i,j)]_{3\times 3}$	$[R^{(10)}(i,j)]_{3\times 3}$	$[R^{(11)}(i,j)]_{3\times 3}$	$[R^{(12)}(i,j)]_{3\times 3}$
(g)	(h)	(i)	(j)	(k)	(l)

图 7.13　方向特征元素的掩码

$$M'=[(M-u_0)/(u_0-u_1)]+1, \quad N'=[(N-v_0)/(v_0-v_1)]+1$$

压缩特征平面$[E^{(k)}(i,j)]_{M'\times N'}$,$k=1,2,\ldots 12$ 是通过映射每个子域到一个点得到的。

$$E^{(k)}(i,j) = \sum_{m=0}^{u_0-1}\sum_{n=0}^{v_0-1} W^{(k)}(m,n) P^{(k)}(u_0-u_1)i+m,(v_0-v_1)j+n$$
$$i=0,1,\ldots M'-1, j=0,1,\ldots,N'-1$$

(7—15)

$[W^{(k)}(m,n)]_{u0 \times v0}$ 是一个加权矩阵

$$W(k)(m,n) = \frac{\exp(-\frac{(m-u_0/2)^2}{2\sigma_1^2} - \frac{(n-v_0/2)^2}{2\sigma_2^2})}{2\pi\sigma_1\sigma_2}, \sigma_1=\sqrt{2}u_1/\pi, \sigma_2=\sqrt{2}v_1/\pi$$
$$m=0,1,\ldots u0-1, n=0,1,\ldots,v0-1$$

(7—16)

然后,按照一定顺序排列$[E^{(k)}(i,j)]_{M' \times N'}$的元素,就得到$d=12 \times M' \times N'$维方向特征向量$X=[x_1,x_2,\ldots x_d]^T$。

7.6.3 特征向量压缩

相对于训练模板的容量,原始特征向量的维度太高且有冗余,所以这些向量在分类前必须压缩。假定这些向量符合理想的高斯特征分布,应用线形判别分析法 LDA 把最佳线形映射到固定特征检测输出,这样增大了 $I(F,W)$。对 d 维输入特征空间 X,应用一个 $r \times d$ 维线形变换 Φ,就得到 r 维输出特征空间($r \leqslant d$)

$Y=\Phi^T X$,Φ 是 LDA 的 $r \times d$ 转换矩阵,Y 是 X 的压缩特征向量。

7.6.4 分类器设计

因为藏文字符数量远大于数字和字母数量,所以应用两步分类策略来降低计算开销,如图 7.14 所示。

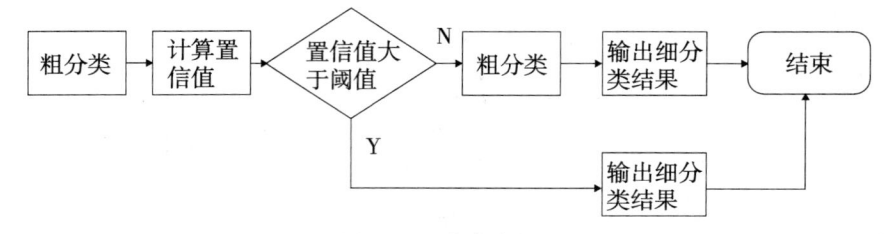

图 7.14 分类流程图

粗分类的任务是从大量的类别中快速选取几个候选项,除了快速,也要求高准确性,即必须减少最终的识别错误,为满足此要求,设计了一个新的判别函数,带偏差的欧式距离 EDD:

$$d_{EDD}(Y,M_i) = \sum_{k=1}^{d} [t(y_k,m_{ik})]^2$$

$$t(y_k, m_{ik}) = \begin{cases} 0, |y_k - m_{ik}| < \theta_i \cdot \sigma_{ik} \\ \gamma_i \cdot \sigma_{ik} + C, |y_k - m_{ik}| > \gamma_i \cdot \sigma_{ik} \\ |y_k - m_{ik}|, else \end{cases}$$

(7—17)

$Y = (y_1, y_2, \cdots, y_r)^T$,$M_i = (m_{i1}, m_{i2}, \cdots, m_{ir})^T$ 分别是 r 维输入向量和类别 $i(i=1,2,\cdots,584)$ 的标准向量,σ_{ik} 是类别 i 的第 k 个元素特征标准差,θ_i 和 γ_i ($\theta_i, \gamma_i > 0, \theta_i < \gamma_i$) 是类别 i 的参数,可在训练过程中得到,C 是一个正的常量,用来测量距离偏移。

EDD 的主要特性是把文字特征变化纳入到传统的欧式距离 ED,所以,它具有在特征空间描述模式分布的能力。

由于 QDF 对协度矩阵的估计误差很敏感,可以使用 MQDF,它的判别距离可以这样计算:

$$g_i(Y, M_i) = \frac{1}{h^2} \left\{ \sum_{j=1}^{r}(y_j - m_{ij})^2 - \sum_{j=1}^{K}(1 - \frac{h^2}{\lambda_{ij}})[(Y - M_i)^T \phi_{ij}]^2 \right\} + Ln(h^{2(r-K)} \prod_{j=1}^{K} \lambda_{ij})$$

(7—18)

这里 λ_{ij} 和 Φ_{ij} 分别是 Σi 的第 j 个特征值和特征向量,它是类别 i 的特征协度矩阵的最大似然估计,h^2 是一个小的常量,K 是主要子空间的去掉首尾的维度。

假定粗分类器输出的为 CanSet = $\{(c_1, d_1), (c_2, d_2) \ldots (c_n, d_n)\}$,$n$ 是候选字符个数,c_k, d_k 为候选字符和分类距离,细分类器的功能是在 CanSet 中根据重新计算判别距离求得最终字符。如果 CanSet 中第一个候选项是正确的识别结果就直接输出,从而节省计算开销。为此计算可信值(CV)来决定是否需要细分类:$f_{cv}(c_1) = (d_2 - d_1)/d_1$

如果 $f_{cv}(c_1)$ 小于事先设定的阈值,就继续分类,否则接受 CanSet 为最终识别结果。

7.6.5 分类参数选择

目前,本算法从中国主流藏文印刷系统选取了 1200 个样本集的样本(方正和华光印刷系统),每个样本集包含 584 个藏文字符,样本集涉及六个常用的藏文字体,文字质量各不相同,正常字符和其他字符(噪声、模糊、破损)比例为 1:1,随机选取 900 个样本集提取训练集,测试集使用剩余的 300 个样本集。

分类字典包含 584 个字符模板,所以每个字符只有一个模板,训练集的字符被取出来训练藏文单字符分类器。

实验 1 LDA 压缩维 CD 的选择

原始的 384 维的特征向量送到 EDD 分类器,当 CD 从 8 到 380 变化时,在测试集上找到第一个候选的识别准确率(1—ACC)(图 7.15)。

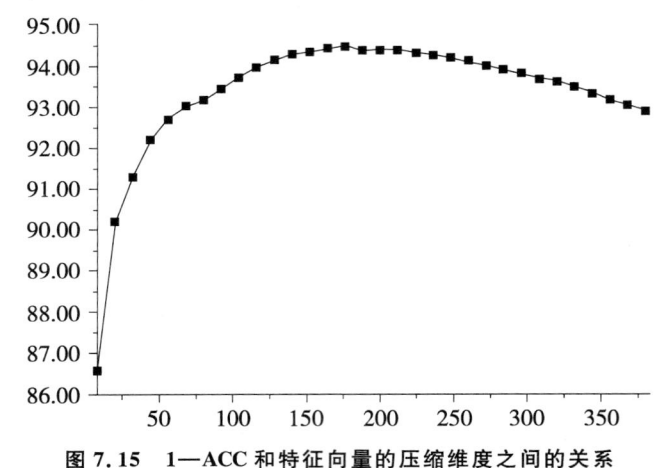

图 7.15 1—ACC 和特征向量的压缩维度之间的关系

实验 2 EDD 的性能

该实验用来测试 EDD 性能,测试了两个著名的粗分类器欧氏距离分类器和城市街区距离分类器,把 176 维压缩特征向量分别输入到三个分类器,测试集上前 n 个候选项的准确率作为评估标准,我们看到,EDD 的性能优于 ED 和 CBD,所以,我们应用 EDD 粗分类器从 584 个未知模式的类别中选择 14 个候选项(图 7.16)。

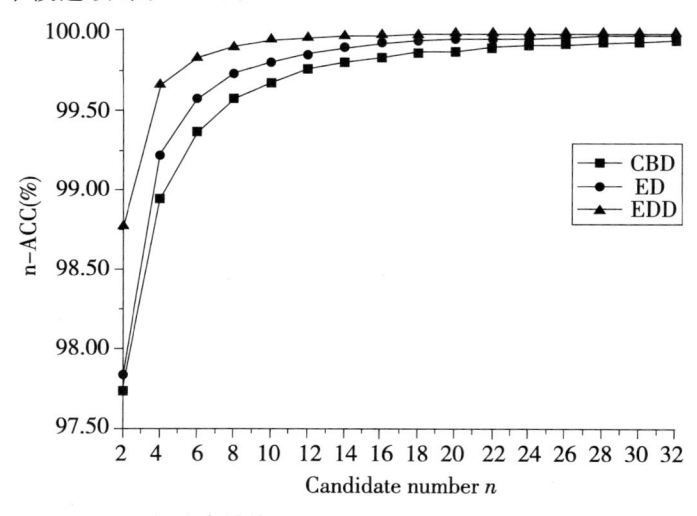

图 7.16 粗分类器的 n—ACC 和候选项个数 n 之间的关系

实验 3 MQDF 主子空间维度(K)选择

EDD 选择的候选项送到 MQDF 分类器,记录当 K 从 4 到 128 变化时的第一候选项识别准确率(1—ACC)。当 $K=32$ 时,1—ACC 达到最大值,所以选择 $K=32$(图 7.17)。

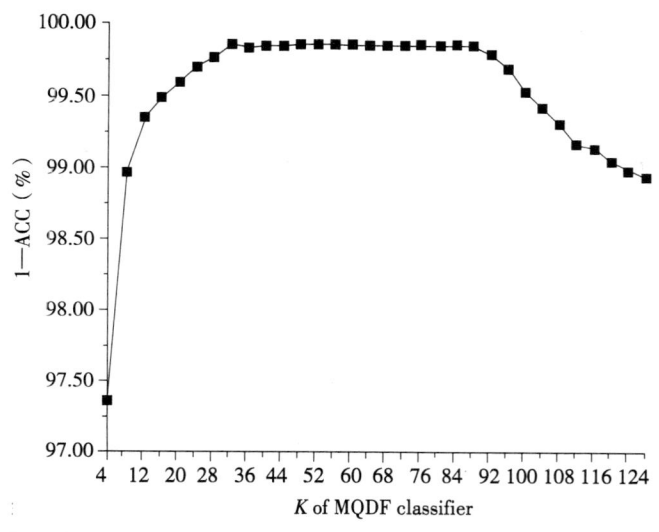

图 7.17　1—ACC 和 MDQF 分类参数 K 之间的关系

7.6.6　识别算法的性能

不同字体藏文单字符第一候选项识别准确率如表 7.1 所示:

表 7.1　基于测试集合的识别率

字体	白体	黑体	通体	圆体	长体	竹体	平均 ACC
字符数	46720	29200	35040	29200	17520	17520	
识别率 Acc(%)	99.87	99.76	99.82	99.85	99.58	99.70	99.79

平均识别率为 99.79%,最高错误率为 0.5%,说明这个算法是非常有效的。对不同字体变化的识别率相差不大,在 584 个类别中有大约 100 对类别非常相似,区别它们非常困难,以长字体为例,在 17520 个字符中有 3000 对字符很相似,识别错误率仅为 0.42%,这意味着相似字符的识别率为 98.7%,证明这个方法能够有效处理藏文相似字符。

第八章 藏文识别后处理

8.1 藏文识别后处理概述

8.1.1 文本识别后处理及其基本原理

任何一种文字识别都要受到印刷质量和噪声的影响，要求单字识别率达到100%是不可能的，因此要采用相关的识别后处理技术以进一步提高文字识别的准确率。藏文文字识别也同样遇到类似的问题，尤其是字符集中相似字符比较多，几乎达到全字符集的三分之一，所以藏文文本识别的后处理显得相当重要。后处理是文字识别系统的最后一个模块。在识别模块中，只利用了单个字符的图像信息，没有用到语言自身的规律性。如果要进一步提高文本的识别率，就可以充分利用识别结果文件的上下文关系，对识别结果做进一步修正。另一方面，后处理也只有在单字识别率达到一定程度时，才能发挥其应有的效果，如果单字识别率较低，后处理也不可能发挥其作用。后处理是对单字识别结果所形成文本的又一次校正，辨别出错识字，并用正确的字来代替。这个识错纠正的过程正如人们修改文章中的错别字一样，不同的是人靠储存在大脑中的语言学知识与世界知识来完成查错、纠错过程，机器则需要完备的语言知识库，比如字典、词典、熟语料库及规则库等。所以，后处理就是对识别结果文件，利用上下文关系或语言模型，根据知识库找到错误字符，再用候选字集中正确的字符代替，并将文本输出，基本原理可以用图8.1明示：

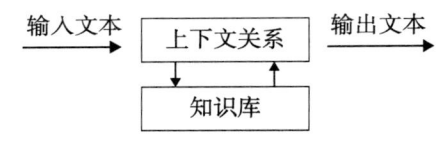

图 8.1 后处理原理框图

8.1.2 藏文识别后处理技术的现状

文字识别的后处理方法与技术主要集中在对误识字和拒识字两个方面进行探索。误识字通常与相似字概念关联,张德喜等(1999)就提出了一种基于统计与神经元相结合的相似字识别方法,定义了相似度与相似集的概念,该方法充分利用了统计识别方法和神经网络方法的优点,不仅显著地提高了识别率,而且有效地提高了系统的整体性能。2002年蔺志青等(蔺志青,2002)提出了一种基于相似距离的相似字识别方法,该方法充分地利用了部分空间法的识别原理,提高了相似字的识别率。

藏文字符集中的相似字丁比较多,这是影响藏文识别率的主要因素之一,对相似字丁的区分研究在藏文识别后处理中显得尤为突出。王维兰等(王维兰,2003)通过对印刷体藏文字丁相似性的分类研究,以及识别系统对实际样本识别结果的统计分析,说明藏文相似字丁多是影响识别率的主要因素。根据藏文字丁的特殊结构,提出了要解决相似字丁的问题,需要把进一步的研究集中在字符归一化、特征选择和后处理等方面。严海林、江荻等根据藏文字丁高度不等,所有字丁、音节点、单垂线依基线对齐,基线之上有或没有元音,基线之下因字母叠加层数的不同而不等高这些特点,提出一种基于基线分割字丁的方法(严海林等,2004),用这种方法将每个字丁分为上置元音和不含上置元音字符两个部分,识别字库同样也分为元音部分和无元音字丁两部分。这样做的目的是缩小相似字符集,提高相似字丁的识别。

部分空间法主要是从图形上考虑相似字的识别问题,但是在某些情况下(譬如噪声、涂污和缺损等),有些字从字形图像上是无法识别的。针对这种情况,需要从词义、词频、语法规则库或语料等语言知识角度来识别文字,最典型的方法是马尔可夫(Markov)模型方法。王维兰、丁晓青(2002)首次将马尔可夫方法应用到藏文识别的后处理当中,他们借鉴汉字和其他文字识别后处理方法,根据藏文特点,首先对大规模藏文语料进行统计,对近两千多万字符的藏文语料做了字丁、二字同现、三字同现、句首字、句尾字等的频率统计。用纯粹一阶马尔可夫模型,以及隐马尔可夫模型方法,采用Viterbi动态规划搜索算法,获得最优句子;另外用藏文音节拼写规则方法做了一些实验,根据实验结果分析藏文的特点,提出了藏文识别后处理进一步需要研究的内容。

8.1.3 藏文识别后处理技术的主要方法

后处理主要针对两种情况:一是相似字导致的误识字,二是因噪声导致的拒识的字。因此后处理技术也基本上是针对这两种情况提出的。针对相似字的后处理技术主要是部分空间法；针对字形无法识别的字，主要有部分空间法，Markov方法、词匹配法和统计与语法规则相结合的方法。

(1) 部分空间法

部分空间法是识别相似字的原理性方法(蔺志青等，2002)，它在识别时，主要比较相似字间相互区别的部分，因此能把主要差别计算出来，采用部分空间法有两个问题需要解决：一是要判断当前输入样本是否为某个相似集的一个字，即是否需要采用部分空间法；二是要确定部分空间的位置。

(2) 基于音节点和基于词的Markov语言模型

有些错识或者拒识的字，无法再从图形结构的角度去考虑了，必须利用语言自身的特点。通过建立、加工、分析大规模语料库，构建出相关语言模型。

(3) 基于词匹配的藏文识别后处理

基于词匹配的方法，其基本思想就充分利用词频信息，是对识别结果的任意候选字，和其前后相连字的具体情况，通过查询词条库，找出可能的待选字，并利用词频确定识别结果。

(4) 统计与语法规则相结合的方法

把语法规则和统计特征结合起来，对文本进行句法分析。这样，不仅可以纠正拼写上的错误，还可以纠正语义上的错误。

(5) 神经网络的方法

神经网络的方法在其他语言文字识别中已经发挥了作用，也可以利用该方法来处理藏文识别。

8.2 相似字丁的识别

8.2.1 藏文中相似字丁的分类

汉字识别的困难主要集中于汉字数量多、字形结构比较复杂，许多字在形式上区别性特征不明显。目前实验用的藏文字符集比汉字小，包括字丁、符号、数字等总共约600个。与汉字相比，字符集大小不是藏文文字识别的主要问题，其识别的主要难点在于藏文中相似字丁极多。藏文中的相似字丁是指图形结构相似的字丁。但是对于文字识别来说，这样的定义不全面，因为识别器是在特征级进行识别的，这需要对文本图像进行预处理，然后提取字丁特征,在这个过程中,预处理策略蕴涵了人们对藏文结构的不同认识,而特征提取是对字丁所有特征的采样,在这些因素的影响下,即使字形不太相似的字丁,识别器可能作为相似字丁来处理。所以字丁是否相似与预处理、特征选择、匹配方法都有关联。为此,可以将相似字丁区分为客观相似字丁与主观相似字丁两种。客观相似字丁是指在字形上相近的字丁,而主观相似字丁则是指识别器可能作为相似字形处理的字丁。

藏文中的客观相似字丁可以分为三类(严海林、江荻等,2004):

(1)除元音ི(i)和ེ(e)外其余部分完全相同的字丁,这类相似字丁如སྐི(ski)和སྐེ(ske),它们在元音以下的部分是完全相同的。

(2)由基字的相似导致由它们形成的叠加字的相似,如由པ(pa)和བ(ba)的相似导致པྲོ(pro)和བྲོ(bro)的相似,由ང(nga)和ད(da)的相似导致རྔུ(rngu)和རྡུ(rdu)的相似等。所以由基字导致的相似如表8.1所示:

表 8.1 由基字导致的相似字丁

相似的起因	པ(pa)和བ(ba)	ང(nga)和ད(da)	ཀ(ka)和ག(ga)	ཐ(tha)和ཟ(za)	ཅ(ca)和ཙ(tsa)	ཆ(cha)和ཚ(tsha)	ཇ(ja)和ཛ(dza)	总计
相似对数	74	30	56	11	13	12	11	207
占字库比例	14.7%	6.0%	11.1	2.2%	2.6%	2.4%	2.2%	41.2%

(3)由下置元音和下加变形字的相像而形成的相似字丁,如དུ(tu)和དྲ(tra)等。

主观相似字丁与识别器的关联比较大,某个识别器的相似字丁对另一识别器未必做相似处理。因此识别器的选择直接影响到主观相似字丁的数量。主观相似字丁又可以分为以下两类:①由预处理造成的主观相似字丁。比如在归一化时将长宽不等高的藏文字丁归一化为长宽等高的方块字丁。如རྗ(rja)和ཇོ(jo),རྦ(rba)和བོ(bo),这就导致上加字与元音相似的可能。②由特征提取造成的相似字丁。由特征提取造成的相似字丁与特征提取的方法密切相关,不同的特征提取方法会形成不同的相似字丁集,因而这部分相似字丁不具有确切的对象。

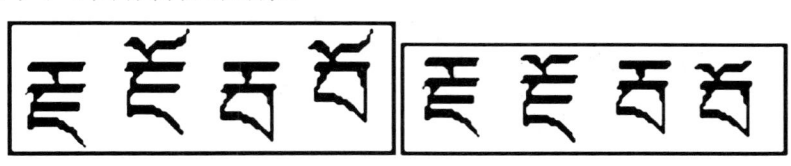

(a)预处理前　　　　　　(b)预处理后

图 8.2 预处理造成的相似字丁

根据以上分析,有必要对藏文常用字丁进行相似性统计,统计内容包括相似字丁的对数、占字库比例及占所有相似字丁的比例。

表8.2 各类相似字丁统计表

相似的起因	客观相似字			主观相似字	
	由元音(i)和(e)	由基字(如(pa)和(ba)等)	下元音和下加变形字符	预处理(如(rka)和(ko)等)	特征提取
相似字丁对数	145	207	22	20	与特征提取的方法密切相关
占字库比例	28.9%	41.2%	4.4%	4.0%	
占相似字丁比例	36.8%	52.5%	5.6%	5.1%	

由表8.2可以看出，由元音的相似形成的相似字丁和由基字的相似形成的相似字丁所占比例很大，是藏文相似字丁处理的主要对象。

8.2.2 相似度与相似集

客观相似字与识别器类型基本没有关系，对任何识别器来说，它们都是相似的；而主观相似字与识别器的关联比较大，因此，对于藏文识别问题来说，两个字丁之间是否相似，主要取决于所采用的识别器。设识别器 R 采用 n 维特征对藏文进行识别，则字丁 h 的特征可用 $f^h = (f_1^h, f_2^h, \cdots f_i^h)^T$ 表示，其中 f_i^h 表示字丁的第 i 维特征。于是可以定义两个字丁 x 和 y 的相似距离：

定义1：两个字丁的相似距离为(蔺志青、郭军，2002)：

$$D(x,y) = d(f^x, f^y) = \sum_{j=i}^{n}(f_j^x - f_j^y)^2 \qquad (8-1)$$

两个字丁的相似距离从一定程度上反映了两个字丁的相似性，当两个字丁之间的相似距离较小时，它们的相似度大，反之则小。但还不能直接把它作为相似度的定义，因为相似距离只具有绝对性而不具有相对性，但可以以此为基础来定义相似度。

定义2：设 $I(R)$ 表示识别器 R 的输入，$I(R)$ 表示识别器 R 输出，则当识别器在输入 $I(R)=x$ 的时候，输出 $O(R)=y$ 的条件概率为：

$$p(x,y) = p(I(R)=x/o(R)=y) \qquad (8-2)$$

显然，当 $D(x,y)$ 越小时，$P(x,y)$ 越大。

定义3：字丁 x,y 的相似度：

$$\gamma(x,y) = \min\left\{1, \frac{p(x,y)}{p(y,y)}\right\} \qquad (8-3)$$

显然，$0 \leq \gamma \leq 1$

定义4：与字丁 y 相似的字丁的相似集：

$$S(y) = \{x | \gamma(x,y) > \gamma_0\} \qquad (8-4)$$

其中 γ_0 为常数。当给定了识别器 R 及其一定规模的测试集后,由相似字集的定义,很容易求出一个藏文字丁的相似集。相似集的规模是与常数 γ_0 紧密相关的,适当的选取 γ_0 对相似集的生成非常重要。

如何评价一个相似集的相似性呢？我们给出以下定义：

定义5：相似集 $S(y)$ 的相似度(张德喜、马少平,1999)

$$\gamma(S) = \max_{x,y \in S, x \neq y}(\gamma(x,y)) = \min\left\{1, \frac{\max\limits_{x,y \in S(y), x \neq y} P(x,y)}{P(y,y)}\right\} \quad (8-5)$$

从定义可以看出,把相似集 $S(y)$ 中与 y(除开 y)相似度最大的那个相似度作为相似集 $S(y)$ 的相似度。

8.2.3 基线切割的藏文相似字丁识别方法

以往藏文字丁识别主要从整字丁上考虑相似度,这种整体相似一般会造成相似字丁集数量较多、相似度大等问题。从另一个角度看,将字形复杂的整字丁分解为局部有差异的部件能提高识别效率。这就是部分空间模式识别方法,它针对相似字丁字间的有区别部分加以处理,把局部模式转化为全局模式,能较大地提高识别精度。

通过藏文字丁的相似状况以及造成相似原因的分析,结合部分空间法原理,本书作者提出一种藏文字丁识别的新方法—基线分割法(严海林、江荻,2005)。基线分割法的算法过程是：

(1) 确定藏文字丁的基线；

(2) 以基线为标准,将字丁切分为上元音(没有元音则为空)和无元音字丁两部分；

(3) 分别识别上元音和无元音字丁；

(4) 将识别后的上元音和无元音字丁合为一个完整字丁。

譬如在识别 བི(bi)时,先把它分割为ི(i)和བ(ba)分别识别,识别完后再将其组合成བི(bi)。

此方法的重点在于基线分割,由图8.3可以看出,藏文的句子中所有字丁的上平线以及音节点都是以上基线对齐的,这样就形成上基线位置黑像素比较集中的现象,采用水平方向的积分投影法可以确定基线位置。如图所示,基线处水平投影明显存在波峰,由此可以决定基线的位置,从而切分字丁。

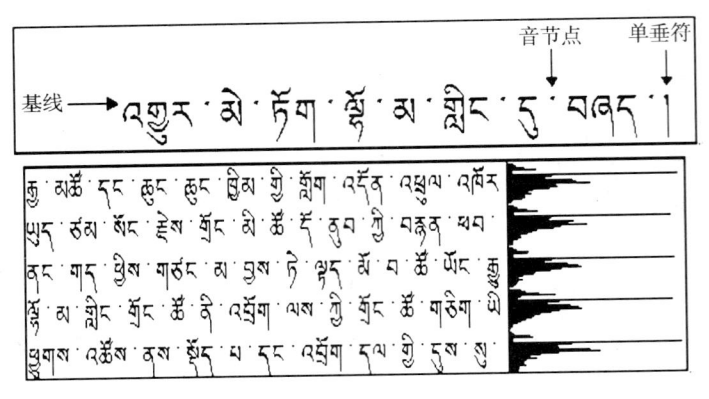

图 8.3 藏文的基线

一般来说,基线切分就可以将字丁完整的切分为上元音(或者没有)和无元音字丁两部分,但也有例外,如基字ཙ(tsa)、ཚ(tsha)、ཛ(dza)以及由他们形成的字丁(dzaa)、(tshaa)、(dzaa)等共 44 种情况。因此在基线切分时需要改进算法:

(1)积分投影法确定基线位置;

(2)对于每一个字丁,在基线位置(即字丁上平线位置)从左到右搜索连通域到最右端;

(3)到达最右端后,以右端点及其邻域为起点向右上方搜索连通域,若连通域存在,则记 1 = flag ,否则记 0 = flag ;

(4)在基线位置将字丁切为上下两部分,若(3)中 1 = flag ,则去掉上部分右下角孤立污点,并将其补在下部分的右上角,否则直接切分。

基线切割的方法不仅能减小由元音(i)和(e)导致的相似字丁的相似集及其相似度,同时还可以大量减小识别字库,减小其他相似字丁的相似集及其相似度。其特点有:

(1)切分后识别字库减少。基线分割后,识别字库将由原来的 1006 个减为 500 个单位的字库,仅为原字库的 49.7%,这对提高识别效率和识别率都是很有帮助的。

(2)切分后相似集的数量和规模都减小。分割后相似字丁会大量减少。首先,由元音(i)和(e)的相似导致的 145 对相似字丁将减为 1 对,即(i)和(e)的相似;其次,由其他原因导致的相似字丁也将减少,如由基字的相似导致的相似字丁由 207 对减为 105 对(表 8.3);但也有增加的情况,由下元音和下加变形字的相像而形成的相似字丁由 22 对增为 25 对。

(3)切分后相似集的相似度减小。由部分空间法原理,元音(i)和(e)的相似度肯定要小于由其造成的相似字丁如(ski)和(ske)的相似度;同时,由其他原因造成的相似字丁在分割后的相似度也要小于分割前的相似度,如པ(pa)和བ(ba)的相似度要小于པི(pi)和བི(bi)的相似度。

最后将分割前后字丁的相似集与相似度统计见表 8.4。由表可以看出,基线分割的方法对由元音和预处理造成的相似的效果最好。由基字造成的相似虽也有较大的改善,但仍然存在大量相似字丁,这是下一步识别要解决的问题中的重要对象。

表 8.3　分割前后由基字导致的相似字丁对数比较

相似的起因	པ(pa)和བ(ba)	ང(nga)和ད(da)	ཀ(ka)和ག(ga)	ཐ(tha)和ཟ(za)	ཅ(ca)和ཙ(tsa)	ཆ(cha)和ཚ(tsha)	ཇ(ja)和ཛ(dza)	总计
分割前对数	74	30	56	11	13	12	11	207
分割后对数	46	15	24	4	6	5	5	105

表 8.4　分割前后相似集与相似度比较

	相似的起因	由元音ི(i)和ེ(e)	由基字如པ(pa)和བ(ba)等	下元音和下加变形字符	预处理(如རྐ(rka)和ཀོ(ko)等)	字库大小
相似集	分割前相似字丁对数	145	207	22	20	1006
	分割后相似字丁对数	1	105	25	0	500
相似度	分割前	大	大	大	大	1006
	分割后	小	较小	较小	零	1006

通过对印刷体常用藏文字丁相似形的分类研究,以及用相似度和相似集的方法统计分析,说明由元音ི(i)和ེ(e)造成的相似字丁是藏文中相似字丁的重要组成部分,基于基线分割字丁的识别方法,不仅可以解决由元音ི(i)和ེ(e)造成的相似,而且也能缩小由其他原因造成的相似集的规模,缩小识别字库,提高识别率和识别效率。当然这部分相似只是相似字丁识别中的一部分,还有如由基字造成的相似字丁则需要采用其他的方法,比如利用统计语言模型方法去识别。下面将进一步介绍。

8.3　隐马尔可夫模型的识别后处理方法

使用隐马尔可夫模型方法的前提是在于对大规模藏文语料进行统计,大规模语料统计之后,可以采用 viterbi 动态规划搜索算法,获得最优句子,从而进行识别后处理。隐马尔可夫模型后处理必须在单字识别率达到一定的程度时才可发挥其作用,前面通过单字识别和相似字识别后已能达到这种要求。

8.3.1 隐马尔可夫模型 HMM

所谓隐马尔可夫模型(Hidden Markov Model,HMM)是用来描述一个含有隐含未知参数的马尔可夫过程。其难点是从可观察的参数中确定该过程的隐含参数。然后利用这些参数来做进一步的分析,例如模式识别。

在正常的马尔可夫模型中,状态对于观察者来说是直接可见的。这样状态的转换概率便是全部的参数。而在隐马尔可夫模型中,状态并不是直接可见的,但受状态影响的某些变量则是可见的。每一个状态在可能输出的符号上都有一概率分布。因此输出符号的序列能够透露出状态序列的一些信息。

HMM 是一种研究时间序列的随机方法。HMM 描述的随机过程是双重的,其一是 Markov 链,这是基本随机过程,描述状态间的转移;另一随机过程描述状态和观测值之间的统计对应关系,状态隐含在观测值中(赵力,2003;张雄伟等,2003;张洪林,2003)。

(1)马尔可夫链

所谓马尔可夫链是数学中具有马尔可夫性质的离散时间随机过程。该过程中,在给定当前知识或信息的情况下,只有当前的状态用来预测将来,过去对于预测将来是无关的随机序列 X_n,在任一时刻,它可以处的状态 θ_1,$\theta_2,\ldots,\theta_n$,且它在 $m+k$ 时刻所处的状态为 s_{m+k} 的概率,只与它在 m 时刻的状态 s_m 有关,而与 m 时刻以前它处的状态无关,即有:

$$p(x_{m+k}=s_{m+k}/x_m=s_m,x_{m-1}=s_{m-1},\ldots,x_1=s_1)=p(x_{m+k}=s_{m+k}/x_m=s_m) \tag{8-6}$$

这里,$s_1,s_2,\cdots,s_m,s_{m+k} \in (\theta_1,\theta_2,\cdots,\theta_n)$

则称 X_n 为马尔可夫链,而且称

$$p_{ij}(m,m+k)=p(s_{m+k}=\theta_j/s_m=\theta_i),1 \leqslant i,j \leqslant n,m,k \text{ 为正整数} \tag{8-7}$$

为 k 步转移概率,当 $p_{ij}(m,m+k)$ 与 m 无关时,称这个马尔可夫链为奇次马尔可夫链,此时令

$$p_{ij}(m,m+k)=p_{ij}(k) \tag{8-8}$$

当 $k=1$ 时,$p_{ij}(1)$ 称为 1 步转移概率,简称转移概率,记为 a_{ij},所以这些转移概率可以构成一个转移概率矩阵:

$$A = \begin{bmatrix} a_{11} & a_{12} & \cdots & a_{1n} \\ a_{21} & a_{22} & \cdots & a_{2n} \\ \cdots & \cdots & \cdots & \cdots \\ a_{n1} & a_{n2} & \cdots & a_{nn} \end{bmatrix} \qquad (8-9)$$

这里有：

$$0 \leqslant a_{ij} \leqslant 1, \sum_{j=1}^{n} a_{ij} = 1$$

显然

$$p(k) = A^n \qquad (8-10)$$

有了 A 还不能描述整个马尔可夫链，还必须知道初始分布，这样引入初始概率分布

$$\pi = (\pi_1, \pi_2, \ldots, \pi_n) \qquad (8-11)$$

其中

$$\pi_i = p(s_1 = \theta_i)$$

(2) HMM

HMM 是一个双重随机过程，其中之一是马尔可夫链，它描述状态转移；另外一个随机过程描述状态和观察值之间的统计对应关系。这样，在 HMM 中，观察者只能看到观察值，而不能看到马尔可夫链的状态，只能通过一个随机过程来感知状态的存在以及它的特性。

设 $v_1, v_2 \cdots v_m$ 为 m 个观察值，t 时刻的观察值为 o_t，将这一随机过程描述为：

$$B = (b_{jk})_{n \times m} \qquad (8-12)$$

其中：

$$b_{jk} = p(o_t = v_k / s_t = \theta_j), 1 \leqslant j \leqslant N, 1 \leqslant k \leqslant M$$

这样可以将一个 HMM 记为：

$$\lambda = (n, m, \pi, A, B) \text{ 或者 } \lambda = (\pi, A, B) \qquad (8-13)$$

形象地说，HMM 可以分为两部分：一个是马尔可夫链，由 π, A 描述，其产生的输出为状态序列；另外一个是随机过程 B，产生的输出是观测值（图 8.4）。

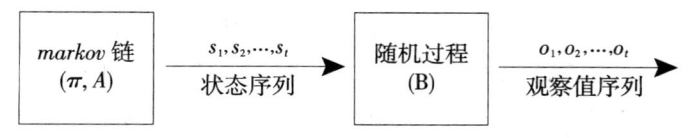

图 8.4　HMM 模型图

(3) HMM 的三个基本问题

由上述讨论可以看出，要想使所建立的 HMM 对实际问题有效，下面

三个问题必须解决：

1)输出概率的计算问题(识别问题)：给定观察符号序列 $o_1, o_2, \cdots, o_t$ 和模型 $\lambda = (\pi, A, B)$，如何快速有效地计算观察符号序列的输出概率 $P(O/\lambda)$；计算方法一般用前向或者后向算法。

2)寻找与给定观察字符序列对应的最佳的状态序列(状态序列解码问题)：给定观察字符序列 $o_1, o_2, \cdots, o_t$ 和输出该符号的序列模型 $\lambda = (\pi, A, B)$，如何有效地确定与之对应的最佳的状态序列 $s_1, s_2, \cdots, s_t$。即估计出模型产生观察符号序列时最有可能经过的路径，它被认为是所有可能的路径中概率最大的路径。尽管在上面的介绍中，一直讲状态序列不能够知道，但实际上，存在一种有效算法可以计算最佳的状态序列。这种算法的指导思想就是概率最大的路径即最有可能经过的路径，也就是最佳的状态序列路径，通常采用 Viterbi 算法。Viterbi 算法不仅可以找到一条足够好的状态转移路径，还可以得到该路径所对应的输出概率。同时，用 Viterbi 算法计算输出概率所需要的计算量要比全概率公式的计算量小得多。应该注意，这里进一步用了更准确的"足够好"，而不再提"最佳"或是"最优"，因为动态规划算法得到的结果通常是满意的，但是并不保证它是最优的。

3)模型参数的估计问题(模型参数训练问题)：即对于初始模型和给定用于训练的观察符号序列 $o_1, o_2, \cdots, o_t$，如何调整模型 $\lambda = (\pi, A, B)$ 的参数，使得输出概率 $P(O/\lambda)$ 最大。计算方法采用 Baum-Welch 方法，Baum-Welch 算法实际上是极大似然(ML)准则的一个应用，它采用了一种多次迭代的优化算法。用 Lagrange 数乘法构造一个目标优化函数 Q，其中包含了所有 HMM 参数作为变量，然后令 Q 对各变量的偏导数为零，推导出 Q 达到极点时新的 HMM 参数向对于旧的模型参数之间的关系，从而得到 HMM 各参数的估计。用新旧 HMM 模型参数之间的函数关系反复迭代运算，直到 HMM 模型参数不再发生明显的变化为止。

8.3.2 藏文识别中的 HMM

在文本识别过程中，文字与其图像或特征间隐含着对应关系，即状态和观测值之间的隐含对应关系；文字间的语言统计相关(马尔可夫链)表述了状态间的转移。因此，HMM 适于描述文本识别过程。较常用的一种方法是，用 HMM 描述文本识别后处理，将自然语言和图像观测这两个随机过程结合起来。在对大量训练样本集单字识别结果分析的基础上，通过定义候选字可信度，将候选字的距离信息有效地用于候选字后验概率的估计中，以提高文本识别后处理性能。

正因为文字有着上下文统计关系和组词规则等，文字文本的识别可以采用基于句子的自动识别方法,其基础是单字识别算法,为此,需对单字识别的可信度进行判断,即识别时首先判断前邻接字是否可信,若可信则在前邻接字的后邻接字集里进行匹配,否则在整个汉字集中匹配。可信的前邻接字可能有多个。

HMM 描述的随机过程是双重的,其中,马尔可夫链描述了状态链的转移;而另一随机过程描述状态和观测值之间的统计对应关系。在文本识别过程中,文字与其图像或特征值之间隐含着对应关系,即状态和观测值之间的隐含对应关系;为了将自然语言和图像观测这两个随机过程结合起来,本章采用 HMM 描述文字文本识别后处理。在对大量训练样本集单一字丁识别结果分析的基础上,通过定义候选字可信度,将候选字的距离信息有效地用于候选字后验概率的估计中,以提高文本识别后处理性能(张洪林,2003;李元祥等,2001;秦姣华等,2000)。

文本识别系统框图如图 8.5 所示:

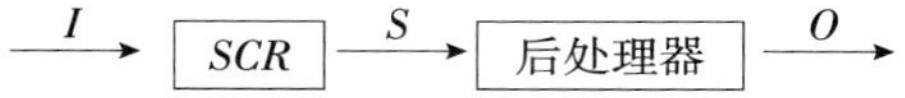

$I \longrightarrow$ [SCR] $\xrightarrow{S}$ [后处理器] $\xrightarrow{O}$

图 8.5 文本识别框图

$I = i_1, i_2, \cdots, i_n$ 为输入文本的一串字符图像(或其特征)序列,即观测值序列。

$S = s_1, s_2, \cdots, s_n$ 为 SCR(单字识别器)的输出文字序列(每个输出有多个候选字),即状态序列。状态集 C 为单字识别字符集。$i_i \rightarrow s_i \in \{c_{ij} j = 1, 2, \cdots, m\}$,$\{c_{ij} j = 1, 2, \cdots, m\}$ 为 i_i 的候选字集,其中 $c_{ij} \in C$。

$O = o_1, o_2, \cdots, o_n$ 为后处理器的藏文输出序列。

n 为句子的长度。m 为候选字集的大小。

后处理时,要求从 S 的所有可能的序列中选出最符合藏语语言规律的一种,这是典型的 HMM 选择最佳状态转移序列的问题。这里:

状态转移概率分布矩阵 $A = (a_{ij})$,$a_{ij} = p(s_j/s_i)$

观察值概率分布矩阵 $B = (b_{jk})$,$b_{jk} = p(i_k/s_j)$

初始状态分布 $\pi = (\pi_i)$,$\pi_i = p(s_1 = \theta_i)$ 为句首概率。

基于 HMM 的藏文文本识别过程如下:

$$o = \arg\max_s P(S/I) = \arg\max_s \frac{P(S)P(I/S)}{P(I)} = \arg\max_s P(S)P(I/S)$$

(8—14)

其中,$P(S)$ 描述语言的统计概率分布,表示自然语言这一随机过程,有语言模型决定;$P(I/S)$ 描述文本的观测图像概率分布,表示图像观测这一随机过程,由 SCR 模型决定。

自然语言随机过程 $P(S)$ 采用 Markov 模型描述如下:

$$P(S)=p(s_1,s_2,\cdots,s_n)=\prod_{i=1}^{n}p(s_i/s_{i-1},s_{i-2},\cdots s_1) \quad (8—15)$$

当采用一阶的 Markov 模型时：

$$P(S)=\prod_{i=1}^{n}p(s_i/s_{i-1}) \quad (8—16)$$

这里，$p(s_i/s_{i-1})$ 就是二元同现概率，由大规模语料统计获取。

典型的 HMM 中的模型参数由 Baum-Welch 算法迭代得到，它需要大量的观测值序列进行训练。但是，在文本识别后处理中，图像观测序列是极其有限的，因此 Baum-Welch 算法在这里并不适用。实际上，模型参数可由语言模型和 SCR 模型分别求得，A 矩阵（即二字同现概率矩阵）和初始状态分布 π 由语言模型决定，通过大规模语料文本统计可以得到。B 矩阵中的元素为条件概率，难以计算。但是，通过以下理论分析，条件概率可以转化为后验概率；从而解决了 B 矩阵问题。

由于 SCR 对每个孤立的字符图像 i_i 进行识别，显然这种识别不依赖于上下文关系。故式 8—16 中条件概率 $P(I/S)$ 可表示为：

$$P(I/S)=P(i_1,i_2,\cdots,i_n/s_1,s_2,\cdots,s_n)=\prod_{i=1}^{n}p(i_i/s_i) \quad (8—17)$$

$p(i_i/s_i)$ 为单字的条件概率（HMM 中的 B 矩阵参数），s_i 为对应的候选字 c_{ij} 之一，所以

$$p(i_i/s_i)=p(i_i/c_{ij})=\frac{p(c_{ij}/i_i)p(i_i)}{p(c_{ij})} \quad (8—18)$$

这里，$p(i_i)$ 对 i_i 的每个候选字 c_{ij} 是一样的，$p(c_{ij})$ 为模式类的先验概率，在 SCR 中假定各个模式出现的概率是相等的。故在实际计算中，$p(i_i)$ 与 $p(c_{ij})$ 这两项可不予考虑。于是式 8—18 可表示如下：

$$O=\arg\max_{s}P(S/I)=\arg\max_{s}P(S)\times\prod_{i=1}^{n}p(s_i/i_i) \quad (8—19)$$

8.3.3 候选字后验概率估计

在 SCR 中，后验概率难以直接求出。最大后验概率判决一般转化为最近邻距离判决。后验概率越大，对应的距离就越小。SCR 依照距离的大小排序，给出前 10 个候选字以及相应的 10 个距离值。后处理时，必须通过某种方式或映射将距离转换成后验概率。有学者（Lee H J,1993；Lei Xu,1992）采用距离经验公式来估计后验概率，Lee H J 的公式如下：

$$p(c_{ij}/i_i)=\frac{score_j}{\sum_{j=1}^{m}score_j},score_j=\frac{1}{d_j-d_1+1} \quad (8—20)$$

Lei Xu 的距离经验公式：

$$p(c_{ij}/i_i)=\frac{\dfrac{1}{d_j}}{\sum_{j=1}^{m}\dfrac{1}{d_j}} \qquad (8-21)$$

上述两式中，d_j 表示第 j 个候选字对应的距离；它们虽然在一定程度上反映了识别的可靠性，但并没有与具体的识别器以及具体的样本特征空间分布紧密结合起来，经验的成分较多，缺乏理论依据。

8.3.4　HMM 讨论

采用 HMM 描述藏文文本识别，可以提高单字识别的速度。但是由于对可信度的度量不够精确，影响了识别效果。采用 HMM 进行藏文文本识别后处理，可以大大提高文字识别后处理的纠错能力。如果在使用上述算法时，通过上下文在识别系统中引入语法或句法概念，则识别系统将具有更好的适应性。

8.4　藏文 N-gram 统计语言模型

在提高了相似字丁的识别率后，剩下无法识别的字丁就采用 HMM 的方法进行处理。用 HMM 处理，首先要对大规模藏文语料进行统计，统计出藏文字丁、二字同现、三字同现、句首字、句尾字等的频率，这就需要借助统计语言模型的方法。

语言模型是自然语言处理的数学模型，用来描述自然语言的统计和结构方面的客观规律。研究和开发具有强大语言描述能力的语言模型对自然语言处理的各个应用领域，如机器翻译、文字识别、语音识别、键盘输入法、文字校对和全文检索等领域都具有重要的实践意义和实用价值。

建构自然语言处理的语言模型一般可分为两类：一类是基于语言结构规则的确定性模型；另一类是基于语言统计属性的概率统计模型。

基于统计的语言模型先要确定统计对象的单元，如对藏字做同现频度统计时，可区分统计单字之间的同现频度和统计词语之间的同现频度。然后选择合适的统计模型，如 N-gram 模型，隐马尔可夫模型，概率上下文无关文法。由于 N-gram 统计模型对短距离单元的同现处理具有较高准确性，所以本书采用 N-gram 语言模型进行藏文文本处理。

8.4.1 藏文的统计语言模型

藏文是一种拼写文字,现代书面藏语是由 30 个辅音字母和 4 个变形辅音字母以及 4 个元音字母拼写而成的。一般认为书面藏语可分出三层构造单元:字母、(音节)字和词语,但藏文字母在拼写时除了横向的组合外,还包含纵向的组合,即某些位置上的字母上方和下方均可以叠置其他字母。考虑到书面藏语在视觉上的线形排列特点,使用人的心理习惯,以及目前国内实际采用的叠置预组合字符事实,我们可以把藏文可视符号线性排列上任何可切分形式看作独立单位,称为藏文字丁。图 8.6 中比较了字母构词与字丁构词的差异。

权衡以上藏文文本单元的特点以及 N 元语法模型的功能,本节把藏文字丁作为藏文信息处理的基本单位。以下主要讨论基于藏文字丁的 N-gram 模型,并提出确实可行的算法,而且还将进一步讨论 N-gram 模型应用中藏文字丁信息熵问题。

统计语言模型问题可以使用信息论中的信源—信道模型进行描述。信源—信道模型描述了通过一个噪声信道的信息复原问题。假设有一个信源模型 $p(I)$ 和一个噪声信道模型 $p(O/I)$,描述了给定一个输入 I 对应的输出 O 的可能性。对于另一端给定的带有噪声的输出 O,要还原经过噪声信道的原始信息 I。这可以简略地表示为:给定输出 O,要发现带有最高输入概率的输入信息 I(徐志明等,1999):

$$I = \underset{i^k}{\operatorname{argmax}}(i^k/O) = \underset{i^k}{\operatorname{argmax}} \frac{p(i^k)p(O/i^k)}{p(O)} = \underset{i^k}{\operatorname{argmax}} p(i^k)p(O/i^k)$$

(8—22)

式中:i^k 表示所有可能的输入信息。

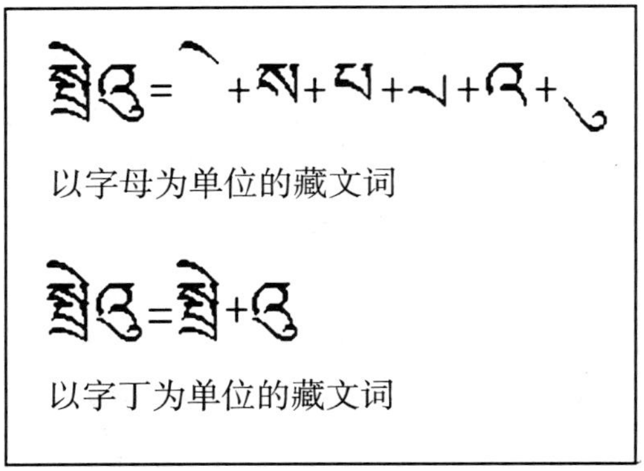

图 8.6 藏文信息处理的两种形式

在语音识别中,假设信源以 $p(S)$ 生成藏文句子 S,噪声信道根据 $p(A/S)$ 把文本的句子转换为语音序列 A。语音识别的任务是根据给定噪声信道的输出的语音序列 A,还原原始句子 S。即选择具有最大后验概率 $p(S/A)$ 的作为识别结果。即:

$$S = \underset{s^k}{\mathrm{argmax}}(s^k/A) = \underset{s^k}{\mathrm{argmax}} \frac{p(s^k)p(A/s^k)}{p(A)} = \underset{s^k}{\mathrm{argmax}} p(s^k)p(A/s^k) \tag{8—23}$$

式中:s^k 表示所有可能的原始藏文句子。

信源—信道模型通过改变信道模型可以扩展到许多其他应用领域。在 OCR 和手写体识别中,信道能解释为把藏语句子 S 转换为文字图像噪声数据 image,即:

$$S = \underset{s^k}{\mathrm{argmax}}\, p(s^k)p(\text{image}/s^k) \tag{8—24}$$

在机器翻译中,信道能解释为把藏的句子 S 转换成目标语言的噪声句子 S_f,即:

$$S = \underset{s^k}{\mathrm{argmax}}\, p(s^k)p(S_f/s^k) \tag{8—25}$$

在上述的所有应用中,信源以 $p(S)$ 生成藏语言的句子 S,其中 $p(S)$ 通常被称做统计语言模型。假设一个藏文句子 S 由一个字丁序列组成,w_1,w_2,$\cdots w_l$。我们可以表示句子 S 的出现概率为:

$$p(S) = p(w_1)p(w_2/w_1)p(w_3/w_1w_2)\cdots p(w_l/w_1w_2\cdots w_{l-1})$$
$$= \prod_{i=1}^{l} p(w_i/w_1w_2\cdots w_{i-1}) \tag{8—26}$$

在 N-gram 模型中,我们假设当前字丁的出现概率仅与前 $n-1$ 个字丁有关,也就是满足 $n-1$ 阶的 Markov 模型,就有:

$$p(S) = \prod_{i=1}^{l} p(w_i/w_1w_2\cdots w_{i-1}) = \prod_{i=1}^{l} p(w_i/w_{i-n+1}^{i-1}) \tag{8—27}$$

式中:w_i^j 叫表示字丁序列 $w_i,\cdots w_j$。采用最大似然估计原则计算 $p(w_i/w_{i-n+1}^{i-1})$:

$$p(w_i/w_{i-n+1}^{i-1}) = \frac{c(w_{i-n+1}^i)}{\sum_{w_i} c(w_{i-n+1}^i)} = \frac{c(w_{i-n+1}^i)}{c(w_{i-n+1}^{i-1})} \tag{8—28}$$

式中 $c(w_i^j)$ 表示在训练集中,w_i^j 出现的次数。

当 n 增大时,N-gram 的参数空间成指数上升。由于计算机的时间和空间复杂性的局限,实际上,目前 n 的最高的阶数一般不大于 3。

8.4.2 藏文单字丁的 N-gram 模型构造算法

构造藏文 N-gram 语言模型的目的是从训练数据中估算出 $p(w_1/$

w_{i-n+1}^{i-1})。$p(w_i/w_{i-n+1}^{i-1})$由公式 8—28 计算可得。因此构造 N-gram 统计语言模型的关键在于从训练数据中统计出 $count(w_{i-n+1}^{i})$。构造基于字丁的藏文 N-gram 统计语言模型,首先要确定系统字丁库,然后从训练数据中统计出所有的 N 元字丁组合,及其在训练数据中出现的次数 $<w_1,w_2,\cdots w_n,Count>$。

如图 8.7 所示,本节初步实现了一个基于字丁的概率统计系统。该系统分三部分:系统字丁库管理、语料库预处理和文本统计。

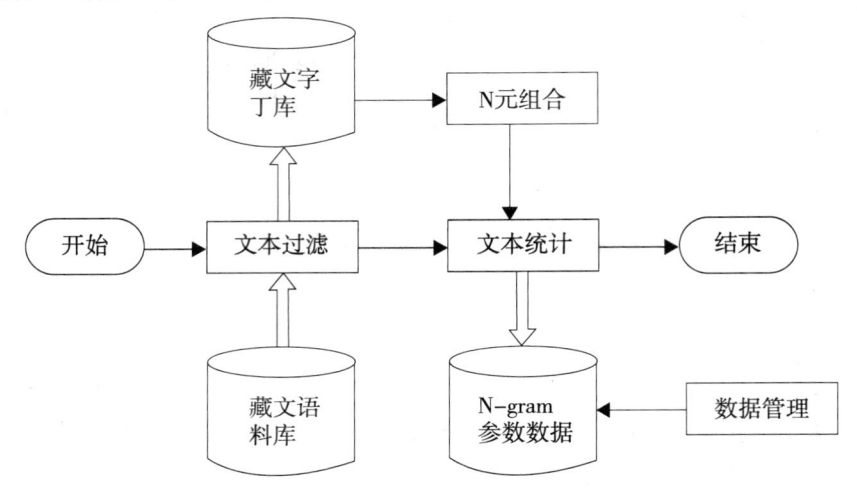

图 8.7 基于字丁的概率统计系统

首先要抽取藏文字丁,常用的现代藏文字丁在 600 个左右,从藏文语料库中抽出的现代藏文字丁为 551 个。但是,实际使用的藏文字丁远不止这些,再加上梵音藏文,藏文字丁库将非常庞大,以藏文大藏经丹珠尔为例,从中抽出的藏文字丁为 768 个。但本项统计语料库主要以现代藏文为基础,因此藏文字丁库以 551 为准。

藏文训练语料库文件的来源是多种多样的,在进行文本统计前要进行预处理。预处理主要包括两项工作:①去除藏文中的非藏文信息,保持藏文的"纯洁性"。有些藏文语料既包含藏文文本,又包含汉语翻译甚至英文翻译等,为加快文本统计,在统计前应先去掉非藏文文本;②现阶段的藏文文本存在多种编码形式,如国外主要有 Sambhota (from Nitartha),LTibetan (from Pierre Robillard),Tibetan Language Kit (from Otani University),Tibetan Modern A (from the SEALANG Font Directory),Tibetan Machine Web font (Tony Duff);国内主要有方正系统,华光系统,同元系统等。因此,在进行藏文文本统计之前,必须进行内码转换。由于现阶段还缺乏统一的内码字库,如 Tibetan Unicode font,我们先利用转写形式模拟一种编码 TibetanID。

文本统计采用一次扫描全文的方法,对经预处理的结果语料库中的 N 元同现字丁进行统计。首先设定一个当前字丁指针,从语料库的首字丁开始,取出首字丁、第二字丁、第 N 字丁,分别转换为相应的统一编码 TibetanID,如果这个 N 个同现字丁组已经存在,则将该节点的计数器增 1,否则创建一个节点,将此 N 字丁组的统一编码填入相应数据区,并将计数器设定为 1,将当前字丁指针指向下一个字丁。如此循环,直到最后一个字丁为止。

文本统计的结果是以压缩形式存储的。训练数据出现的所有 N 元同现字丁组及其频度 $<w_1,w_2,\cdots w_n,Count>$,按照组成该 N 同现字丁组的各字丁的 TibetanID 自小到大按升序排列。

8.4.3 藏文字丁的 N-gram 模型及藏文的信息熵

藏文字丁的 N-gram 模型中,当 N 取 1、2、3 时就分别得到藏文字丁的 unigram、bigram 和 trigram 模型。利用藏文字丁的 N-gram 模型可以很容易算得藏文字丁的信息熵。藏文 unigram 模型就是概率上下文无关模型,用 Markov 模型表示就是:

$$p(w_i/w_1,w_2,\cdots,w_{i-1})=p(w_i) \tag{8—29}$$

只须统计出藏文字丁的单字出现概率 $p(w_i)$,概率的计算方法由(8—29)式得到,统计结果如表 8.5 所示:

表 8.5 藏文字丁的统计频率(前 20 个)

序号	字符	概率	-logp	-plogp	序号	字符	概率	-logp	-plogp
1		0.3490	1.5185	0.5300	11	ལ(la)	0.0193	5.6990	0.1097
2	ས(sa)	0.0623	4.0051	0.2494	12	ཨ(a)	0.0187	5.7415	0.1073
3	ང(nga)	0.0457	4.4524	0.2034	13	།	0.0164	5.9265	0.0974
4	ག(ga)	0.0439	4.5102	0.1979	14	ཨི(i)	0.0133	6.2305	0.0830
5	ད(da)	0.0424	4.5613	0.1932	15	དུ(du)	0.0088	6.8284	0.0601
6	ན(na)	0.0371	4.7520	0.1764	16	དེ(de)	0.0081	6.9473	0.0563
7	བ(ba)	0.0338	4.8853	0.1653	17	ཨི(i)	0.0056	7.4836	0.0418
8	མ(ma)	0.0273	5.1975	0.1416	18	ཀྱི(kyi)	0.0050	7.6495	0.0381
9	ར(ra)	0.0241	5.3720	0.1297	19	མི(mi)	0.0047	7.7349	0.0363
10	པ(pa)	0.0195	5.6784	0.1109	20	ཡོ(yo)	0.0046	7.7503	0.0360

表中列举了概率排在前 20 位的字丁的统计特性,它们是藏文字丁中最常用的 20 个字丁,以音节点"·"为例,它的出现概率是 34.9%,约为三分之

一,这说明每三个字丁中就有一个是音节点"·",也就是说藏文音节的平均长度(除去音节点)是两个字丁。

根据信息熵的定义(周荫清,2002):

$$H(W) = -\sum_{i=1}^{n} p(w_i)\log_2 p(w_i) \qquad (8-30)$$

式中:$p(w_i)$表示字丁 w_i 出现的概率。可以算得藏文字丁的一阶熵为:

$$H_1 = -\sum_{i=1}^{n} p(w_i)\log_2 p(w_i) = 4.82 \qquad (8-31)$$

藏文字丁的出现,除了使用的不等频率外,还与藏文的语法语义规则、上下文关联有关,假设与上一个字丁有关就得到 bigram 模型:

$$p(w_i/w_1,w_2,\cdots,w_{i-1}) = p(w_i/w_{i-1}) \qquad (8-32)$$

又因为 $p(w_i/w_{i-1}) = \dfrac{p(w_i,w_{i-1})}{p(w_{i-1})}$,就只需统计出所有藏文字丁的二字同现概率(表 8.6)。

表 8.6　藏文字丁的二字同现概率(前 20 个)

序号	字符	概率	-logp	-plogp	序号	字符	概率	-logp	-plogp
1	ས་(sa)	0.0601	4.0570	0.2437	11	ད་(da)	0.0139	6.1655	0.0859
2	ང་(nga)	0.0401	4.6393	0.1862	12	ི་(i)	0.0134	6.2217	0.0834
3	ད་(da)	0.0270	5.2122	0.1406	13	ག་(ga)	0.0133	6.2307	0.0830
4	ན་(na)	0.0258	5.2754	0.1362	14	མ་(ma)	0.0132	6.2381	0.0826
5	བ་(ba)	0.0230	5.4407	0.1253	15	མ་(ma)	0.0131	6.2529	0.0820
6	ར་(ra)	0.0207	5.5974	0.1156	16	｜	0.0130	6.2637	0.0810
7	ག་(ga)	0.0204	5.6118	0.1148	17	ན་(na)	0.0129	6.2763	0.0810
8	པ་(pa)	0.0184	5.7664	0.1059	18	ལ་(la)	0.0111	6.4875	0.0723
9	འ་(a)	0.0143	6.1276	0.0876	19	བ་(ba)	0.0108	6.5356	0.0704
10	ལ་(la)	0.0143	6.1279	0.0876	20	གས་(gas)	0.0093	6.7562	0.0625

根据 2 阶熵的计算公式

$$\begin{aligned}H_2 &= H(W_2/W_1) = H(W_1,W_2) - H(W_1) \\ &= -\sum_{W_1 W_2} p(w_1 w_2)\log_2 p(w_1 w_2) - H_1\end{aligned} \qquad (8-33)$$

算得:

$$H_2 = 8.36 - 4.82 = 3.54$$

同理假设藏文字丁的出现与上两个字丁有关就得到 trigram 模型:

$$p(w_i/w_1,w_2,\cdots,w_{i-1}) = p(w_i/w_{i-1},w_{i-2}) \qquad (8-34)$$

可以算得藏文字丁的 3 阶熵(具体过程和数据略):

$$H_3 = H(W_3/W_1, W_2) = H(W_1, W_2, W_3) - H(W_1, W_2) = 11.32 - 8.36 = 2.96$$
(8—35)

当 N-gram 模型 N 取无穷大时，可以得到藏文字丁的极限熵：

$$H_\infty = \lim_{k \to \infty} H(W_k/W_1, W_2, \cdots, W_{k-1})$$
(8—36)

计算极限熵就要用到无穷阶的马尔可夫模型，因而是很难实现的，通常情况下可以认为信源的 k（k 足够大）阶熵近似为信源的极限熵。这里，我们认为信源的 3 阶熵为字丁的极限熵：

$$H_\infty \approx H_3 = 2.96$$

若各个事件的概率相等即 $p(w_i) = 1/n$，则信源的信息熵达到最大值，即

$$H_0 = \sum_{i=i}^{n} \frac{1}{n} - \log_2 \frac{1}{n} = \log_2^n = \log_2^{551} = 9.11$$
(8—37)

根据藏文字丁的极限熵和最大熵可以算得藏文字丁的冗余度为：

$$R = 1 - \frac{H_\infty}{H_0} = 1 - \frac{2.96}{9.11} = 0.675$$
(8—38)

冗余度表征的是信息压缩和编码的效率，冗余度越大，其压缩与编码的效率也就越高。藏文字丁的冗余度为 67.5%，说明在书写藏文时，有 67.5% 的藏文是由语言文字的结构（字、词、句）规定了的，可自由选择的只有 32.5%。这就意味着藏文中有约 2/3 的字丁符号不是用来传递信息的，而是用来保证这些字丁的组合符合藏语的组词、构字及有关语法规则。

8.4.4 藏文 N-gram 模型讨论

上述阐述了基于藏文字丁的 N-gram 统计语言模型构造技术，并根据信息论的观点，给出了自然语言处理各种应用中的统计语言建模的统一框架描述，提出了一种大语料库的 N-gram 模型构造算法。基于这种 N-gram 的字丁统计，可进行藏语信息熵的计算。另外，它对智能人机接口的其他应用领域，如文字识别、文字校对、机器翻译等领域也具有同样的指导意义。

8.5 基于规则的藏文识别后处理方法

8.5.1 藏文音节组合规则

藏文的音节，由两部分构成：一是辅音部分，辅音部分由一个辅音字

母或多个辅音字母叠置构成,多个字母组成的辅音中,有一个字母是核心,称为"基字",其余的可能是前加字、上加字、下加字、后加字、再后加字;二是元音部分,有四个元音符号和一个省缺的元音 a 构成,藏文的音节结构如下:

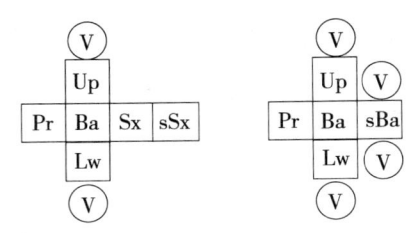

图 8.8 藏文音节结构图

图 8.8 代表一个藏字,是藏文字结构的基本构成示意。每一个方框位置表示可以出现一个辅音字母,圆圈表示可以出现一个元音符号,或者在上,或者在下(所以图中用了一个有阴影的圆圈)。每个字最多可以由 6 个辅音字母和 1 个元音符号构成。每个辅音位置都有确定的名称,其中 Ba 是基本辅音位,也叫作基字。Pr 是前置辅音位,也叫作前加字;Up 是上置辅音位,也叫作上加字;Lw 是下置辅音位,也叫下加字;Vo 是元音位,包括上置的 e、i、o 三种元音形式和下置的 u 形式①,Sx 和 sSx 分别是后置辅音位和重后置辅音位,分别称作后加字和重后加字。例如,སྐྱོན(bskyon)"缺点"是一个藏字,分别由 6 个字符构成:བ(ba)+ས(sa)+ཀ(ka)+ྱ(y)+ོ(o)+ན(na)(ྱ(-y)是ཡ(y)的变体,关于藏文书写上的变体下面会专门论述)。不过,除了基字,其他位置上的符号都可能缺省,བོད་ལྗོངས(bod ljongs)"西藏"包含两个音节字,分别包括字符是བ(ba)+ོ(o)+ད(da) ,ལ(la)+ཇ(ja)+ོ(o)+ང(nga)+ས(sa)。

除此之外,藏语中少量词语或借词,以及大量带黏着词格或其他黏着词形的派生词大多都是这种形式。例如,སྤྲེའུ(sprevu)"猴子",རྟེའུ(rtevu)"马驹",ངའི(ngavi)"我的",ཅོ་འཕྲུལ(cavo hrovu)"教授"。其中部分词有人看作是复合元音,后基字འ(i)是不带音的形式标记。

前加字、后加字和重后加字一般只能是单个字母,不可能是两个或两个以上的字母线性组合,更不能上下叠加。只有基字所在位置的字丁才可以叠加,把上述第一种结构扩展后可以得到 25 种藏字组合类型(江荻,1998)。如表 8.7 所示。

---

① 元音符号在国标编码中设计为组合类符号,图中阴影部分表示出现上置元音则无下置元音,反之亦然。

表 8.7　25 种藏字组合类型

序号	结构类型	序号	结构类型
1	基＋后	14	上＋基＋后＋重
2	基	15	上＋基＋下
3	前＋基＋后	16	前＋基＋下
4	基＋下＋后	17	前＋上＋基＋后
5	基＋后＋重	18	前＋上＋基＋下＋后
6	上＋基＋后	19	前＋基＋下＋后＋重
7	基＋下	20	上＋基＋下＋后＋重
8	上＋基＋下＋后	21	前＋上＋基＋后＋重
9	前＋基	22	前＋上＋基
10	上＋基	23	前＋上＋基＋下＋后＋重
11	前＋基＋下＋后	24	前＋上＋基＋下
12	前＋基＋后＋重	25	基＋下＋下
13	基＋下＋后＋重		

藏字的拼写规则比较严格,各个部位的字母有一定的规定,并不是任何字母都可以在任何位置出现。下面是对前加字、后加字和重后加字的出现位置的限定。

前加字有 5 个:ག(ga)、ད(da)、བ(ba)、མ(ma)、འ(a)。

后加字 10 个:ག(ga)、ང(nga)、ད(da)、ན(na)、བ(ba)、མ(ma)、འ(a)、ར(ra)、ལ(la)、ས(sa)。

重后加字 2 个:ད(da)(只用在古代文本中)、ས(sa)。

有了上述组合规则,就可以利用它检验和诊断识别后文档中的错别字,比如:ཀྲ、ཀྲ 为识别错误,因为这两种拼写是不合法的(参见本书第 2.3.2 节)。

祁坤钰(2003)根据藏文的这些特征认为,在判断藏文音节时,必须要知道藏文字符的特征信息,提出建立藏文字符信息表,手工完成大约 960 个字符信息表,他的信息表结构如表 8.8 所示:

表 8.8　藏文的信息表

字符	基字	上加字	下加字	元音	层	属性	前加字符按出现频率	最后字符按出现频率
གྲོ(gro)	ག(ga)	0	r	o	3	1	abd	gbang
དུ(du)	ད(da)	0	0	u	2	1	agdmb	gnngmarls
…	…	…	…	…	…	…	…	…

然后根据不同的字符音节,建立相关规则库。通过信息表及藏文字的拼写规则,可以归纳出一套规则以帮助提高识别率。下面分别归纳了单字

符音节、双字符音节、三字符音节和四字符音节的一些基本拼写规则。

(1) 单字符音节规则

藏文有比较严格的续接特征信息，因此可以充分利用传统词后缀表，再采用统计方法得出藏文词后缀组合结构表，并结合字符信息表来控制词和词后缀的组合关系，根据组合关系和候选字的距离信息来计算后缀词的错误率。

(2) 双字符音节

规则一：当两个字符都是单字母时，即两个字符都不带上加字、下加字和元音时，则第二个字符一定是后加字，否则为错误音节。比如：གས(gas)ས(sa)，ཀ(ka)。

规则二：当第一个字符是单字母，第二个字符至少带上加字、下加字和元音中的一种者，则第一个单字符必定是前加字。比如：འདི(vdi)中འ(i)为前加字而ད(da)为基字。

双字符中出现并和语素与融合语素不符合此条规则，需要做特殊处理，比如两个单音节合并为一个双音节。

规则三：当第一个字符是单字母，但不是前加字，第二个字符至少带上加字、下加字、元音之一者，则第二个字符是特定虚词。

规则四：第一个字符至少带上加字、下加字、元音三者之一，第二个字符是单字母时，第二个字符必定是后加字。

规则五：第一个字符至少带上加字、下加字、元音三者之一，第二个字符也至少带上加字、下加字、元音之一者，第二个字符必定是特定虚词或者后缀词。

(3) 三字符音节

规则一：当第一个字符带上加字、下加字、元音三者之一，第二个字符是ཀ(ka)，ང(nga)，བ(ba)，མ(ma) 四者之一时，第三个字一定是ས(sa)，或者当第三个字符是ས(sa)时，第二个字符一定是ག(ga)，ང(nga)，བ(ba)，མ(ma) 四者之一。

规则二：当三个字符均为单字符时，如果第一个字符是五个前加字之一时，第二个字符不是འ(a)，则第三个字符一定是后加字。

规则三：如果第二个字符是འ(a)时，则第三个字符一定是མ(ma)或者ང(nga)。

规则四：第一个字符是前加字，第二个字符带上加字、下加字、元音三者之一的，第三个字符也要带上加字、下加字、元音三者之一的，则第三个字符必定是特定虚词。

(4) 四字符音节

规则一：当第三个字符不是འ(a)时，第一个字符一定是前加字，第四个字符一定是ས་(sa)。

规则二：当第一个字符是前加字，第三个字符是འ(a)则第四个字符一定是མ་(ma)或者ང་(nga)。

规则三：如果第二个字符带上加字，第三个字符不是འ(a)，则第三个字符必定是ག(ga)、ང་(nga)、བ(ba)、མ་(ma)四者之一的，第四个字符必定是ས་(sa)。

上面所列的规则只适用于纯藏文字符的文本中，但在实际的文本中，会遇到其他字符混杂在藏语音节中，这就不能靠音节组合规则来辨别正误，还需要采用其他的策略。

8.5.2 拼写规则后处理方法的优缺点

通过音节拼写规则的方法进行后处理可以实现部分的差错纠错。比如：两个字符识别错误的字ཆ་ག་པ་通过单字符规则一可以纠正，འཁོར་等可以通过规则二纠正。但是有些错误不能识别也不能纠正，比如མེད(med)被识别为མེག(meg)，这个错误无法通过规则判断，因为两种写法都符合拼写规则。在三个音节བསམ་中，通过规则可以判断第二个是基字，前加字识别错误，从五个候选字ཤ(sha)、བ(ba)、པ(pa)、ཕ(pha)、ཐ(tha)中只有བ་(ba)符合要求，因此可以修改为正确的结果。但是在三字音节བདར་中虽然可以判断第二个字ད是基字，但第一个字的五个候选字ད(da)、ང(nga)、ན(na)、འ(a)、ཛ(dza)中有两个字ད都可以作为前加字，因此只能找出错误而不能纠正。

由此可见通过拼写规则来纠正识别错误的后处理方法存在两个主要的缺陷(王兰维等，2002)：一是有些错误不能判断，特别是对单音字音节无法判断其正确与否；二是有些判断出的错误也不能纠正，只能给予标注。因此，藏文拼写规则纠错的后处理方法效果不很明显，也不能作为一种独立的后处理策略，从现有的文献看，很少有研究者进一步从文字拼写角度进一步阐释。但是把该策略与其他的技术结合起来，会起到辅助提高识别后处理的正确率。

8.5.3 藏文后处理的发展趋势

从不同语言识别后处理情况来看，单一地利用统计或者规则方法都有一定的局限性，因此把统计和规则结合起来是很多研究者的共识。对与藏文识别后处理也不例外。除此之外，王兰维等提出基于音节和基于词的

Markov 语言模型以及基于词匹配的藏文识别后处理技术(王兰维等,2002)。

(1)基于音节和基于词的 Markov 语言模型

要研究适合藏文的 Markov 语言模型,需要对语料进行各种统计和加工,比如以音节为单位,计算音节间的转移概率,再利用单字识别器给出的候选字信息,同时计算单字识别置信度,建立基于音节的隐 Markov 语言模型以及自动分词、计算相邻词的同现概率,研究基于词的语言模型。此外,还有词性标注、短语(句法)标注、语义标注以及建立基于词性知识的语言模型等,都值得进一步探讨。

(2)基于词匹配的藏文识别后处理

藏文有单音节词、双音节词和多音节词,词频是词的一个重要特征,根据大规模语料进行词频统计,从而对获得的统计特征加以分析研究。汉字识别后处理中的基于词匹配的方法,其基本思想就是对识别结果的任意候选字,和其前面的字或后面的字,或者前后两个字所在词的情况,通过查询词条库,找出该字能够与前后待选字组词的所有待选字,再根据使用频度确定识别结果。藏文词的切分较汉文要容易,可以在词切分的基础上,对词中每一个字丁的候选情况通过查询词条库而确定。

附录1　多字体印刷藏文的识别

丁晓青　王华

摘要： 本文提出一种完整的基于统计模式识别技术的多字体印刷藏文识别方法,主要内容包括藏文单字符识别和藏文文本切分两方面。为了识别单个藏文字符,首先针对藏文字符自身的特点提出一种特殊的二值化方法,然后提取方向线素作为字符的表示特征,通过线性鉴别分析(Linear Discriminant Analysis,LDA)进行特征压缩降维后,运用两级分类策略判定字符的类别属性,粗细分类器分别采用带偏移的欧氏距离(Euclidean Distance with Deviation,EDD)和修正的二次鉴别函数(Modified Quadratic Discriminant Function,MQDF)。该字符识别方法在藏文单字测试集上的识别率达到99.79%,充分验证了其有效性。在藏文文本切分中,提出整套行之有效的文本倾斜检测和校正、文本行分离、动态递归字符切分算法。实验结果表明,本文提出的藏文 OCR 方法是一种实用的具有积极应用价值的多字体藏文识别解决方案。

关键词： 字符识别、藏文 OCR、LDA、EDD、MQDF、字符切分

1. 引言

藏民族在其悠久的历史进程中创造和传承的藏文化不仅是中华民族璀璨文化的丰硕成果之一,在世界文化宝库中也独树一帜。作为藏文化的典型代表,藏语及其书面载体——藏文至今仍为广泛分布于各地的 600 多万人口作为母语使用。同世界上其余被广为运用的诸如汉字、拉丁文、阿拉伯文等文字相比,藏文拥有独具一格的鲜明特点。因而作为当今信息社会中实现藏文现代化和历史文献数字化的关键工具,藏文 OCR 的研究具有重要的理论价值和广阔的应用前景。然而,迄为为止,国内外的相关研究少之又少,基本上还处于空白状态。

日本学者 Masami 等运用一种面向对象的词典方法[1]对藏文辅音字母、复合字丁及元音字母分别进行识别,该方法将字符类别鉴别和字符分类融合于一体,进而设计了一种加权欧氏距离方法对藏文中的相似字进行有针对性的鉴别[2]。清华大学马少平等基于模糊线方向特征和欧氏距离分类

器的藏文识别实验系统[3]，在特定的测试样本集上进行了验证。除此以外，基本未见有正式的相关研究报道①。总体而言，藏文 OCR 方法和系统的研究尚处于起步阶段，已有的为数不多的研究工作明显具有很大局限性，不够全面深入细致、系统性不足。首先，多字体藏文字符识别相关问题未引起足够重视，已有研究报道的处理对象均着眼于单一字体样本。其次，现有研究仅是尝试性的实验性的，尚未有直接针对应用层面的有效性和鲁棒性均达到实用需求的实际藏文 OCR 方法。此外，为了获得可以接受的识别结果，往往需要采用大规模的藏文词或音节字典，这也使得识别结果过度依赖于语言知识，从另一方面也表明了单纯的字符图像识别层面上的藏文 OCR 解决方法的效果并不理想。

本文提出了一种行之有效的鲁棒的基于统计模式识别技术的多字体印刷藏文识别的新方法，识别目标字符集为现代藏文中使用频率最高的 584 个藏文字丁。根据对大量语料的统计，这 584 个字丁累计字频占到现代藏文中所有出现字丁总频率的 99.99% 以上。

从字符识别的技术层面上讲，研发一种完全不依赖于输入文本质量，即无论输入文本图像质量如何都能获得理想识别结果的 OCR 系统仍然是一项极其困难而充满挑战性的课题。研究表明，OCR 系统中的识别错误绝大部分都是由切分错误引起的[10]。鉴于字符切分的极端重要性，本文也将详细讨论藏文切分问题，它分为文本行分离和字符切分两个步骤。据我们所知，到目前为止尚无专门针对印刷体藏文文本的切分方法见诸报道，但很多在其他文本切分中广泛使用的方法对藏文切分具有重要的借鉴意义[10—14]。考诸现有的文本切分方法，不难发现，在文本行分离之前，已有很多算法可用于进行文本图像的倾斜检测和校正[15]，然后可借助水平投影直方图分析将各文本行彼此分离开来。尽管已有各种不同的切分策略可将文本行切割成字符序列[10][11]，但由于藏文的特殊性，并无一种技术可以直接用于解决藏文切分问题。为此，本文设计了一种适用于多字体印刷藏文文本图像的完整的切分方法，其有效性已在大规模测试集上的实测结果所证实。

本文余下部分是这样安排的：首先在第二节简要介绍藏文字符和藏文文本的特点；第三节详细描述多字体印刷藏文单字符的识别算法，包括字符规一化、统计特征提取和分类器设计；接下来在第四节中讨论藏文文本切分问题的解决方案；在第五节中给出了相关的实验结果；最后是对全

---

① 中国社会科学院民族学与人类学研究所与北京理工大学自动控制系也开发了一项基于多级特征分类器的藏文识别实验系统，参见文献[19]、[21]、[22]。

文的简要总结。

2. 藏文字符和藏文文本的特点简介

　　字母是藏文中最小的不可再分割的有明确意义的基本元素,所有的藏文字丁都是由字母依规则组合而成的。字母分为元音字母(又可称为元音符号)和辅音字母两部分,它们具有不同的功能。现代藏文有4个元音字母和30个辅音字母(其中的多个还拥有一个或数个变体形式),如图1所示。

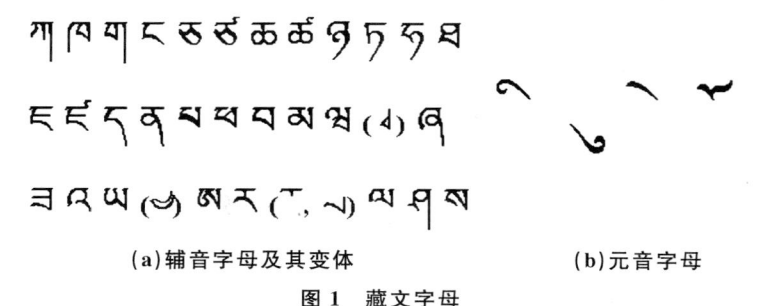

(a)辅音字母及其变体　　　　　　　　(b)元音字母

图 1　藏文字母

　　从藏文构字的角度讲,所有的字丁可划分为两大类:1)仅有一个辅音字母单独构成的字丁,不妨称之为简单字丁;2)由多个辅音字母和元音字母按照特定的规则组合在一起而形成的字丁,可称之为复合字丁(图2)。每个复合字丁都必须包含由一个辅音字母充当的基字(Essential Consonant, EC)、0~2个其他辅音字母以及0~1个元音字母。除了基字必不可少外,复合字丁中的其他辅音字母既可以叠加在基字之上,此时该辅音字母称为上加字(Consonant above Essential Consonant, CaEC),也可以续接在基字之下,此时该辅音字母称为下加字(Consonant below Essential Consonant, CbEC),元音字母既可以叠加在基字(无上加字的情况)或上加字(有上加字的情况)之上,此时该元音字母称为上元音(Top Vowel, TV),也可以续接在基字(无下加字的情况)或下加字(有下加字的情况)之下,此时该元音字母称为下元音(Bottom Vowel, BV)。所以,从垂直方向由上到下,复合字丁在空间结构上可依次包含上元音、上加字、基字、下加字、下元音。但是由于一个字丁中最多只能有一个元音字母,所以上元音和下元音是不会同时出现的,即一个复合字丁中要么仅有上元音,要么仅有下元音,要么上下元音都没有。而上加字和下加字是可以同时出现的,基字则是必须包含的。简单字丁也可以看作复合字丁的一种特例,即仅有基字组成的复合字丁。由上面描述可知,现代藏文中的字丁结构以其组成部件来划分,可以分为 12 类,即 EC,EC↓CbEC,EC↓BV,EC↓CbEC↓BV,CaEC↓EC, CaEC↓EC↓CbEC,CaEC↓EC↓BV,CaEC↓EC↓CbEC↓BV,TV↓EC, TV↓EC↓CbEC,TV↓CaEC↓EC,TV↓CaEC↓EC↓CbEC。其中 x↓y 表示部件 x 叠加于部件 y 之上。根据规则,并非所有元音字母都能充任上元音和下元音,同理,也并非所有辅音字母均可担当基字、上加字和下加字的角色。图 3 中罗列出了在现代藏文中所有合法的上元音、下元音、基字(20 个)、上加字(3 个,其中 1 个有变体形式)和下加字(4 个,其中 3 个有变体形式)。根据这 12 种字丁结构及其各位置上合法的部件取值范围,可以组合出成千的合法藏文字丁。然而,在实际中,仅有其中的 500 个左右字丁是被频繁使用的,其余的基本属于生僻字或根本不会用到的"废弃字"。根据对来自多种渠道的包含约 2100 万字丁的大规模藏文语料进行的统计,使用最广泛的前 500 个字丁的累计出现频率占了语料中所有出现字丁的字频总和的 99.95%,而前 534 个常用字丁的累积字频更是达到 99.99% 以上。

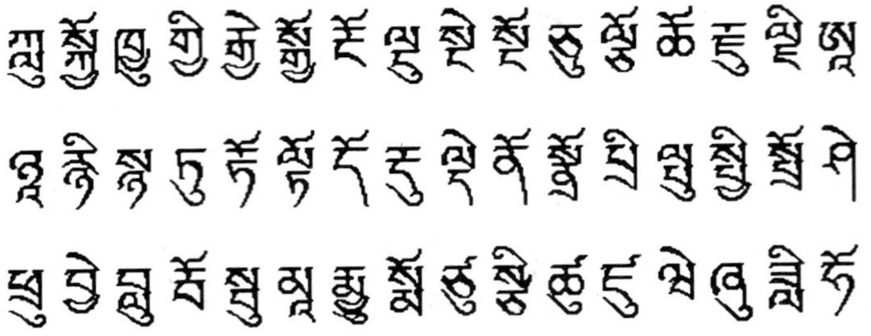

图 2 部分复合字丁

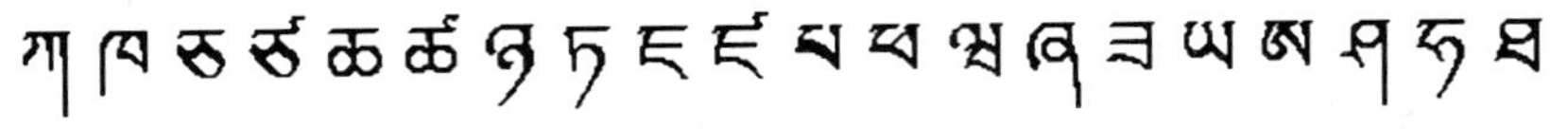

(a)基字

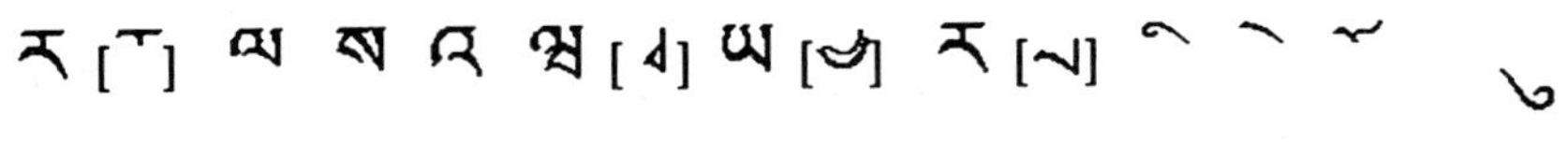

(b)上加字　　　　(c)下加字　　　　(d)上元音　　　(e)下元音

图 3 构成藏文字丁的各单元的合法字母集

在藏文中,音节是最基本的拼写单位,一个或几个音节组合在一起构成具有特定意义的词,音节结构如图 4 所示。每个音节由一个中心字丁(Center Character,CC)和 0～3 其他字丁组成。就其他字丁在音节中的位置而言,它们既可以出现在中心字丁的前面,此时该字丁称为前加字(Character before Center Character,CbCC),也可以紧跟在中心字丁的后面,此时该字丁称为后加字(1st Character after Center Character,1-CaCC);在已有后加字的情况下,还可以在后加字后面紧跟一个字丁,此字丁可称为又后加字(2nd Character after Center Character,2-CaCC)。这样,根据组成音节的字丁,所有音节的组合为{CC,CC→1-CaCC,CC→1-CaCC→2-CaCC,CbCC→CC,CbCC→CC→1-CaCC,CbCC→CC→1-CaCC→2-CaCC},其中(X→Y)表示字丁 X 位于字丁 Y 的前面。在一个音节中,中心字丁既可以是简单字丁,也可以是复合字丁,前加字、后加字和又后加字则必须由简单字丁充当,而且并非所有的简单字丁都可以作为前加字、后加字或又后加字在音节中出现,它们的合法取值如图 5 所示,分别是 5 个、10 个和 2 个简单字丁。

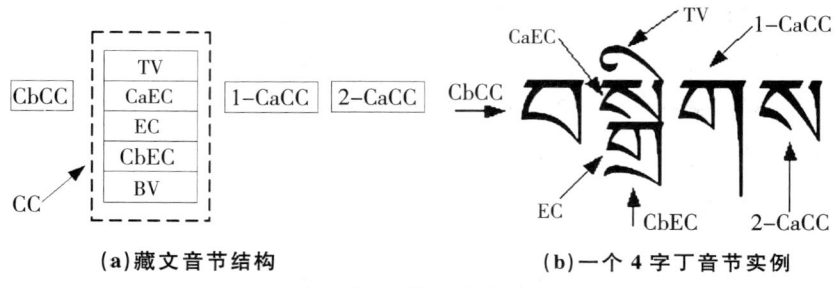

(a)藏文音节结构   (b)一个 4 字丁音节实例

图 4　藏文音节

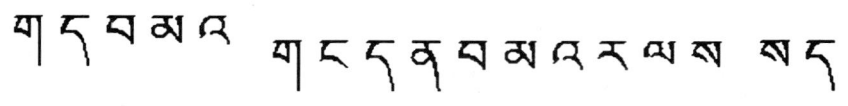

(a)前加字   (b)后加字   (c)重后加字

图 5　合法前加字、后加字和重后加字的集合

在藏文文档中,通常以一个特殊的单垂线符号(Shad)作为句子的结束符,而每一个句子由一个或多个词组成。由于每个词均由音节构成,所以每个藏文句子均可看作若干个音节的有序组合。音节之间以音节符(Inter-syllabic Tsheg)隔开。图 6 给出了一个藏文句子的实例,句子中每个字母都是沿上平线对齐,这条上平线类似于英文或阿拉伯文中的基线。文本行中,只有复合字丁的上元音部分位于上平线以上部位,其余部件均位于上平线以下,单垂线和音节符也不例外,它们的顶端与上平线平齐。从文本图像上说,上平线大致上距文本行顶端的距离约占整个文本行高度的 3/4。在藏文文档中,同一字体同一字号的不同字符之间(除了标点符号等)的宽度差异很小,而高度则变化剧烈。所以,藏文可以认为是一种等宽但不等高的文字。

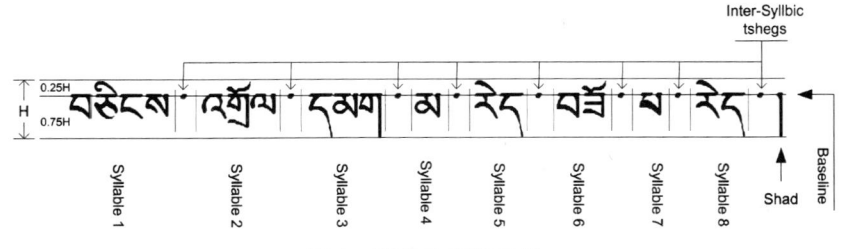

图 6　藏文文本行示例

193

从字符识别的角度来考虑,藏文 OCR 研究的难度主要源自于:

1) 字符数目大:藏文字丁的数目要远大于拉丁系文字中的字母数,藏文识别应属于大字符集模式分类的范畴。

2) 字体种类丰富:实际的藏文出版物中,字体种类很多,风格多变,同一字符在不同字体中的字形和姿态差异显著(见图 7)。

3) 相似字比例大,相似程度高:在藏文字符集中至少有 100 对极相似字符对,它们之间的差异微乎其微,图 8 是其中的一些例子。

4) 字符结构复杂:绝大部分藏文字丁,尤其是复合字丁,均由一系列风格迥异的笔画构成,同作为方块字的汉字相比,藏文字丁在外观和尺寸方面的变动相当明显。

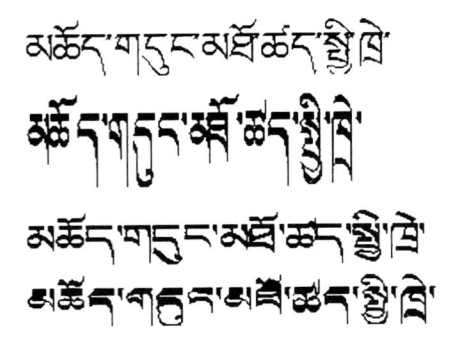

图 7　同一字号的 4 种不同字体的文本　　　　图 8　部分相似字符对

由于藏文中存在上平线,所有字丁均沿着上平线整齐排列,在文本图像中容易出现多个字丁在上平线位置相互粘连的现象。所以,对藏文文本切分而言,决定成败的关键是如何正确处理字符粘连的情形。此外,切分算法还必须能够适应变化多端的字丁结构,还要能应对各种不同字体的藏文文本。

在不致产生歧义的情况下,下文中出现的藏文"字符"均指藏文"字丁",而上平线也通常被简单地称为"基线"。

3. 藏文单字符识别

对于藏文单字符识别的策略,首先需要认真考虑识别对象的选取问题,即以什么基本单元作为识别核心处理的目标,基元(笔段、字母)还是字丁?

考虑到藏文字符特殊的构成规则,一些研究者试图在启动识别过程之前先将藏文字符分解为基元(他们选定的基元往往是字母),再分别识别这些基元,最后通过特定的规则将基元再组合生成字符[19][20],就如同在其他像拉丁字符集那样的拼音文字识别中经常采用的策略那样。这是一种自然而又直观的思路,经过基元分解后,需要识别的单元数大大减少。对现代藏文字符集而言,基本的拼写单元(元音字母和辅音字母)总共只有 34 个,若只需针对这些单元,似乎识别藏文的任务就大为简化,甚至会变得非常轻松,这也使得以基元为基本识别对象的方案看上去显得异常有吸引力。

然而,基于基元分解的识别方案中至关重要的步骤是将元音字母和辅音字母逐一地从由多个字母紧密组合在一起从而作为一个有机整体出现的字丁图像中准确无误地分离出来。由于藏文中的简单字丁仅由单独的辅音字母构成,它本身就是一个基元,无需再做进一步的分解。而复合字丁在整个藏文文档中占据 30% 左右的比重,最终的识别性能就完全取决于能否顺利且准确无误地分离复合字丁中所包含的元音字母和辅音字母。遗憾的是,尽管人们针对复合字丁基元分析这一课题进行了不懈的努力,依然没有找到一种令人满意的解决方案能最终获得较为理想的基元分离结果。尽管有一些实验算法的结果尚可接受[19],但那是在事先对处理对象进行了严格限定的前提下得到的,这些前提包括但不仅限定于:要求输入字符为某种单一的特定的字体(例如白体)、输入文档图像必须非常清晰洁净、不能含有噪声、扫描分辨率必须足够高(例如 600dpi 以上)。不难看出,这些先决条件直接决定了相关算法只能停留在实验的层面上而无法适应实际应用环境,因为在实用场合中对字体或图像质量进行严格限定是不合理和不现实的。有必要指出的是,基元分解方法无法取得令人满意的结果的根源在于藏文复合字丁内部各字母间固有的内在耦合特性。属于同一个字丁的两个相邻字母部件极有可能紧密粘连在一起,或者某一个覆盖在另一个之上,甚至出现二者嵌套的情形,这都使得部件之间没有明确的分界,从图像上看就是共用像素很多难以实施切割。在字符图像质量有保障的情况下也不可避免上述情况的出现,更不要说图像质量不佳时的情形了。

根据以上分析的原因,为了获得鲁棒的多字体藏文字符识别的实用系统,本文舍弃基元分析的思路,转而以每个藏文字丁整体作为识别对象,以此为出发点来研究藏文字符的识别方法。也就是说,在进行识别时,将藏文字丁作为一个整体来考虑,而不是将其分解为基元后分别处理每个基元。这样,在文本切分时,仅仅需要将字丁从文本行中分离出来即可,而无需进一步再将每个复合字丁分解为其所包含的字母基元的序列。跟字丁内相邻基元间在图像层面上基本不存在明确无误的空隙不同,前后两个相邻字丁间通常会存在一个或大或小的明显的空白区域作为两个字丁间稳定的分界。即使由于图像质量问题出现了字符粘连的情况,依然可以通过适当的策略和方法将粘连字符逐一分隔开来。可以说,只要切分方法得当,单字丁的切分正确率是完全有保证的。

综上所述,本文以藏文字丁作为识别对象,目标集合包括 30 个简单字丁、534 个最常用的现代藏文复合字丁。为了完全满足实际应用的需要,还加入了 10 个藏文数字和 10 个常用的藏文符号。因而,整个识别目标集中的识别单元数目为 584,这也使得本文描述的藏文识别可被归入大字符集识别的范畴。

3.1 字符规一化

在一个 OCR 系统中,对待识别的字符图像必须进行规一化处理,这是消除因排版、字号、字体变化等因素而产生的字符在位置和大小上的变化的关键步骤。

我们用矩阵 $[B(i,j)]_{H\times W}$ 来表示高度和宽度分别为 H 和 W 的藏文字符图像点阵:

$$[B(i,j)]_{H\times W} = \begin{bmatrix} B(0,0), & B(0,1), & \cdots, B(0,W-1) \\ B(1,0), & B(1,1), & \cdots, B(1,W-1) \\ \vdots & \vdots & \cdots & \vdots \\ B(H-1,0), & B(H-1,1), & \cdots, B(H-1,W-1) \end{bmatrix}, (1)$$

另外,本文采用的图像坐标系统如图 9 所示。

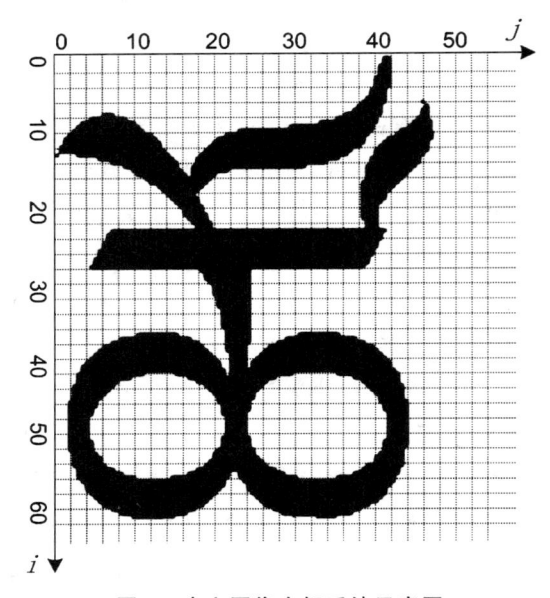

图 9 本文图像坐标系统示意图

为了叙述方便起见,本文根据是否包含上元音将所有藏文字符划分成两个子集,即具有上元音的字符属于子集 T_1,而没有上元音的字符属于子集 T_2。根据第二节的叙述,在藏文文本行存在着上平线,它在空间上位于子集 T_2 中字符的顶端,同时又穿过子集 T_1 中字符的上元音底部。因此,对给定的每一个输入字符 $[B(i,j)]_{H\times W}$,它可认为是由在垂直方向上两个子图像 $[B_1(i,j)]_{H_1\times W}$ 和 $[B_2(i,j)]_{H_2\times W}$,$H_1+H_2=H$ 拼接而成,而这两个子图像以上平线为分界线并且彼此之间没有交集。显然,对子集 T_1 中的字符而言,$[B_1(i,j)]_{H_1\times W}\neq\emptyset$ 且 $[B_2(i,j)]_{H_2\times W}\neq\emptyset$,而对于子集 T_2 中的字符,则有 $[B_1(i,j)]_{H_1\times W}\neq\emptyset$ 且 and $[B_2(i,j)]_{H_2\times W}\neq\emptyset$,其中 $\emptyset$ 表示空集。进行字符规一化时,采取将子图像 $[B_1(i,j)]_{H_1\times W}$ 和 $[B_2(i,j)]_{H_2\times W}$ 分别规一化生成新子图像 $[G_1(i,j)]_{M_1\times N}$ 和 $[G_2(i,j)]_{M_2\times N}$ 是一种自然而然的策略,$[G_1(i,j)]_{M_1\times N}$ 和 $[G_2(i,j)]_{M_2\times N}$ 分别表示输入字符的上平线以上部分子图像和上平线以下部分图像的规一化后的子图像,M 和 N 分别为规一化后字符的高度和宽度,$M_1+M_2=M,N_1=N_2=N$。设想输入的一系列字符均来自同一文本行,那么它们沿着同一条上平线的位置排列对齐。采用分块策略进行规一化处理后,输出的字符仍旧沿着上平线位置整齐排列,也就是说,上平线位置在字符规一化前后保持不变。后续的匹配分类可看作是对字符上平线上下两侧的两部分分别进行配准判断的过程。这样处理物理概念明确,可减少由规一化过程引入的对不同字符字形结构上的差异的模糊化,从而最大限度地保持规一化后不同字符间的可分性。

在一个藏文文本行中,行的基线与行中各字符的上平线在位置上完全重合。所以,实验表明,字符上平线的定位是非常准确而稳定的。由于行基线到行的上边界之间的距离大约占据整个行高的 $1/4$,本文设定 $M_1=M/4,M_2=3M/4$。于是,由输入字符图像到规一化后字符图像的映射关系可由图 10 来表示。

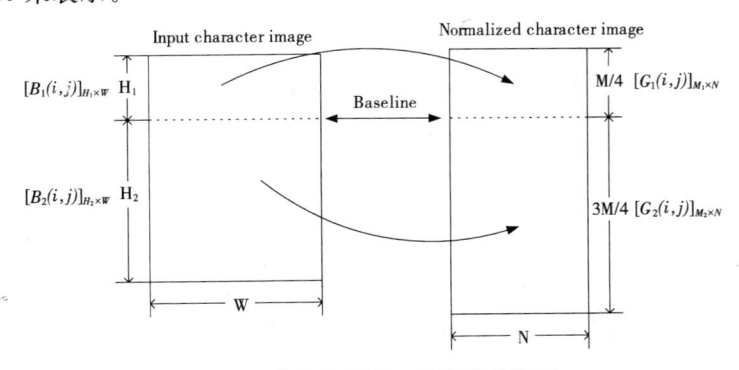

图 10 藏文字符规一化策略示意图

接下来需要考虑的是选定目标点阵(规一化后图像)的高度 M 和宽度 N。在汉字 OCR 系统中,规一化字符的宽度和高度通常同时被选定为 48 或 64,这是因为汉字从字形上说是公认的稳定的方块字,绝大多数汉字的高宽比(Ratio of Height to Width,RHW)接近于 1。与汉字不同的是,位于同一个文本行内的藏文字符虽然彼此在宽度上基本没有明显差异,但每个字符在垂直方向上所包含的构成部件的数目不同,这使得各字符在高度上参差不齐。即使对于简单字丁,彼此之间的高度也具有显著差异。所以,不能像对待汉字那样,将藏文字符规一化为简单的方块点阵。如何选定合理的高宽比,即 M/N 的取值,首选需要参考的是藏文字符大小信息的实际分布情况。

对 6 种常用的典型藏文字体中字符的高宽比的分布情况的统计(图 11)结果表明:1)每种字体中的字符的高宽比分布范围都很广,但同时都有一个相对集中的分布区间,这个区间涵盖的字符数占总量的 50% 以上;2)不同字体字符的高宽比分布表现出非常明显的差异性。基于此,经过全面衡量,规一化目标点阵的高宽比取 2,这不失为一个符合各字体中字符高宽比分布实情的折中值。

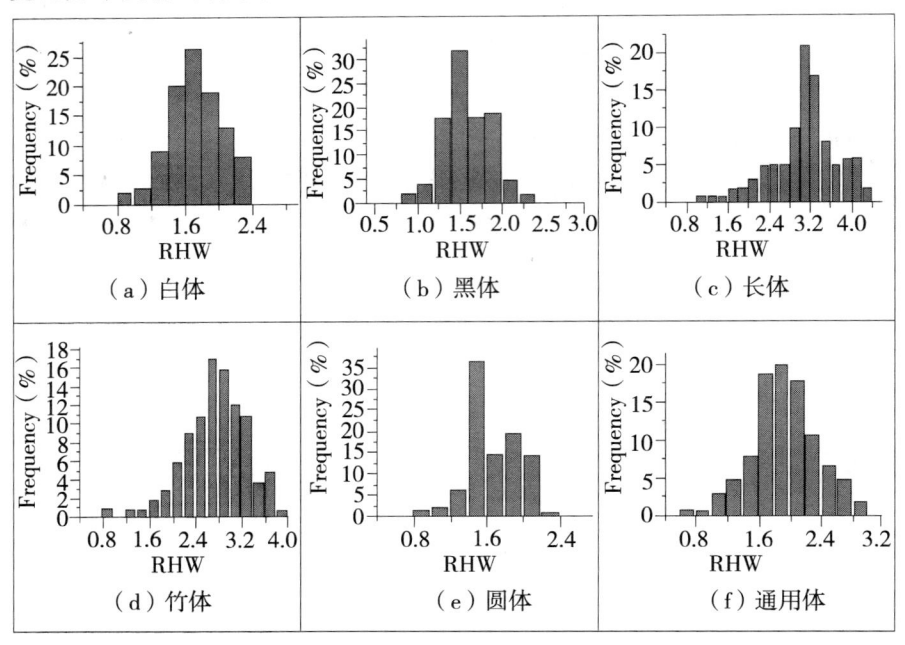

图 11 不同字体字符的高宽比分布

根据观察,在藏汉混排的文本中,藏文字符的宽度与汉字没有显著差异,因而本文设定 N 的取值为 48。这样就有 $M=2N=96$,最终的规一化藏文字符点阵的大小就变成了 $M×N=96×48$。最后,在根据规一化前后字符图像的实际大小将输入藏文字符 $[B(i,j)]_{H×W}$ 放缩为目标点阵 $[G(i,j)]_{M×N}$ 的过程中,为了防止笔画边缘出现阶梯状变形,采用三次 B 样条函数[5]进行差值处理。图 12 给出了几个藏文字符规一化前后图像对照情况的示例,展示了本文所述的藏文字符规一化策略。

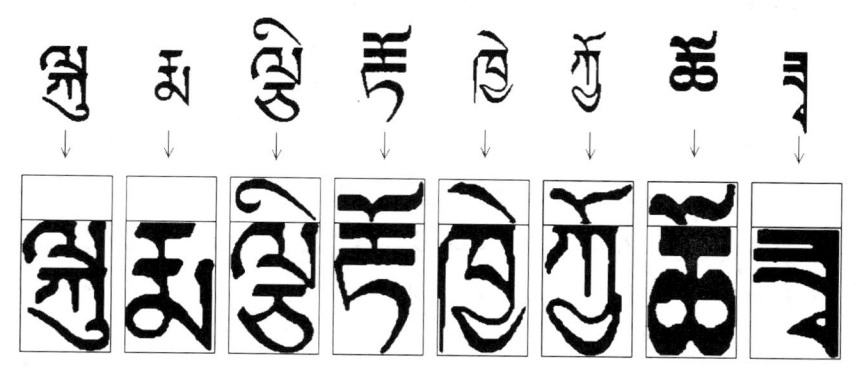

图 12　规一化前后的藏文字符图像示例

3.2　特征表述

在统计模式识别领域内,特征对于能否取得优异的性能具有决定性的影响,因此,选取合适的特征集也就成为 OCR 系统设计中首先要解决的核心问题。本文基于模式识别信息熵理论[18][21],将藏文字符特征提取和特征压缩结合到一起,在符合特定优化准则的前提下,产生高效的藏文字符的表示特征。

信息熵理论深入分析了模式识别过程中特征空间 $F=\{X, p(X) | X \in R^d\}$ 与模式类别空间 $W=\{\omega_i, p(\omega_i) | \omega_i \in \Omega, i=1,2,\cdots,c\}$ 之间的关系(其中 $p(X)$ 表示 d 维特征空间 R^d 中的特征向量 X 的观测概率,$p(\omega_i)$ 为模式类别 ω_i 的先验概率,而 Ω 表示由 c 个模式类别构成的模式类别集)后,得出的一个基本结论是贝叶斯分类器识别错误率 P_e 的上边界由后验条件熵 $H(W|F)$ 所确定:

$$P_e \leqslant H(W|F) = \frac{H(W)-I(F,W)}{2} \tag{2}$$

这个上边界揭示了理想贝叶斯分类器的最佳性能实际上是由特征提取决定的。由于对给定的模式类别空间,$H(W)$ 是确定不变的常量,那么可能降低 P_e 的唯一途径便是增加特征空间和模式类别空间之间的互信息 $I(F, W)$。合理的做法不外乎:1)选择"好的"特征集尽可能地去最大化 $I(F,$

W);2)选定 $J=I(F,W)$ 作为整个识别过程的优化准则。

从视觉角度来说,字符的最基本的特征基元为方向各异的笔画边缘。以简洁而统一的方式很好地描述字符的笔画边缘信息的方向线素特征(Directional Line Element Features,DLEF)[6],已被广泛应用到包括汉字识别在内的诸多 OCR 系统中,其有效性和鲁棒性已为实际表现出来的优异性能所充分证实。对藏文字符而言,笔画边缘的方向性同样也包含了充分的鉴别信息,这为识别过程提供了重要而有益的依据。所以,本文将方向线素特征引入藏文识别中,将其作为描述藏文字符的主要手段。但需要注意的是,藏文字符和汉字在笔画结构上的最显著的一个区别是,在汉字集中很少有弧形笔画出现,而在藏字符中的弧形笔画却占据着相当可观的比重。因此,为了尽可能准确地描述藏文字符,采用方向线素特征时,除了基本的直线型方向线素外,描述弧形笔画的线素信息也必须考虑进来。给定一个输入字符图像,最终特征向量的形成过程包括下列所述的各步骤。

3.2.1 特征提取

首先,通过分析 8 邻域连通性的方法提取出规一化后字符点阵 $[G(i,j)]_{M\times N}$ 的边缘图 $[Q(i,j)]_{M\times N}$。然后,将 4 种不同方向的直线型线素(垂直方向、水平方向、倾斜 45°方向和倾斜 135°方向,图 13(a)—(d))和 8 种不同方向的弧线型线素(图 13(e)—(l))通过模板匹配的方法分配给 $[Q(i,j)]_{M\times N}$ 中每个前景像素,从而得到 12 个方向特征平面 $[P(i,j)]_{M\times N}$

$$[P^{(k)}(i,j)]_{M\times N}=\begin{bmatrix}P^{(k)}(0,0), & P^{(k)}(0,1), & \cdots,P^{(k)}(0,N-1)\\ P^{(k)}(1,0), & P^{(k)}(1,1), & \cdots,P^{(k)}(1,N-1)\\ \vdots & \vdots & \cdots & \vdots\\ P^{(k)}(M-1,0), & P^{(k)}(M-1,1), & \cdots,P^{(k)}(M-1,N-1)\end{bmatrix} \quad (3)$$

$$k=1,2,\cdots,12$$

其中

$$P^{(k)}(i,j)=\begin{cases}1, & \rho^{(k)}(i,j)\geqslant 3\\ 0, & \rho^{(k)}(i,j)<3\end{cases} \quad (4)$$

$$\rho^{(k)}(i,j)=[R^{(k)}]_{3\times 3}\otimes[Q'(i,j)]_{M\times N}=\sum_{m=0}^{m=2}\sum_{n=0}^{n=2}R^{(k)}(m,n)Q'(i+m-1,j+n-1), \quad (5)$$

$$Q'(i,j)=\begin{cases}Q(i,j), & 0\leqslant i<M,0\leqslant j<N\\ 0, & otherwise\end{cases} \quad (6)$$

0 0 0 1 1 1 0 0 0	0 1 0 0 1 0 0 1 0	0 0 1 0 1 0 1 0 0	1 0 0 0 1 0 0 0 1	0 0 1 1 1 0 0 0 0	0 0 0 1 1 0 0 0 1
$[R^{(1)}(i,j)]_{3\times3}$	$[R^{(2)}(i,j)]_{3\times3}$	$[R^{(3)}(i,j)]_{3\times3}$	$[R^{(4)}(i,j)]_{3\times3}$	$[R^{(5)}(i,j)]_{3\times3}$	$[R^{(6)}(i,j)]_{3\times3}$
(a)	(b)	(c)	(d)	(e)	(f)
1 0 0 0 1 1 0 0 0	0 0 0 0 1 1 1 0 0	0 1 0 0 1 0 1 0 0	0 1 0 0 1 0 0 0 1	1 0 0 0 1 0 0 1 0	0 0 1 0 1 0 0 1 0
$[R^{(7)}(i,j)]_{3\times3}$	$[R^{(8)}(i,j)]_{3\times3}$	$[R^{(9)}(i,j)]_{3\times3}$	$[R^{(10)}(i,j)]_{3\times3}$	$[R^{(11)}(i,j)]_{3\times3}$	$[R^{(12)}(i,j)]_{3\times3}$
(g)	(h)	(i)	(j)	(k)	(l)

图 13 方向线素特征模板

接着,将每个特征平面均匀划分成 $M'\times N'$ 个子区域,每个区域包含的像素数为 $u_0\times v_0$,每个子区域与相邻子区域之间在垂直方向和水平方向分别有 u_1 个和 v_1 个像素的重合,这样,

$$M'=(\frac{M-u_0}{u_0-u_1}+1), \qquad N'=(\frac{N-v_0}{v_0-v_1}+1) \qquad (7)$$

再将每个子区域映射到一个点后,便得到了压缩特征平面 $[E^{(k)}(i,j)]_{M'\times N'}$, $k=1,2,\cdots,12$

$$E^{(k)}(i,j)=\sum_{m=0}^{u_0-1}\sum_{n=0}^{v_0-1}W^{(k)}(m,n)P^{(k)}((u_0-u_1)i+m,(v_0-v_1)j+n)$$
$$i=0,1\cdots,M'-1,j=0,1,\cdots,N'-1 \qquad (8)$$

其中 $[W^{(k)}(m,n)]_{u_0\times v_0}$ 是加权系数矩阵:

$$W^{(k)}(m,n)=\frac{\exp(-\frac{(m-u_0/2)^2}{2\sigma_1^2}-\frac{(n-v_0/2)^2}{2\sigma_2^2})}{2\pi\sigma_1\sigma_2}$$

$$\sigma_1=\frac{\sqrt{2}}{\pi}u_1,\sigma_2=\frac{\sqrt{2}}{\pi}v_1 \qquad (9)$$

$$m=0,1,\cdots,u_0-1,n=0,1,\cdots,v_0-1$$

最后,将压缩特征平面 $[E^{(k)}(i,j)]_{M'\times N'}$,$k=1,2,\cdots,12$ 中的所有元素按照一定的顺序排列在一起,就形成了 $d=12\times M'\times N'$ 维原始方向线素特征向量 $X=[x_1,x_2,\cdots,x_d]^T$。

3.2.2 特征压缩

考虑到能用于训练的样本数量有限,提取的原始方向线素特征向量的维数过高,在实际分类过程中难以有效地直接应用,而且,这些高维特征向量中本身也具有明显的冗余性。为了减轻因所用高维特征对有效训练样本的需求难以得到充分满足给分类器参数估计带来的负面影响,原始特征向量在用于分类之前先进行必要的压缩。在假定特征分布为同高斯分布的前提下,可以证明线性鉴别分析LDA[7]给出了由输入特征空间到最终特征检测输出端的最佳线性映射,从而使 $I(F,W)$ 达到最大化[18]。LDA将一个线性变换作用于 d 维输入特征空间,从而得到 r 维输出特征空间($r \leqslant d$):

$$Y = \Phi^T X \tag{10}$$

其中 Φ 是LDA中所用的线性变换矩阵,其维数为 $r \times d$,输出特征空间中的向量 Y 为输入特征空间向量 X 的变换结果。

3.3 分类器设计

由于藏文字符类别数达到500以上,远远超过了常见的字母文字的字符集容量,因而藏文识别属于大规模模式识别的范畴。为此,在识别过程中,本文设计了两级分类策略(图14),目的是为了降低计算开销。

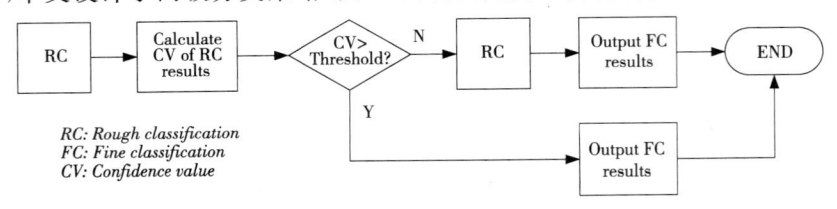

RC: Rough classification
FC: Fine classification
CV: Confidence value

图14 藏文字符分类过程示意图

粗分类器的任务是从一个包含大量类别的模式集合中尽可能快地选定少数几个类别组成一个小规模的候选集[6]。除了速度要求之外,为了降低分类过程最终的识别错误率,对应于输入样本的正确的模式类别需要尽可能地包含在粗分类候选集中。为此,本文设计了一种新的鉴别函数,即带偏移的欧氏距离EDD:

$$d_{EDD}(Y, M_i) = \sum_{k=1}^{r} [t(y_k, m_{ik})]^2 \tag{11}$$

其中

$$t(y_k, m_{ik}) = \begin{cases} 0, & |y_k - m_{ik}| < \theta \cdot \sigma_{ik} \\ \gamma \cdot \sigma_{ik} + C, & |y_k - m_{ik}| > \gamma \cdot \sigma_{ik} \\ |y_k - m_{ik}|, & else \end{cases} \tag{12}$$

$Y = (y_1, y_2, \cdots, y_r)^T$ 和 $M_i = (m_{i1}, m_{i2}, \cdots, m_{ir})^T$ 分别为 r 维输入向量及模

式类别 $i(i=1,2,\cdots,584)$ 的标准向量；σ_{ik} 为类别 i 的第 k 维特征的标准差；θ、$\gamma(\theta<\gamma)$ 和 C 均为取值为正数的常量，用于衡量距离偏移量。EDD 的最突出特性是在传统欧氏距离中引入了字符特征的方差信息，从而具备了更强地对模式在特征空间中分布的表示能力。

一般而言，二次鉴别函数（Quadratic Discriminant Function，QDF）是贝叶斯意义上的最佳分类器。但 QDF 的性能严重依赖于方差矩阵估计的正确性，随着估计误差的逐渐增大，性能将急剧劣化。所以，本文采用修正后的二次鉴别函数 MQDF[8] 来取代 QDF 作为细分类器。在估计方差矩阵时，MQDF 采用近似贝叶斯准则替换 QDF 中的最大似然准则，从而能有效缓解小样本量情况下估计误差所导致的系统性能恶化。MQDF 鉴别距离的计算式如下：

$$g_i(Y,M_i)=\frac{1}{h^2}\{\sum_{j=1}^{r}(y_j-m_{ij})^2-\sum_{j=1}^{K}(1-\frac{h^2}{\lambda_{ij}})[(Y-M_i)^T\phi_{ij}]^2\}+\ln(h^{2(r-K)}\prod_{j=1}^{K}\lambda_{ij}) \qquad(13)$$

其中 λ_{ij} 和 ϕ_{ij} 分别是第 i 个模式类别方差矩阵的最大似然估计值 Σ_i 的第 j 个特征值及其对应的特征向量，h^2 为一个取值很小的常数，而 K 则是主子空间的截断维数。

假定粗分类器输出的候选集为 $CanSet=\{(c_1,d_1),(c_2,d_2)\cdots,(c_n,d_n)\}$，$n$ 为集合中所含的候选字的数目，c_k 和 $d_k(d_1\leqslant d_2\leqslant\cdots\leqslant d_n)$ 分别为集合中的第 k 个候选字的内码及其对应的识别距离，则细分类器的作用就是根据再次计算的鉴别距离对候选集 $CanSet$ 中的候选字重新进行排序。若候选集 $CanSet$ 中的第一候选，即 (c_1,d_1) 已经是对应于输入模式样本的正确的分类结果，那么为了节省计算量，合理的做法是将 $CanSet$ 直接输出作为最终的识别结果，而无需继续进行进一步细分类运算。(c_1,d_1) 的识别置信度（Recognition Confidence Value，RCV）可用作判断是否有必要进行细分类处理的度量[9]，其数值可根据下式来计算：

$$f_{cv}(c_1)=\frac{d_2-d_1}{d_1} \qquad(14)$$

若 $f_{cv}(c_1)$ 小于预先设定的阈值，则继续进行细分类处理，否则，接受粗分类候选集 $CanSet$ 作为最终的识别结果直接输出。

4. 藏文文本切分

为了构建一个实际的藏文文档识别系统，除了藏文单字符识别核心外，另外一个关键点在于如何成功地解决藏文文本切分问题。文本切分包含两个步骤，即文本行分离和字符切分，下面分别加以介绍。

4.1 文本行分离

文本图像在采集时受多种因素影响，容易产生倾斜。文本图像的倾斜将对文本行分离和字符切分直至字符识别带来不利的影响，倾斜程度严重的话甚至能直接导致切分和最终识别失败。所以，在进行文本切分前，必须要进行文本倾斜检测与校正。由于藏文文本行中上平线的存在，整个文本行的倾斜程度与上平线的倾斜程度是完全一致的。此处提出两种不同的文本倾斜检测算法。

(1)基于音节符的倾斜检测算法，它包含以下步骤：

第一步：利用相关图像处理方法，例如连通域分析提取文本图像中选定区域内的音节符；

第二步：以各音节符的顶部位置为基准进行直线拟合，得到的目标直线基本上就是文本图像中选定区域内各文本行的上平线；

第三步：运用动态聚类(Dynamic Clustering)技术计算各直线的最有可能的倾斜角，该计算结果就被作为整个文本的倾斜角。

图 15 以一个实例展示了运用该算法进行文本倾斜检测的整个过程，其中(d)是根据检测得到的倾斜角对文本图像(a)进行倾斜校正后的结果。

(a) 倾斜文本图像

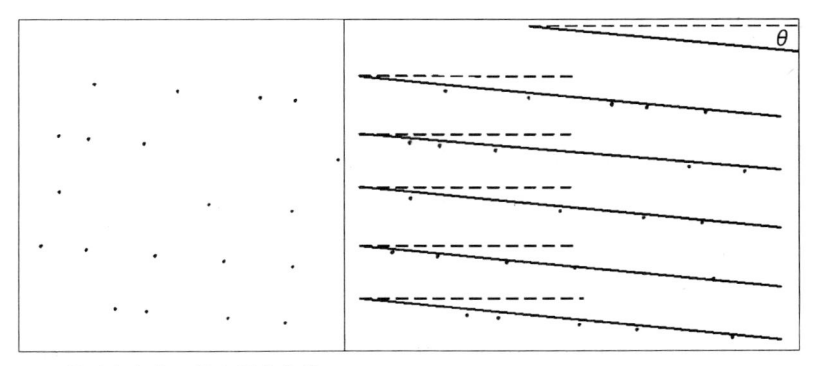

(b) 从选定文本区域中提取出的音节符　　(c) 通过音节符顶端拟合出的直线序列

པོས་གོང་གསལ་མཆིམས་ཀྱི་བསྟན་རྩིས་ཀྱི་ཡུགས་དེ་དོར་ནས་
'ཆོས་རྗེའི་' བསྟན་རྩིས་ཀྱི་ཡུགས་ཏོ་སྟོད་རྒྱས་ཡོད། དེ་རྗེ་
རྩོམ་པ་པོ་དེས་ 'ཆོས་རྗེས' མེ་ཡོས་ལོར་ (1207) ཟང་ཆེན་དུ་
བསྟན་རྩིས་གཅིག་བཟོ་གནང་བ་དང་། རྩོམ་པ་པོ་རང་
ཉིད་ཀྱིས་ལྷགས་བུ་ལོར་ (1261) བསྟན་རྩིས་གཅིག་བཅས་
པའི་སྐོར་བརྗོད་ཡོད། དེར་སྐབས་དེར་འཁོད་པའི་'ཆོས་
རྗེ་' ནི་ ག་ཚེ་ཞི་ རིའི་ ཡུལ་ ནས་ བྱོན་ པའི་ མཁས་ པ་
Sakyasribhadra ལ་གོ་དགོས་ཤིག །ཟང་ཆེན་ཞེས་པ་དེ་
ནི་ 1017 ལོར་ བཞེངས་ པའི་ འཕྱོང་ རྒྱས་ ཡུལ་ གྱི་ སོལ་ ནག་
ཟང་པོ་ཆེ་དགོན་ཞེས་པ་དེ་ཡིན། བསྟན་རྩིས་དེ་ཡང་ཀ་ཤི་ཞི་
རིའི་མཁས་པ་དེ་ཟང་པོ་ཆེ་དགོན་ན་བཅས་པ་ཞིག་ཡིན་
པ་ལས། ཆག་ལོ་ཙཱ་བ་ཆོས་རྗེ་དཔལ་ (1197—1264) གྱི་
དེས་བཅས་པ་ཞིག་མ་ཡིན། ཁོ་བོས་དེ་སྟོན་

(d) 倾斜校正后的文本图像

图 15　藏文文本倾斜检测和校正示例

(2) 基于统计鉴别函数的倾斜检测算法

由观察和实验分析得知,因为稳定基线的存在,随着文本图像倾斜角 θ 的绝对值 $|\theta|$ 的增大,图像的水平像素投影 $H(i|\theta)$ ($i_t \leqslant k \leqslant i_b$, i_t 和 i_b 分别为图像区域的上下边界的纵坐标值) 更趋向于平均分布。换言之,在图像倾斜角 $\theta=0$ 时,$H(i|\theta=0)$ 的分布最不均匀。据此,定义鉴别函数 $f(\theta)$ 来表

示 $H(i|\theta)$ 分布的均匀性：

$$f(\theta) = \frac{\sqrt{D(H(i|\theta))}}{E(H(i|\theta))} \tag{15}$$

其中 $H(i|\theta)$ 的数学期望和方差分别用其估计值代替

$$E(H(i|\theta)) = \frac{1}{i_b - i_t + 1} \sum_{i=i_t}^{i_b} H(i|\theta) \tag{16}$$

$$D(H(i|\theta)) = \frac{1}{i_b - i_t + 1} \sum_{i=i_t}^{i_b} [H(i|\theta) - E(H(i|\theta))]^2 \tag{17}$$

对于给定未知倾斜角度的文本图像，如果对其进行不同角度的旋转，找到使式 15 达到最大的旋转角度 θ，那么就可得知原始输入图像的倾斜角度。因此，图像的倾斜检测可转化为以下的优化过程：

$$\theta_{opt} = \arg\max_{|\theta| \leqslant \theta_{TH}} f(\theta) \tag{18}$$

其中 θ_{TH} 是一个预先设定的阈值，用来限定算法的搜索范围。一般而言，当文本图像的倾斜角度超过 $\pm 15°$ 时认为它不适合于 OCR 自动识别了，此时有必要采取人工干预措施。所以，可设定 $\theta_{TH} = 15°$，实际处理时无法也无必要穷尽 θ 在 $[-15°, 15°]$ 区间上所有可能的取值，只需搜索一些典型的离散值即可。

以上两种倾斜检测算法中，第一种倾斜检测算法适用于质量较好的文本图像，此时能够保证准确地提取到足够多的音节符；而第二种算法则基本不依赖于图像质量，也不以音节符为参考依据，具有更好的通用性和适应能力，可以用在第一种算法要求的先决条件不能满足的情况下，作为前者的一种有益补充。在这两种算法中，为了节约计算量，无需以整个文本图像为计算对象，只要选取图像中的某个区域即可，但要保证选定的区域内至少包含一组来自同一文本行的音节符。

得到倾斜角 θ 后，利用下面的公式将原始图像中位于 (i, j) 处的像素映射到校正后图像的 (i', j') 位置：

$$\begin{bmatrix} i' \\ j' \end{bmatrix} = \begin{bmatrix} 1, & -\tan\theta \\ 0, & 1 \end{bmatrix} \begin{bmatrix} i \\ j \end{bmatrix} + \begin{bmatrix} 0, & \tan\theta \\ 0, & 0 \end{bmatrix} \begin{bmatrix} i_0 \\ j_0 \end{bmatrix} \tag{19}$$

其中 (i_0, j_0) 为原始图像左上角的第一个像素的坐标，以此为基准对原始图像中的每一个像素逐一进行处理后，就能得到对应的校正后的文本图像。

对文本图像进行了倾斜校正后，就可以利用水平像素投影直方图分析法来分离各文本行了。本文通过动态聚类的方法对根据投影直方图分离出来的各文本行的宽度进行分析，以便确定哪些行是正常的文本行、哪些实际上是多行粘连在一起了、哪些又是单一行被错误划分成多行了。再运用规则，对连续的多个窄行进行合并，而对过宽的行进行进一步分裂，反复多次，直至得到令人满意的稳定的文本行分离结果。

4.2 字符切分

4.2.1 切分过程描述

字符切分通常被认为是整个 OCR 系统中对最终性能具有决定意义的一个关键的决策过程,在此过程中既要进行以字符形状相似性为基础的局部判断,又要兼顾基于上下文可接受性的全局决策[5]。为此,本文以可靠性为参考量建立字符切分模型,以此替代以往通用的依赖于各种规则和过多经验阈值的切分策略。

给定一个文本行图像 X,假定 $P=\{x_1,x_2,\cdots,x_n\}$ 为图像 X 的某种划分结果(n 为划分得到的单元的数目),$R=\{c_1,c_2,\cdots,c_n\}$ 为对划分结果 P 的识别结果,那么字符切分的目标即为寻找能使识别结果 R 的置信度达到最大的最优划分结果 P。换言之,划分结果 P 的优劣将直接反映到识别结果 R 上,而由识别结果 R 反馈回来的信息对获取最优划分 P 至关重要。这样,字符切分就成为一个与字符识别交互的动态过程,为了衡量字符切分结果,除了图像划分结果 P 的有效性(用函数 $f_{Cof}(R)$ 来表示)外,还必须考虑识别结果 R 的置信度(用函数 $f_{Cof}(R)$ 来表示),本文以下式作为字符切分过程 S 的性能评价函数:

$$S(P,R)=\alpha f_{Vad}(P)+\beta f_{Cof}(R) \quad (20)$$

其中 α,β 为权重,并且

$$f_{Vad}(P)=\sum_{k=1}^{n}f_{Vad}(x_k) \quad (21)$$

$$f_{Cof}(R)=\sum_{k=1}^{n}f_{Cof}(c_k) \quad (22)$$

通常情况下,c_k 为一个候选集合,包含若干个候选字符及其对应的识别距离。若以 d_{k1} 和 d_{k2} 来表示候选集 c_k 中首选和第二选字符的识别距离,则识别置信度 $f_{Cof}(c_k)$ 可由上文的式 14 来计算。而度量图像划分有效性的函数 $f_{Vad}(x_k)$ 却很难用一个统一的计算式来表示,需要根据实际情况采取合适的表达形式。

综上所述,整个字符切分过程可描述为如下所示的优化过程:

$$(P_{opt},R_{opt})=\arg\max_{P\in\Psi(X)}[S(P,R)] \quad (23)$$

其中 (P_{opt},R_{opt}) 为图像划分结果 P 和其对应的识别结果 R 的最优组合,而 $\Psi(X)$ 表示图像 X 的所有可能的划分结果的集合。

由以上分析不能看出,本文的字符切分模型中包含了不同层次综合运用、互相融合的多种信息,按照由底层到高层的排列顺序依次为:

信息 1:图像像素边缘信息,如投影空白、投影直方图峰-谷值或连通域

边界等；

信息2：字符形状信息，例如不同字符种类（普通字符、音节符、单垂线）的宽度和高度、基线位置等；

信息3：识别核心的反馈信息，主要是识别置信度；

信息4：先验知识，例如字符大小一致性，必要时亦可加入拼写规则等。

4.2.2 字符粗切分

作为字符切分的第一个环节，粗切分的流程如图16所示。首先，对输入文本行的基线进行定位，找到其确切的位置。然后，采用垂直像素投影直方图分析的方法，将文本行图像切割成由一组粗切块（Coarse Blocks，CB）构成的子图像序列。从包含的字符上说，每个粗切块本身可能就是一个单独的字符，也可能是部分字符，与其他粗切块一起构成单独字符，还有可能是粘连在一起的多个字符。此时需要调用识别单元对这些不同类型的粗切块进行识别，根据识别结果，对所有粗切块进行分析，获取字符宽度、音节符的大小及其点阵模板等信息。这些信息储存在一个全局动态参数库（Global Dynamic Parameter Library，GDPL）中，其存续期间贯穿整个字符切分过程，而且随着切分进程的推进，各参数信息也不断地更新。

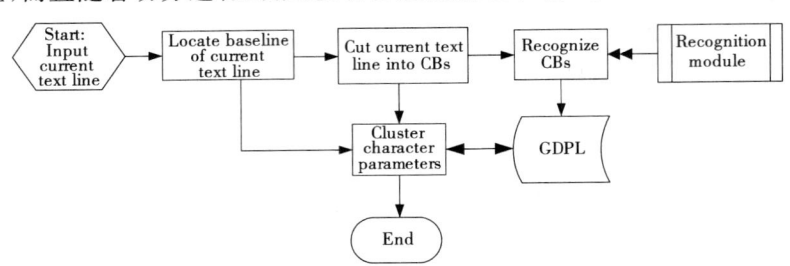

图16 字符粗切分过程

4.2.3 细切分

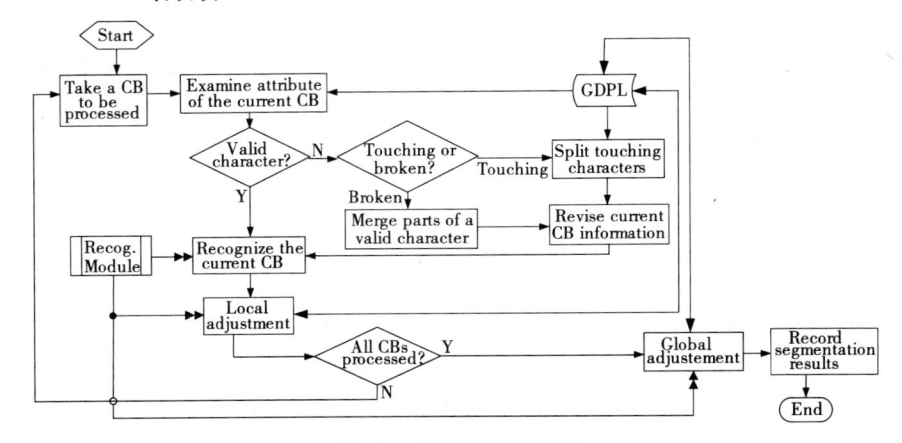

图17 字符细切分过程

由粗切分过程产生的粗分块序列,作为细切分过程的输入进行进一步处理后,得到最终的字符切分结果,同时也产生了最终的字符识别结果,如图 17 所示。在分离粘连字符时,本文运用一种改进的鉴别函数 $g(m)$ 来确定最佳切分点[16]:

$$g(m)=\left[\max(\frac{|V(m-1)+V(m+1)-2V(m)|}{V(m)+1},\frac{|P(m-1)+P(m+1)-2P(m)|}{P(m)+1})\right]^{\gamma} \tag{24}$$

其中 $V(m)$ 和 $P(m)$ 分别表示在水平方向上 m 位置上的垂直像素投影和垂直轮廓投影;参数 γ 将高阶非线性性引入函数 $g(m)$,使其在寻找切分点时具有更好的区分度。

接下来,调用识别模块识别当前切分结果,将识别置信度加入 GDPL,同时参考 GDPL 中的其他参数,对切分结果进行局部优化,调整范围局限在当前图像块之内,主要对切分位置做微调。在此过程中,调用识别核心,根据反馈结果测算可信度,获得最佳的切分—识别联动的结果,及时更新 GDPL 中的数据。

在当前文本行的所有图像块都处理完毕后,以文本行为单位进行全局优化。在这个阶段,利用语法规则、上下文关系等高层次信息,纠正前面的切分错误,重点放在藏文音节的构成规则上,它可作为全局调整的有效依据,具体调整步骤为:

首先,提取有效音节。位于相邻两个连续音节符之间的一个字符段构成单个合法音节符,比照识别结果和原始图像可分离得到各个单独的音节。

其次,搜索漏切音节符。由于音节符极易与其前后的字符在基线位置粘连,若漏切此类粘连音节符,则使相邻的两个或多个音节连为一个字符段,在上一步提取音节时会被作为一个音节,但它显然不会是合法的藏文音节。通过检测这些由多个音节构成的字符段中的含元音部分的字符的数目,可确定该字符段中有效音节的个数,以此为指导,在候选位置找出漏切的音节符。

最后,音节有效性验证。根据音节所含字符的数目、各位置字符的合法性、字符之间在语法上的约束关系等信息,重新确定音节中可疑字符的切分边界。

以上 3 个步骤交替进行多次,直至获得当前文本行字符串的最佳切分路径。

5. 实验结果

5.1 藏文单字符识别算法的性能

到目前为止,已经收集到1,200套藏文单字符样本,这些样本全部采自国内主流的藏文出版系统,如方正系统、华光系统等,每套样本均包含584个最常用的现代藏文字丁及符号。样本集覆盖了广泛使用的6种印刷藏文字体,即白体、黑体、长体、圆体、竹体和通用体。采样时注意兼顾了不同图像质量的字符样本,正常字符与非正常字符(噪声污染、断裂、粘连)的分布比例大致保持在1:1。从1,200套样本中随即抽取出900套组成训练集,余下的300套作为测试集。

识别库包含584个不同的字符模板,即每个藏文字丁有且仅有1个模板中心。训练集中的所有字符样本用于训练单字符识别核心,通过实验选定训练过程相关参数的具体数值为:

原始特征维数:$d=660$;

压缩降维后的特征维数:$r=176$;

EDD参数:$\theta=0.5$、$\gamma=1.6$、$C=20$;

粗分类器输出候选字符数:$n=14$;

MQDF截取主子空间维数:$K=32$。

下表列出了在单字符测试集上识别核心对各字体字符的首选识别正确率。

表1 测试集上的识别正确率

字体	白体	黑体	通用体	圆体	长体	竹体	平均首选识别率
字符数	46,720	29,200	35,040	29,200	17,520	17,520	
首选识别率	99.87%	99.76%	99.82%	99.85%	99.58%	99.70%	99.79%

可见,测试集上的平均识别正确率达到了99.79%,对各种字体的识别错误率均不超过0.5%,这足以表明本文所提算法对拥有大字符集的多字体印刷藏文字符识别的有效性。尽管各种不同字体的字符在图像层面上彼此差别非常明显,但反映在最终识别率上的区别却基本可以忽略。这意味着本文方法对因字体风格不同而导致的字符差异并不敏感,即能适用于识别多字体藏文字符。在藏文字符集的总共584个字丁中,大约有100对极相似字符对,对它们的区分鉴别是一个突出的难点。以长体藏文字符为例,在17,520个参与测试的字符样本中就包含了多达3,000对左右的极相似

字符对,而该字体的识别错误率仅为 0.42%,也就是说,只有 73 个字符识别错误。这一事实说明至多只有 36 对极相似字符对之间产生了混淆导致彼此难以被区分开来,换言之,至少 98.7% 的极相似字符对被成功地区分开来并被正确识别。由此可见,在区分鉴别相似字符对方面,本文算法的效果也是令人满意的。

5.2 藏文文本切分算法的性能

实验是从实际藏文出版物中扫描而来的文档图像组成的测试集上进行的,扫描的分辨率为 150～300 不等,测试集总计包括 6 种常用的具有典型代表性的不同字体(白体、黑体、长体、圆体、竹体和通用体)的约 520,000 个印刷体藏文字符。

通过手工分割方法测知,测试集中文本图像共有 14,365 个有效的藏文文本行,其中的 14,278 个文本行被本文所提的文本行分离算法成功分割出来,正确率达到 99.39%,剩余的 87 个未被正确分离出来的文本行基本都受到严重的噪声污染,已经不是正常意义上有效字符行了,这是导致其分割失败的主要原因。

在藏文单字识别核心的参与下,测得对测试集中文档图像的字符识别率为 95.06%。运用 OCR 性能自动评估分析工具[17]对总共 4.94% 的识别错误率进行分析的结果表明,确定的切分错误(Assured Segmentation Error, ASE)、确定的分类(识别)错误(Assured Classification Error, ACE)及不可确定类型的错误(Unsure Type's Error, UTE)分别为 1.92%、2.06% 和 0.96%。即使将 UTE 错误率全部计入切分错误后,整体的切分错误率也仅为 2.88%。图 18 给出了一个实际的藏文文本行的切分全过程的示例。

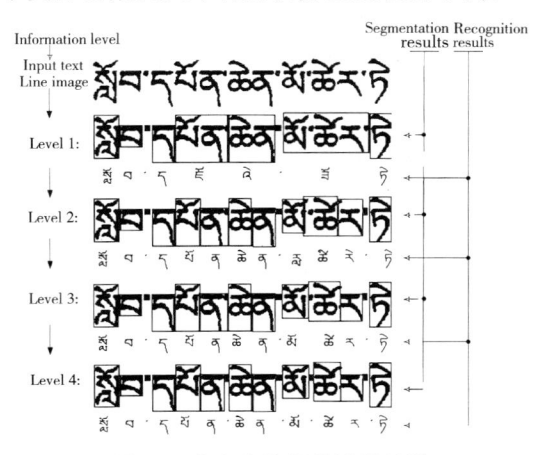

图 18 藏文字符切分过程示例

6. 总结

本文在简要介绍藏文字符和藏文文本的基本特点之后,提出一种基于统计模式识别技术的完整多字体印刷藏文识别方法,包含藏文单字符识别算法和藏文文本切分方法等两方面内容。

为了识别藏文字符,首先对输入的字符图像进行一种特殊的点阵规一化操作。随后,从字符图像边缘提取方向线素作为表示字符的统计特征。通过 LDA 对原始特征向量进行压缩降维后,采用由粗到精的两级分类策略对字符类别属性进行判定。其中粗分类器借助带偏移的欧氏距离 EDD 来完成,而修正的二次鉴别函数 MQDF 用于最终的细分类环节。设定合适的相关参数后,本方法在测试集上获得了令人鼓舞的识别结果。

而为了有效完成藏文文本切分的任务,本文提出了包括文本图像倾斜检测与校正、文本行分离、动态递归字符切分等算法在内的一整套解决方案。为了验证其性能,在由实际藏文文档图像组成的包含约 52 万多字体藏文字符的大规模测试集上进行了实验。测试结果表明,本方案表现优异,完全能适应实际应用环境中对藏文文本切分的要求。

本文方法可用于构建实际的多字体印刷藏文识别应用系统。事实上,无论是实验结果,还是最近对藏文杂志、报纸等真实文档图像的尝试性应用的实际效果,都已经充分验证了该方法识别率高、鲁棒性强的特点。此外,本方法还具有很强的适应性和可扩展性。举例来说,若需要对更多的新字体藏文进行识别,在本方法的框架内,只要简单地将这些字体对应的样本直接加入训练集中进行重新训练后,得到的新识别核心即可胜任新字体字符的识别。本例中的字体可扩展性源于分类器对不同字体间字符差异的突出的容忍度。进一步说,该方法也可望在带有必要书写风格限制的手写体藏文识别中有优秀的表现,这种尝试非常有必要进行。将来的工作还包括根据实际应用过程中反馈回来的信息对现有方法不断进行完善调整和改进提高。

致　　谢

本文的研究得到了国家 863 计划(2001AA114081)和国家自然科学基

金(60241005)的支持和资助,在此深表谢意。

参考文献

[1] K. Masami, et al, "Recognition of Similar Characters by Using Object Oriented Design Printed Tibetan Dictionary", *Trans. of IPSJ*, Vol. 36, No. 11, pp. 2611 – 2621, 1995

[2] K. Masami, K. Yoshiyuki, K. Masayuki, "Character Recognition of Wooden Blocked Tibetan Similar Manuscripts by Using Euclidean Distance with Deferential Weight", *IPSJ SIGNotes Computer and Humanities*, Vol. 30, 1996

[3] S. Ma, Y. Jin, Z. Jiang, et al, "A Method of Printing Tibetan Character Recognition", *Proc. of 4th World Congress on Intelligent Control and Automation*, Vol. 3, IEEE. pp. 2304 – 2307, Shanghai, China, 2002

[4] 伍振军、丁晓青:鲁棒的多体印刷英文识别系统的实现,计算机工程与应用, Vol. 20, pp. 120 – 122, 2001

[5] Hou H, Andrews H. "Cubic Splines for Image Interpolation and Digital Filtering", *IEEE Trans. on Acoustics, Speech, and Signal Processing*, Vol. 26, No. 6, pp. 508 – 517, 1978

[6] Kato N, Suzuki M, Omachi S, et al, "A Handwritten Character Recognition System using Directional Element Feature and Asymmetric Mahalanobis Distance". *IEEE Trans on PAMI*, Vol. 21, No. 3, pp. 258 – 262, 1999

[7] K. Fukunaga, *Introduction to Statistical Pattern Recognition* (2nd Edition), pp. 460 – 465, New York: Academic Press, 1990

[8] F. Kimura, K. Takashina, S. Tsuruoka, "Modified Quadratic Discriminant Functions and the Application to Chinese Character Recognition", *IEEE Trans. on PAMI*, Vol. 9, No. 1, pp. 149 – 153, 1987

[9] X. Lin, X. Ding, M. Chen, et al., "Adaptive Confidence Transform Based Classifier Combination for Chinese Character Recognition", *Pattern Recognition Letters*, Vol. 19, No. 10, pp. 975 – 988, 1998

[10] YI LU, "Machine Printed Character Segmentation: an Overview", *Pattern recognition*, Vol. 28, No. 1, pp. 67 – 80, 1995

[11] R. G. Casey, E. Lecolinet, "A survey of methods and strategies in character segmentation", *PAMI*, Vol. 18, No. 7, pp. 690 – 706, 1996

[12] H. H. Kuo and J. F. Wang, "A New Method for the Segmentation of Mixed Handprinted Chinese/English Characters", *Proc. of 5th ICDAR*, pp. 810 – 813, IEEE, Bangalore, India, 1999

[13] U. Garain, B. B. Chaudhuri, "Segmentation of Touching Characters in Printed Devnagari and Bangla Scripts Using Fuzzy Multifactorial Analysis", *Proc. of 6th ICDAR*, pp. 805 – 809, Seattle, USA, 2001

[14] S. Kahan, T. Pavlidis and H. S. Baird, "On the recognition of printed characters of any font and any size", *PAMI*, Vol. 9, No. 2, pp. 274 – 287, 1987

[15] D. S. LE, G. R. Thoma and H. Wechsler, "Automated page orientation and skew angle detection for binary document image", *Pattern Recognition*, Vol. 27, No. 10, pp. 1325 – 1344, 1994

[16] S. Liang, M. Ahmadi, M. Shridhar, "Segmentation of Touching Characters in Printed Document Recognition", *Proc. of 2nd ICDAR*, pp. 569 – 572, IEEE, Tsukuba, Japan, 1993

[17] C. Fang, C. Liu, "Automatic Performance Evaluation of Printed Chinese Character Recognition Systems", *IJDAR*, Vol. 4, No. 3, pp. 177 – 182, 2002

[18] X. Q. Ding, "Information entropy theory in pattern recognition", *Acta Electronica Sinica*, Vol. 21, No. 8, pp. 2 – 8, 2002

[19] 康才畯、江荻、戴亚平：一种基于构件的藏文识别算法，《少数民族语言信息技术研究进展：中国少数民族语言信息技术与语言资源库建设学术研讨会论文集》，中科院自动化所印，2004年4月，第290—295页；又载：江荻，孔江平（主编）：《中国民族语言工程研究新进展》，北京：社会科学文献出版社，2005年3月。

[20] 王浩军、赵南元、邓钢铁：一种现代藏文笔段提取算法，《中文信息学报》，2001年第4期，第41—46页。

[21] 严海林，江荻：一种基于三级分类器的藏文识别方法，《第十届全国少数民族语言文字信息处理学术研讨会论文集》，2005年7月，第16—18页。

[22] 严海林，江荻，戴亚平：基于基线分割的藏文相似字丁识别方法，《少数民族语言信息技术研究进展：中国少数民族语言信息技术与语言资源库建设学术研讨会论文集》，中科院自动化所印，2004年4月，第285—289页；又载：江荻，孔江平主编《中国民族语言工程研究新进展》，北京：社会科学文献出版社，2005年3月。

附注：

清华大学电子工程系丁晓青教授和王华博士曾在国际学术会议发表关于藏文识别系统的完整研制报告，后收入B. B. Chaudhuri博士主编的论文集。这篇"多字体印刷藏文的识别"是目前藏文识别研究最重要的论述，为推动国内学术发展，经作者同意，我们委托王华博士将该文翻译成中文，以飨读者。该文英文版发表信息如下：

Xiaoqing Ding and Hua Wang (2006) Multi-Font Printed Tibetan OCR. In: Bidyut B. Chaudhuri (Editor), *Digital Document Processing: Major Directions and Recent Advances* (pp. 73 – 98). Publisher: Springer-Verlag London Limited. ISBN-10: 1846285011.

附录 2　藏文识别系统介绍

藏文文字识别研究与英文和汉文相比起步比较晚,但它是在英汉文字识别技术十分成熟的基础上展开的,因此发展比较迅速,在短短几年中藏文文字识别技术已经达到应用水平。但是,目前可应用的识别软件还有许多不足,在清华多文种多字体识别系统的藏文识别模块中,识别后的字体以同元为基础,在字体的选择上有诸多局限,它本身不是基于 Unicode 的国际藏文字符编码集,识别后的文件与目前微软推出的 Office 办公软件不能兼容,这是一个比较突出的问题。从目前的情况来看,基于 Unicode 的喜玛拉雅藏文输入法能够与 Office 办公软件的兼容,越来越受使用者的欢迎。

本章主要介绍两款藏文文字识别软件。一是 2002 年中国社会科学院民族学与人类学研究所与北京理工大学教学合作开发的藏文识别实验系统,二是由清华大学开发的 TH-OCR 2007 统一多民族文字识别系统。鉴于后者已经成为实用性成熟的藏文识别产品,因此此处仅简单介绍民族所的实验系统,重点介绍 TH-OCR 2007 统一多民族文字识别系统。

1.　藏文识别实验系统简介

藏文识别实验系统具有以下几个特征:

一是该系统设计与研发建立在中字符集的基础之上,中字符集共有 1006 个字符。本系统没有采用 Unicode 的国际藏文字符编码集,而是使用同元藏文字体,识别后的文字字体与同元字体绑定。二是该系统本身非常简化,没有外接扫描系统的设置和图像的获取等功能,必须使用已经准备好的图像。而且对图像的质量要求非常高,软件本身的鲁棒性不强。三是识别率的高低依赖于图像质量的好坏,如果图像质量极好,在中字符集内,识别率可以达到 99% 以上,但是如果图像质量不佳将极大影响识别率。四是该系统能够识别的文本包含连续文本和非连续文本的图像,识别后将识别结果保存为纯文本文件。五是该系统对文种混排和图文混排的图像处理效果差。尽管如此，它毕竟是开展藏文文字识别的早期实验系统，为藏文文字识别的研究奠定了一定的基础，尤其是提出了一些有特色的识别技术，比如基于藏文基线的文字识别技术，在相似字丁的区分与识别等方面积累了不少的经验。下面将简要介绍该实验系统。

1.1 系统概述

本系统包括预处理和识别两个模块(图1)。需要实现的步骤有去噪处理、二值化处理、倾斜校正、字符切分及归一化处理等环节。预处理部分的环节主要依靠各种数字图像处理技术来实现：去噪处理部分主要以中值滤波来实现；二值化处理主要通过灰度直方图决定二值化阈值；倾斜校正通过 Hough 变换来检测倾斜角度；字符切分主要依靠积分投影来实现；归一化主要依靠对数字图像矩阵进行二阶线性插值来实现。考虑到预处理环节的实时性要求，以上数字图像处理算法都是根据处理效果及处理效率均衡选择的，并未采取类似于高阶滤波平滑、局部阈值二值化及高阶线性插值等效果较好，但时间消耗较高的算法。

识别模块采取基于置信度分析的三级分类识别。特征库以 Access 保存。第一级分类器以字丁高度为判别依据；第二级分类器以网格黑像素点数目为判别依据，对第二级分类器输出特征距离进行置信度分析，小于置信度阈值，则直接输出识别结果，否则，送入第三级分类器进行识别；第三级分类器以网格方向线素为判别依据。图1是整个识别过程的流程示意图。

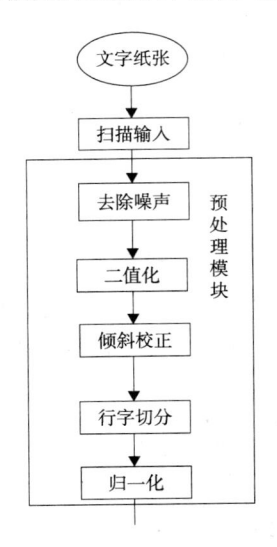

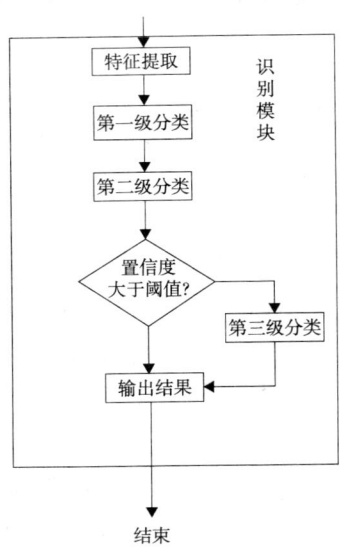

图 1　藏文识别软件实验系统流程图

1.2 软件安装及识别过程

如果是 Windows2003 及以上操作系统,直接将文件夹 TibetanOCR 拷贝到磁盘目录即完成安装,如果是 Windows98 以上及 Windows2003 以下操作系统,则先打开文件夹 dotNETRedist,双击 dotnetfx 安装驱动程序库,安装完毕后,将文件夹 TibetanOCR 拷贝到磁盘目录。

打开文件夹 TibetanOCR,双击应用程序 TibetanOCR.EXE 运行程序(如果发现无法运行程序请先参看安装)。打开后可以看到如图 2 所示。

图 2　系统主界面

该软件主界面菜单项有【文件】、【预处理】、【识别】、【查看】和【帮助】。

文件菜单包括如图 3 所示的下拉子菜单,包括【打开】、【重新加载】、【256 色图转换灰度图】和【退出】子命令。

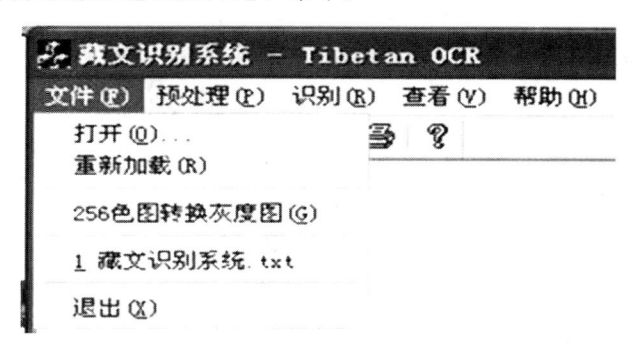

图 3　文件下拉菜单

【打开】获取文本图像,选中要识别的图像,如图 4 所示。

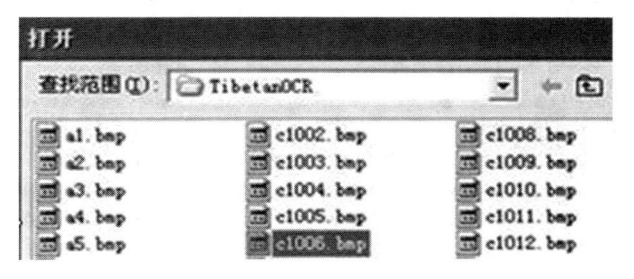

图 4　打开文本图像

选择藏文文本图像（图像格式 BMP），然后打开，可以看到藏文文本图像被显示出来，如图 5 所示。

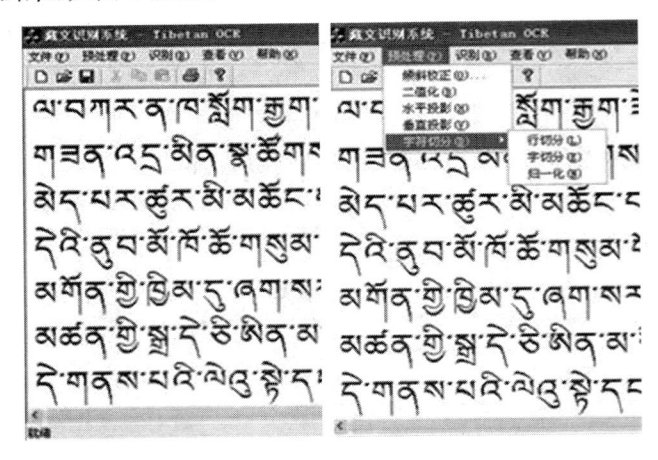

图 5　载入文本图像　　图 6　预处理下拉菜单

预处理菜单有五个命令选项，分别是【倾斜校正】、【二值化】、【水平投影】、【垂直投影】和【字切分】，其中，字切分包括【行切分】、【字切分】、【归一化】三个子命令。如图 6 所示。

利用【倾斜校正】命令，将对文本图像进行校正，如图 7 所示。利用【二值化】命令，如图 8 进行二值化参数的设置。图 9 是行切分的效果。

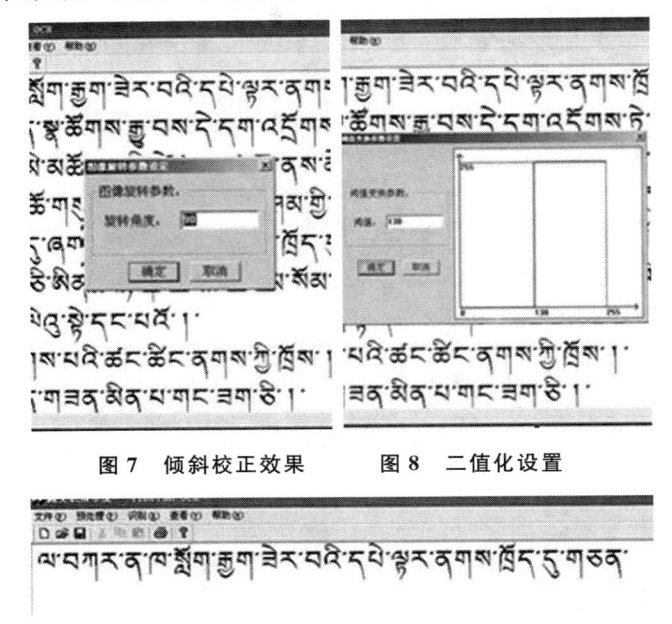

图 7　倾斜校正效果　　图 8　二值化设置

图 9　行切分

要识别的文本图像经过预处理阶段后，将进入正式的识别阶段，【识别】

功能键下面有【特征提取】和【识别】两个子命令。如图 10 所示。

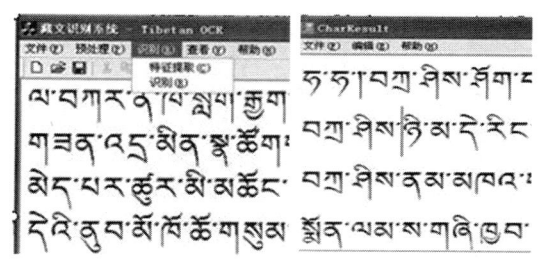

图 10　识别子命令　　图 11　识别结果菜单

执行命令后,识别结果会在新弹出的窗口中显示出来,识别结果为纯文本形式,可以进行编辑等操作如图 11 所示。

图 11 charresult 为识别后的结果,与原文本图像基本一致,但它是纯文本格式的文件,文本中的文字可以进行编辑。弹出窗口有【保存】、【编辑】和【帮助】命令。【保存】命令菜单有【保存】和【退出】两个子命令,点【保存】命令可以把识别后的文本保存为纯文本文件。【编辑】命令菜单有【全选】、【复制】和【清空】三个子命令。比如点击【全选】时,文本中的所有字符被选中,如图 12 所示。

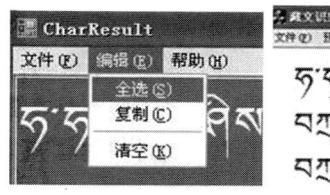

图 12　识别后编辑　　图 13　查看

在这个弹出的编辑窗口,可以自由地编辑文本中的字符,比如,添加、删除、修改、拷贝、粘贴等。

【查看】命令菜单有【工具栏】和【状态栏】两个子命令。如图 13 所示。

当两个子命令被选中时,在窗口中出现工具栏和状态栏,如图 14 所示。

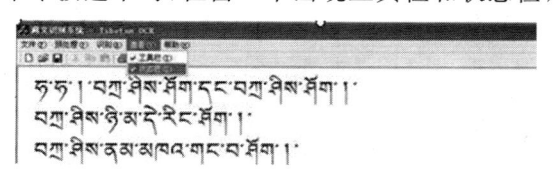

图 14　工具栏和状态栏

通过帮助命令,可以获得程序的使用帮助。

从上面介绍的情况来看,这个系统操作十分简单,显然只是实验性系统。然而就特定的字体和文本图像的识别来看,正确率可以达到 90% 以上。它虽然只是一个实验系统,但是正如前面所述,该系统是早期藏文文字识别系统,具有探索性,而且这个识别系统也是本书创作的一个重要依据,因此值得介绍以供读者了解。

2. TH-OCR 2007 统一多民族文字识别系统

2.1 系统概述

本节重点介绍 TH-OCR 2007 统一多民族文字识别系统,该系统是在国家 863 计划、国家自然科学基金支持下,由清华大学电子工程系智能图文信息处理研究室开发完成。清华大学电子工程系的汉字识别技术一直处于国内外领先地位,TH-OCR 2007 系统是清华技术在专业领域中应用的又一个典范。

TH-OCR2007 统一多民族文字识别系统主要由四个部分构成:识别部分、校对部分、版面恢复部分;辅助工具部分。

使用该软件之前,需要安装光盘一套、加密狗一只,这两个东西是必备的。加密狗安装在计算机上以后,还要给它安装驱动程序和服务程序,这样才能正确地运行与使用。如果要同时在几台机器上使用,可把加密狗安装在服务器上,然后把驱动程序和服务程序安装在服务器上就可以了。在使用这套软件时,还需要考虑其他的硬软件配置,比如在 NT4.0 操作系统上运行时,需要安装 SPACK3 或者以上,在 WIN95 上安装,需要装 IE5。如果计算机上没有网卡,一定需要安装上,否则将不能正确地运行。

图 15 所示为 TH-OCR2007 系统的分步操作流程。

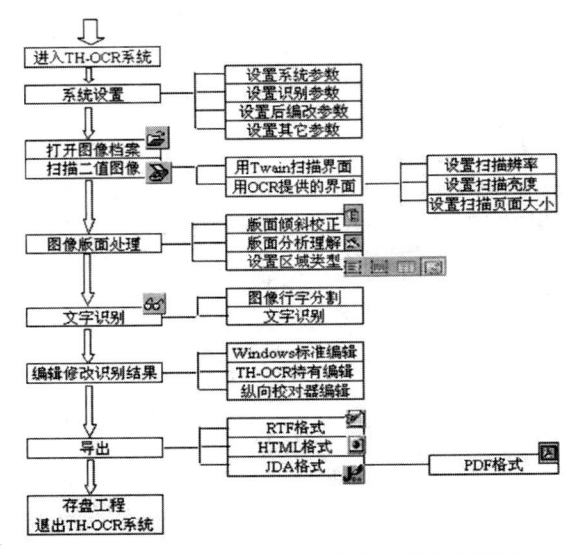

图 15　TH-OCR2007 系统的分步操作流程图
(引自 TH-OCR2007 帮助文档)

2.2 软件设置

如果上面各个步骤都准备好了,可以打开软件,根据应用环境以及需要来设置各种系统参数。

【设置】项在【命令】下拉菜单最下端。如图 16 所示。

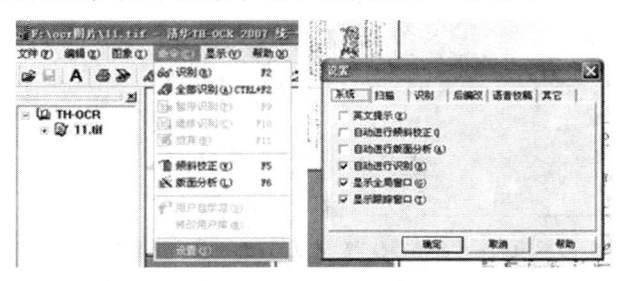

图 16 设置系统参数　　　图 17 设置【系统】参数

点击【设置】后将弹出新的设置对话框,在此可以对系统、扫描、识别、后编改、语音校稿、其他六项参数进行设置,设置好的结果系统会自动保存,下一次操作时不需要重新设置。当选中【系统】项时,下面有一系列参数,如【英文提示】、【自动进行倾斜校正】、【自动进行版面分析】、【自动进行识别】、【显示全局窗口】、【显示跟踪窗口】等,点击前面的小方框,方框中出现小钩视为选中该参数(见图 17)。当选择【英文提示】时,系统中的所有菜单都用英文表示。当选择【自动进行版面分析】时,如果装入图像,系统就会自动完成整个版面分析。当选择【自动进行识别】时,装入图像后系统会自动完成整个识别过程。当选择【显示全局窗口】时,装入图像后,系统自动显示全局窗口。当选择【显示跟踪窗口】时,系统处于编辑状态后自动显示原图像的跟踪窗口。如果装入的图像含有表格,最好不要选用【自动进行版面分析】和【自动进行识别】两个选项。

当选中【扫描】选项时,如图 18 所示,可以对扫描时的文件名进行设置,有两种选择,可以自己命名,也可以自动命名,同时可以设置扫描图像的格式。

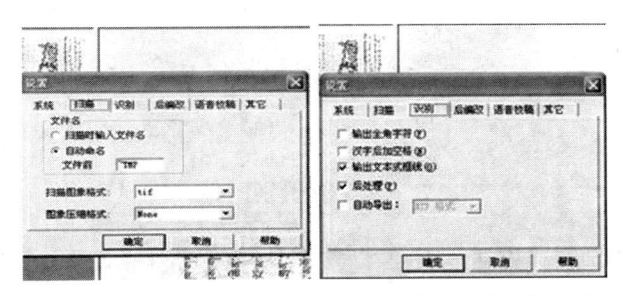

图 18 设置【扫描】参数　　　图 19 设置【识别】参数

【识别】选项中有五个参数选项,如图 19 所示,参数设置有【输出全角字符】、【汉字后加空格】、【输出文本式线框】、【后处理】,当使用导出功能时,可以设置文本格式。

【后编改】选项可以设置浮动跟踪窗口的有无选项,以及与文本之间的关系,前景、背景颜色和可疑字体的颜色。建议全部选中。如图 20 所示。

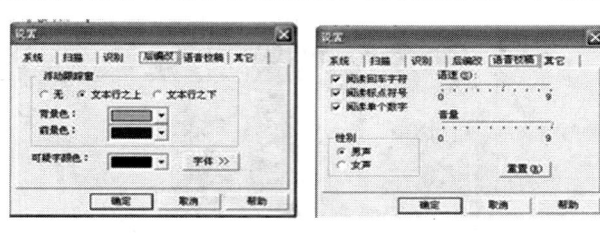

图 20　设置【后编改】参数　　图 21　设置【语音校稿】参数

【语音校稿】选项,是对识别后的文字语音识别及朗读的设置。包括【阅读回车字符】、【阅读标点符号】、【阅读单个数字】,还可用于性别、语速、音量设置,如图 21 所示。

【其他】选项包括【表格】中的【快速框线检测】、【版面分析】中的【杂志】与【报纸】选项。还可以通过设定【校对】中的【参考文本路径】,使每次打开的文本文件与指定目录中同名文件比较,如果两个文件有不同的地方则标记为可疑字,它的目的是用于纵向校对与通常校对的结果能够相融合,同时也可以与其他方法得到的文本比较,如人工录入等。如图 22 所示。

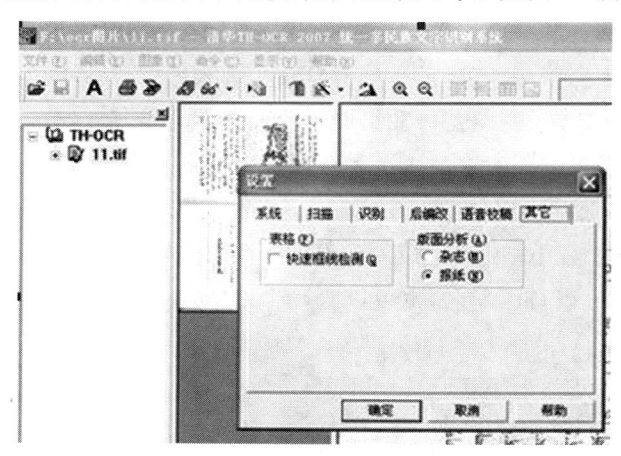

图 22　设置【其他】参数

2.3　获取识别图像

设置好以后,可以通过新建工程,获取需要识别的图像。

使用【文件】菜单下的【新建工程】命令或工具栏中的按钮,在弹出的【新建工程】对话框中键入工程名称及路径,点击【新建】。

识别图像的获得有两种途径,一是通过外部扫描仪设备扫描图像,扫描图像之前需要对扫描仪设置,在【文件】菜单下有【选择扫描设备】和【扫描设置】命令,当选定【选择扫描设备】项时,若计算机系统中已安装了扫描仪及其驱动程序,则出现 TWAIN 提供的【Select Source】对话框,选择需安装的扫描仪,然后按【Select】键确定。若尚未安装扫描仪及其驱动程序,则此选项无效。这时应按扫描仪安装要求进行扫描仪及其驱动程序的安装。扫描仪一旦选定,以后就不用再选择。

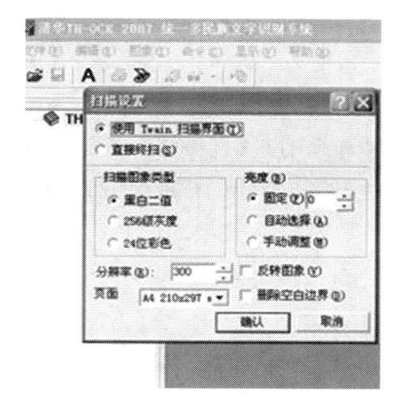

图 23　获得识别图像　　图 24　扫描设置

在【文件】菜单下选择【扫描设置】子菜单,弹出【扫描设置】对话框。对话框中提供两种扫描界面供用户选择。如图 24 所示,当选择【使用 Twain 扫描界面】时,这是使用扫描仪本身的界面扫描图像,详细操作可参考扫描仪的操作说明。此时对话框下部的各选项无效。当选择【直接终扫】时,这是使用 TH-OCR2007 自带的界面扫描图像。这时需要同时设定对话框下部所示的扫描参数。首先看【亮度】,有三种方式可以调节亮度,【固定】选项,可以直接在文本框中输入亮度数值,也可以用鼠标点击右面的箭头,得到所需要的亮度数值,值得注意的是系统中提供的亮度数值的范围是+128 到-128。如选中【自动选择】时,亮度参数全由本软件在扫描中自动确定。如果选中【手动调整】选项,亮度参数根据用户在扫描中的具体情况而定,建议使用该选项,调整得好可以获得比较理想的扫描识别效果。设置好以后,可以选择扫描命令。

当选择【扫描】时,可能出现几种情况,一是如果在【扫描设置】中选择了【使用 Twain 扫描界面】,扫描要经过两个步骤,预扫和终扫,即预先扫描和最终扫描,预扫的目的是测定扫描文件的亮度、分辨率等参数,这时候,可以对亮度、分辨率及扫描范围等参数进行选择和调整,直到满意后再以这些选

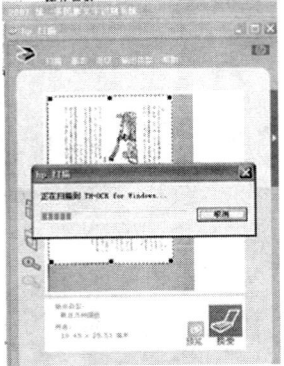

定的参数进行最终的扫描。

图 25　扫描开始　　图 26　扫描过程

二是如果选择的是【直接终扫】选项,系统就只扫描一次,相应的,如果设置的亮度为固定或者自动,那么在此就不需要设置亮度了,扫描后可以直接获得图像。如果选择了手动调整亮度,这时还需要对亮度进行调整,直到满意为止。图 25 表示的是扫描开始的画面,图 26 是扫描过程,图 27 表示扫描结束画面。

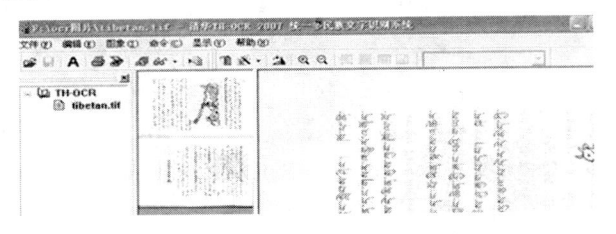

图 27　扫描结束

扫描结束后得到的图像将同时显示在全局图像窗口和局部图像窗口之中。如图 27 所示。图的中部为全局图像窗口,右部为局部图像窗口。

下面将介绍向已有的工程中添加图片的基本步骤。

首先打开现有的工程,如例子中的 TH-ORC,选中 TH-ORC,点击右键,会弹菜单如图 28 所示,点击【加入新页】,出现打开对话框,如图 29 所示。

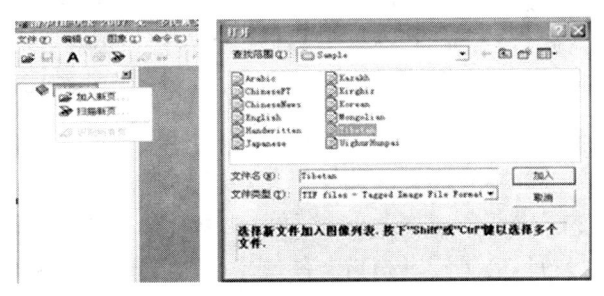

图 28　添加图片　　图 29　选择图像文件

选择显示图片存放的目录,选中图片名称,点击【加入】,图片被自动地加入到现有工程中。通过文件类型的下拉菜单可以选择不同类型的文件。

如果想要把新加入的图像删除,只需选中图像名点击右键,会弹出删除对话框,如图 30 所示。

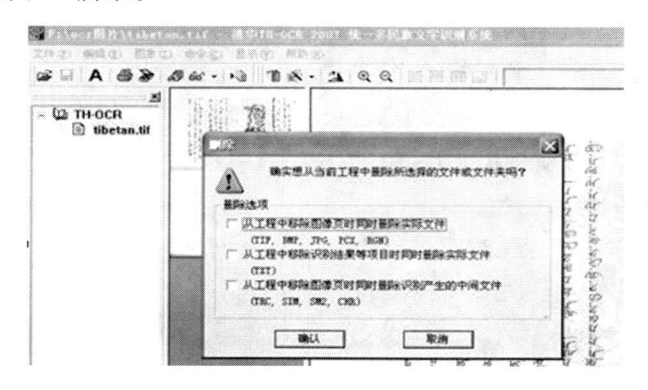

图 30　删除图像

有三个删除选项,可以根据实际需要选择不同的选项。

2.4　图像预处理

当鼠标指向【图像命令】时,会出现一个下拉菜单,如图 31 所示。

下拉菜单中有各种处理图像的命令,如【旋转图像】、【反转图像】、【剪裁图像】、【清除区域】、【反转区域】等。如果扫描得到的图像为黑底白字(文字是白的,背景是黑的),这就需要通过【反转图像】命令,进行黑白反相处理,处理成黑字白底,才能成为可供识别的图像。

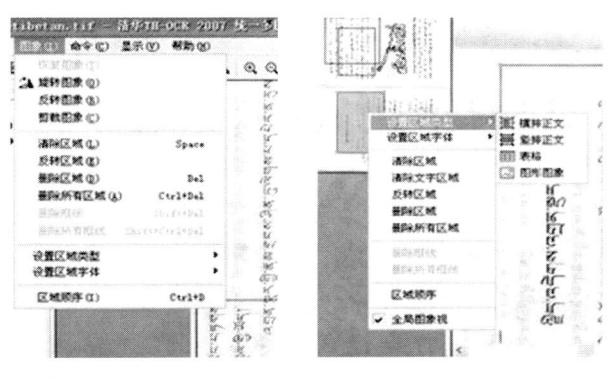

图 31　【图像】下拉菜单　　图 32　区域类型

使用【旋转图像】,可以实现图像顺时针旋转 90°,连续多次点击,可以实现图像的 180°、270°、360°旋转。

使用【剪裁图像】,可以保留图像中所有选定的区域,去掉周围没有选定的区域,剪裁后的图像仍然保留成矩形,剪裁功能可以使图像变小,节约储存空间,提高处理的速度。

要想对图像进行识别,必须正确定义图像中各区域的区域类型。怎样设置版面的区域类型呢,方法也许不止一种,这里介绍最简单的一种,首先在当前选定区域单击鼠标左键把所选区域激活(图中变成黄色),然后点击鼠标右键,会弹出一个菜单,如图 32 所示。

把鼠标指向【设置区域类型】选项右边的黑色三角形,出现一个下拉菜单,有四个选项,【横排正文】、【竖排正文】、【表格】和【图形图像】。可以实现不同的区域类型的设置。

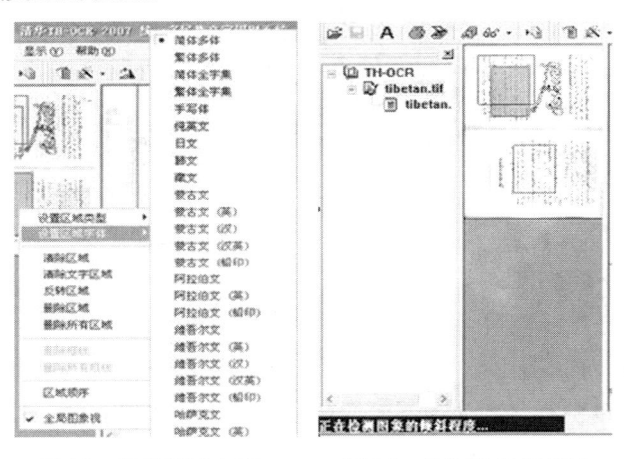

图 33 设置区域文字　　图 34 检测图像倾斜度

鼠标指向【设置区域字体】选项右边的黑色三角形时,拉出一个菜单,列出了不同的字体选项和不同的语言文字。如图 33 所示,可以根据自己的需要设置不同的语言及字体。

有时候,一幅图像大部分需要识别,而一小部分不需要识别,可以把不识别的区域选中,再使用【清除区域】命令,就可以把不需要识别的区域清除掉。如果选中要识别的区域黑白反相,那么就需要使用【反转区域】命令,如图 34 所示,当选择了一个区域时,会出现一个区域框,如果想要删除这个框,而又不删除框线中的内容,就需要使用【删除区域】命令。如果同时有几个区域框需要删除,那就需要使用【删除所有区域】命令。当遇到表格时,需要删除选定的一条表格线,则用【删除框线】命令。如果需要删除所有表格,则用【删除所有框线】命令。如果被识别的区域没有表格时,这两个按钮一般处于非激活状态。

不是每幅图片效果都十分理想,有时候可能会出现倾斜,尤其扫描中出现的倾斜在所难免,对于特别小的倾斜角度,如 1°~2°,软件本身可以自动适应,不需要任何处理就能识别,而对于较严重的倾斜,则需要进行倾斜校正,如果倾斜角度小于 10°~15°,先要进行倾斜校正,然后再识别,如果大于15°,最好重新扫描图像,以免在倾斜校正过程中产生较大的失真和误差,影响识别结果。本系统提供了两种校正方式,自动倾斜校正,点击鼠标左键在倾斜的图像中拉出一块大小适当的区域,再选【识别操作】菜单中的【倾斜校正】,系统会自动将倾斜的图像校正好。手动倾斜校正,按下 Shift 键的同时,按鼠标右键并拖动拉出来的直线平行于倾斜文本,然后放开鼠标的右键与 Shift 键,斜倾的文本得到校正。如图 34 所示,正在检测图像的倾斜程度。

图像校正好后,还要对版面进行分析。所谓版面分析是将扫描的图像,划分出每一个区域块,对各个不同的区域块,不但给出其自身的属性,包括设置版面区域类型,而且可以标明不同区域块之间的顺序,方便系统识别处理,版面分析有两种方式,手动版面分析和自动版面分析,手动版面分析是用鼠标在屏幕上人工划分出需要处理的区域块,并确定其区域属性,各个区域块之间的顺序也可以确定。自动版面分析主要针对于那些比较规范,由若干矩形区域组合而成的版面,可以很好地自动理解分析,划分图像的版面区域及确定其属性。

版面分析好后,将显示区域顺序,如图 35 所示。

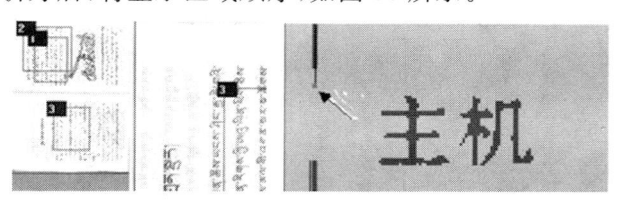

图 35　显示区域顺序　　　图 36　修补框线

有时候需要扫描的图像中会有图标,本系统不能识别未进行框线检测的表格图像,也无法识别框线不全的表格图像,如果需要识别的图像中有表格时,必须先对它进行框线检测,方法是先将表格选定为独立的区域,然后选择【图像】命令中设置区域类型菜单中的【表格】项,以此确定表格属性,系统将会自动检测框线,并把检测出的框线用粉红色线表示(包括内部的表格线)。常常会遇到表格框线显示不全,这时必须修补好,利用【命令】中的【虚拟框线检测】菜单,系统会将框线自动修补好。这里需要注意两个问题:一是虚拟框线检测必须在框线检测完成后才能进行;二是手动修补虚拟框线检测仍不能自动修补好的框线,方法如图 36 所示,拖动箭头所指的红点到下一衔接点,就可以修补好框线。

至此,要识别的图像通过倾斜校正、版面分析、框线检测等一系列的预备工作,下一步就是识别图像了。

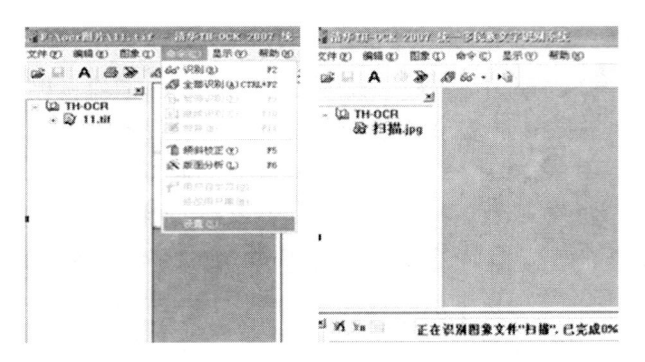

图 37　【命令】菜单下非激活选项　　图 38　识别过程

在【命令】菜单中与识别命令相关的选项有五个:【识别】、【全部识别】、【暂停识别】、【继续识别】、【放弃】。可以根据自己的具体情况选择不同的命令选项。一般的,只有【识别】和【全部识别】两项处于可激活状态,其他几项不能激活,只有当系统处于识别过程中时,这几项才处于可激活状态。如图 37 所示。

当点击【识别】或者【全部识别】命令时,系统处于识别状态,如图 38 所示。

这时屏幕下方出现一个蓝条以报告识别的进度,并显示文字"正在识别图像文件'扫描',已完成 0%"。当识别完成以后,在最左边窗口中的"11.tif"前面由"-"变成了"+",点击"+"可以延展,"11.txt"是识别图像"11.tif"得到识别后的文本文件(见图 39)。

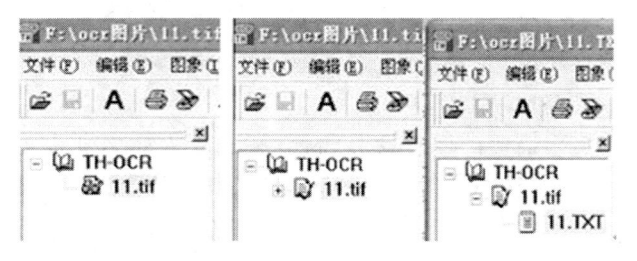

图 39　识别后左边窗口的变化

当点击"11.txt"时,右边窗口呈现出识别的结果,并可以编辑。当对识别的图像再次识别时,系统会显示出【覆盖】对话框,提示是否覆盖已有的识别结果,如图 40 所示,用户可以根据需要自行选择。

识别编辑后,可以把识别的结果导出。有两种方式可以导出文件,一是选择【文件】中的【导出】菜单,二是在工程管理栏选中需要导出的图像并点击鼠标右键,在弹出的菜单中选择【导出】选项。后者可以将识别结果按照原文版面复原,或者删除识别结果中每一行后面的硬回车符。用户可以根据需要在【导出】菜单中选择导出文件格式,如图 41 所示。

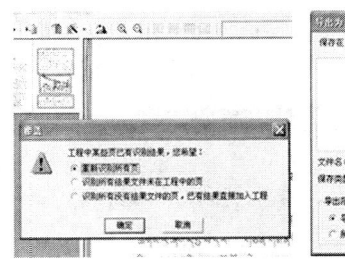

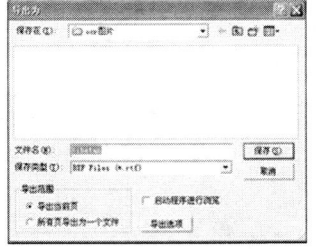

图 40　覆盖原文件提示　　图 41　导出识别结果

选【PDF 格式】项,系统将扫描的图像直接导出以 PDF 格式保存。导出的文件在工程目录的 TXT 子目录中。

上面谈到软件的预处理与识别,以及识别后文档的保存,下面将介绍对识别后的文档进行编辑,在图像环境下的【显示】菜单中,选【后编改状态】项。即可进入文本编辑环境,如图 42 所示:

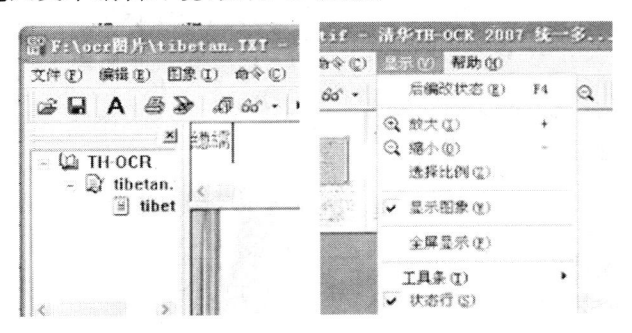

图 42　编辑识别后文件　　图 43　【显示】下拉菜单

编辑状态可以按横排文本及竖排文本两种方式编排,整个窗口可以分成三个部分:上部分是菜单栏及工具栏,下部分是编辑输入行及状态行,中间又可以分成两个部分:一是待编辑的文本窗口,二是与文本相对应的图像窗口,分隔窗口的分界条可以上下左右移动,方便操作者根据自己的需要调整这两个窗口的大小。

当需要返回图像环境时,只需要点击【显示】菜单中的【后编改状态】命令。

识别结果中会存在一些不能识别或者识别错误的字,软件也可能使用不同的颜色来标注,正常的文本是黑色的,可疑字是有特殊颜色的(颜色可以在【命令|设置】中选定),用户可以在这些有特殊颜色的可疑字之间快速移动光标。该功能使操作者十分便利地查找识别错误。可以使用 Ctrl+↑或者 Ctrl+↓来快速移动光标,或者在【编辑】菜单中选择【前一可疑字符】或者【后一可疑字符】选项来移动光标。

本软件不但具有与 Windows 一样的很多操作功能,比如撤销、剪切、复制、粘贴、查找和替换等项操作,还有许多特有的编辑功能,主要有:【前一可疑字符】、【后一可疑字符】、【前向词汇】,指根据光标所在位置的前一个汉字,以词汇联想的方式,提供出光标所在位置可能的汉字;【逆向词汇】,指根据光标所在位置的后一个汉字,以词汇联想的方式,提供出光标所在位置可能的汉字;【相似字】,指由系统列出所有这些可能的字,从而供用户选择正确的结果;【常用符号】,主要指那些键盘上不易输入而又常常用到的标点或其他符号;【合并纵向校对结果】,是把纵向校对的结果与传统方法校对的结果进行结合比较,纵向校对与传统方法校对的结果有区别时,系统就用可疑字字体颜色标识出该字,以利于后编改校对、纠错;此外还包括虽不太常用但却很有用的【行逆序】。在 TH-OCR2007 的编辑环境中,屏幕上既有识别结果文本,又有与之相对应的原始扫描图像,对应于识别结果文本中当前光标所在位置的汉字,图像中相应的字用一个蓝色方框包围。用户不必查阅原稿,就可进行全部的编辑校对和修改工作。

下面谈谈【显示】菜单,如图 43 所示,该菜单下有如下命令【后编改状态】、【放大】、【缩小】、【选择比例】、【显示图像】、【全屏显示】、【工具条】、【状态行】。工具条和状态行分别位于屏幕的上边和下边。当这两项被选中时,【显示[V]】菜单中对应项前有"√";用户如果想取消【工具条[T]】或【状态行[S]】,可在【显示[V]】的子菜单中选对应项,使所选项前面的"√"消除。

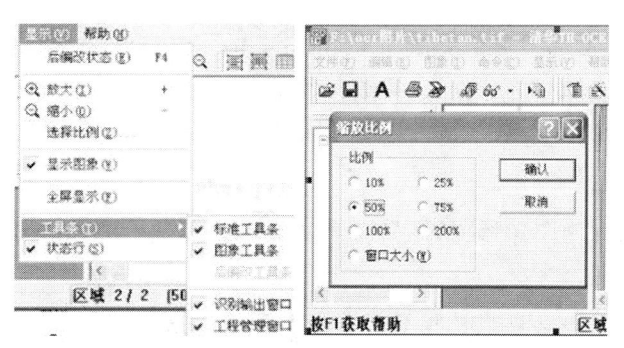

图 44　设置工具条　　　　图 45　设置缩放比例

当点击【选择比例】命令时,如图 45 所示,可以对窗口的显示大小进行调整。

本软件还提供了完整的帮助文件,如图 46 所示,从【帮助】菜单选项,可以获得帮助,查找相关的答案。

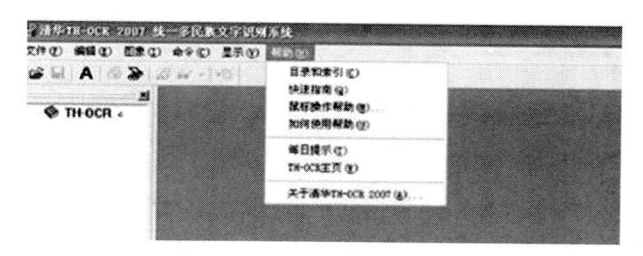

图 46　使用帮助

上述是本软件识别的基本过程,虽然还有一些细节没有介绍,但是识别过程的主要步骤包括:获得扫描图像、预处理、识别后编辑、打印编辑好的文档等基本都介绍了,可供读者在使用该软件时参考。

附录3 藏文国际标准编码

历年国际编码联盟(The Unicode Consortium)编制和修订的"藏文国际编码标准集"(The Unicode Standard)。附录仅摘取3.0版本以来有变动的版本:3.0、4.1、5.1、5.2、6.0。

附录 3　藏文国际标准编码

Tibetan

The Unicode Standard 3.0, Copyright © 1991-2000, Unicode, Inc. A rights reserved

233

藏文识别原理与应用

0F00　　　　　　　　　　　Tibetan　　　　　　　　　　**0FFF**

	0F0	0F1	0F2	0F3	0F4	0F5	0F6	0F7	0F8	0F9	0FA	0FB	0FC	0FD	0FE	0FF
0	0F00	0F10	0F20	0F30	0F40	0F50	0F60		0F80	0F90	0FA0	0FB0	0FC0	0FD0		
1	0F01	0F11	0F21	0F31	0F41	0F51	0F61	0F71	0F81	0F91	0FA1	0FB1	0FC1	0FD1		
2	0F02	0F12	0F22	0F32	0F42	0F52	0F62	0F72	0F82	0F92	0FA2	0FB2	0FC2			
3	0F03	0F13	0F23	0F33	0F43	0F53	0F63	0F73	0F83	0F93	0FA3	0FB3	0FC3			
4	0F04	0F14	0F24	0F34	0F44	0F54	0F64	0F74	0F84	0F94	0FA4	0FB4	0FC4			
5	0F05	0F15	0F25	0F35	0F45	0F55	0F65	0F75	0F85	0F95	0FA5	0FB5	0FC5			
6	0F06	0F16	0F26	0F36	0F46	0F56	0F66	0F76	0F86	0F96	0FA6	0FB6	0FC6			
7	0F07	0F17	0F27	0F37	0F47	0F57	0F67	0F77	0F87	0F97	0FA7	0FB7	0FC7			
8	0F08	0F18	0F28	0F38		0F58	0F68	0F78	0F88		0FA8	0FB8	0FC8			
9	0F09	0F19	0F29	0F39	0F49	0F59	0F69	0F79	0F89	0F99	0FA9	0FB9	0FC9			
A	0F0A	0F1A	0F2A	0F3A	0F4A	0F5A		0F7A	0F8A	0F9A	0FAA	0FBA	0FCA			
B	0F0B	0F1B	0F2B	0F3B	0F4B	0F5B		0F7B	0F8B	0F9B	0FAB	0FBB	0FCB			
C	0F0C	0F1C	0F2C	0F3C	0F4C	0F5C		0F7C		0F9C	0FAC	0FBC	0FCC			
D	0F0D	0F1D	0F2D	0F3D	0F4D			0F7D		0F9D	0FAD					
E	0F0E	0F1E	0F2E	0F3E	0F4E	0F5E		0F7E		0F9E	0FAE	0FBE				
F	0F0F	0F1F	0F2F	0F3F	0F4F	0F5F		0F7F		0F9F	0FAF	0FBF	0FCF			

The Unicode Standard 4.1, Copyright © *1991-2005, Unicode, Inc. A rights reserved*

234

附录 3 藏文国际标准编码

0F00 Tibetan **0FFF**

The Unicode Standard 5.1, Copyright © 1991-2008, Unicode, Inc. Arights reserved

235

0F00　　　　　　　　　　　　Tibetan　　　　　　　　　　　　0FFF

The Unicode Standard 5.2, Copyright © 1991–2009, Unicode, Inc. Arights reserved

附录 3　藏文国际标准编码

0F00　　　　　　　　　　　　Tibetan　　　　　　　　　　　　0FFF

The Unicode Standard 6.0, Copyright © 1991-2010, Unicode, Inc. A rights reserved

（摘自 The Unicode Consortium：http://www.unicode.org/）

237

附录4 藏文字体字母对照表(1)

迄今,中外相关研究机构已开发多种传统藏文计算机用字体。这里列出中国藏学研究中心研制的10种珠穆朗玛藏文字体,包含有头字乌金萨琼体、乌金萨钦体、乌金苏通体、乌金苏仁体,无头字珠擦体、簇玛丘体、簇通体、柏簇体、丘伊体、簇仁体。

	微软	萨琼	萨钦	苏通	苏仁	珠擦	簇玛丘	簇通	柏簇	丘伊	簇仁
0F0D											
0F0E											
0F40											
0F41											
0F42											
0F43											
0F44											
0F45											
0F46											
0F47											
0F49											
0F4A											
0F4B											
0F4C											
0F4D											
0F4E											
0F4F											
0F50											
0F51											
0F52											
0F53											
0F54											
0F55											
0F56											

附录4 藏文字体字母对照表(1)

续表

0F57										
0F58										
0F59										
0F5A										
0F5B										
0F5C										
0F5D										
0F5E										
0F5F										
0F60										
0F61										
0F62										
0F63										
0F64										
0F65										
0F66										
0F67										
0F68										
0F69										
0F71										
0F72										
0F73										
0F74										
0F75										
0F76										
0F77										
0F78										
0F79										
0F7A										
0F7B										
0F7C										
0F7D										
0F80										
0F81										

附录4 藏文字体字母对照表(2)

北大方正电子有限公司是中国文字字体设计的顶尖级机构,他们在民族文字字体设计和各种新型字体创新方面卓有建树,成为中国文字计算机字体设计的领先者。以下列出方正开发的6种主要藏文字体,分别是:新黑体、新白体、吾坚琼体、长体、竹体、美术体等。

美国弗吉尼亚大学建立的"西藏和喜玛拉雅数字图书馆"(Tibetan and Himalayan Digital Library,THDL)也开发了一款深受欢迎的藏文字体(Tibetan Machine Uni),我们同时列出,并列出传播较为广泛的美国微软公司开发的喜玛拉雅藏文字体。

	方正新黑体	方正新白体	方正吾坚琼体	方正长体	方正竹体	方正美术体	THDL	微软
0F0D	།	།	།	།	།	།	།	།
0F0E	༎	༎	༎	༎	༎	༎	༎	༎
0F40	ཀ	ཀ	ཀ	ཀ	ཀ	ཀ	ཀ	ཀ
0F41	ཁ	ཁ	ཁ	ཁ	ཁ	ཁ	ཁ	ཁ
0F42	ག	ག	ག	ག	ག	ག	ག	ག
0F43	གྷ	གྷ	གྷ	གྷ	གྷ	གྷ	གྷ	གྷ
0F44	ང	ང	ང	ང	ང	ང	ང	ང
0F45	ཅ	ཅ	ཅ	ཅ	ཅ	ཅ	ཅ	ཅ
0F46	ཆ	ཆ	ཆ	ཆ	ཆ	ཆ	ཆ	ཆ
0F47	ཇ	ཇ	ཇ	ཇ	ཇ	ཇ	ཇ	ཇ
0F49	ཉ	ཉ	ཉ	ཉ	ཉ	ཉ	ཉ	ཉ
0F4A	ཊ	ཊ	ཊ	ཊ	ཊ	ཊ	ཊ	ཊ
0F4B	ཋ	ཋ	ཋ	ཋ	ཋ	ཋ	ཋ	ཋ
0F4C	ཌ	ཌ	ཌ	ཌ	ཌ	ཌ	ཌ	ཌ
0F4D	ཌྷ	ཌྷ	ཌྷ	ཌྷ	ཌྷ	ཌྷ	ཌྷ	ཌྷ
0F4E	ཎ	ཎ	ཎ	ཎ	ཎ	ཎ	ཎ	ཎ
0F4F	ཏ	ཏ	ཏ	ཏ	ཏ	ཏ	ཏ	ཏ
0F50	ཐ	ཐ	ཐ	ཐ	ཐ	ཐ	ཐ	ཐ
0F51	ད	ད	ད	ད	ད	ད	ད	ད

续表

0F52	ཇ	ཇ	ཇ	ཇ	ཇ	ཇ	ཇ	ཇ
0F53	ན	ན	ན	ན	ན	ན	ན	ན
0F54	པ	པ	པ	པ	པ	པ	པ	པ
0F55	ཕ	ཕ	ཕ	ཕ	ཕ	ཕ	ཕ	ཕ
0F56	བ	བ	བ	བ	བ	བ	བ	བ
0F57	བྷ	བྷ	བྷ	བྷ	བྷ	བྷ	བྷ	བྷ
0F58	མ	མ	མ	མ	མ	མ	མ	མ
0F59	ཙ	ཙ	ཙ	ཙ	ཙ	ཙ	ཙ	ཙ
0F5A	ཚ	ཚ	ཚ	ཚ	ཚ	ཚ	ཚ	ཚ
0F5B	ཛ	ཛ	ཛ	ཛ	ཛ	ཛ	ཛ	ཛ
0F5C	ཛྷ	ཛྷ	ཛྷ	ཛྷ	ཛྷ	ཛྷ	ཛྷ	ཛྷ
0F5D	ཝ	ཝ	ཝ	ཝ	ཝ	ཝ	ཝ	ཝ
0F5E	ཞ	ཞ	ཞ	ཞ	ཞ	ཞ	ཞ	ཞ
0F5F	ཟ	ཟ	ཟ	ཟ	ཟ	ཟ	ཟ	ཟ
0F60	འ	འ	འ	འ	འ	འ	འ	འ
0F61	ཡ	ཡ	ཡ	ཡ	ཡ	ཡ	ཡ	ཡ
0F62	ར	ར	ར	ར	ར	ར	ར	ར
0F63	ལ	ལ	ལ	ལ	ལ	ལ	ལ	ལ
0F64	ཤ	ཤ	ཤ	ཤ	ཤ	ཤ	ཤ	ཤ
0F65	ཥ	ཥ	ཥ	ཥ	ཥ	ཥ	ཥ	ཥ
0F66	ས	ས	ས	ས	ས	ས	ས	ས
0F67	ཧ	ཧ	ཧ	ཧ	ཧ	ཧ	ཧ	ཧ
0F68	ཨ	ཨ	ཨ	ཨ	ཨ	ཨ	ཨ	ཨ
0F69	ཀྵ	ཀྵ	ཀྵ	ཀྵ	ཀྵ	ཀྵ	ཀྵ	ཀྵ
0F71	ཱ	ཱ	ཱ	ཱ	ཱ	ཱ	ཱ	ཱ
0F72	ི	ི	ི	ི	ི	ི	ི	ི
0F73	ཱི	ཱི	ཱི	ཱི	ཱི	ཱི	ཱི	ཱི
0F74	ུ	ུ	ུ	ུ	ུ	ུ	ུ	ུ
0F75	ཱུ	ཱུ	ཱུ	ཱུ	ཱུ	ཱུ	ཱུ	ཱུ
0F76	ྲྀ	ྲྀ	ྲྀ	ྲྀ	ྲྀ	ྲྀ	ྲྀ	ྲྀ
0F77	ཷ	ཷ	ཷ	ཷ	ཷ	ཷ	ཷ	ཷ
0F78	ླྀ	ླྀ	ླྀ	ླྀ	ླྀ	ླྀ	ླྀ	ླྀ
0F79	ཹ	ཹ	ཹ	ཹ	ཹ	ཹ	ཹ	ཹ
0F7A	ེ	ེ	ེ	ེ	ེ	ེ	ེ	ེ
0F7B	ཻ	ཻ	ཻ	ཻ	ཻ	ཻ	ཻ	ཻ
0F7C	ོ	ོ	ོ	ོ	ོ	ོ	ོ	ོ
0F7D	ཽ	ཽ	ཽ	ཽ	ཽ	ཽ	ཽ	ཽ
0F80	ྀ	ྀ	ྀ	ྀ	ྀ	ྀ	ྀ	ྀ
0F81	ཱྀ	ཱྀ	ཱྀ	ཱྀ	ཱྀ	ཱྀ	ཱྀ	ཱྀ

说明：

由于各种字体轮廓尺幅设计方面标准不一,同时,藏文字符(独立辅音字符和非独立元音字符或其他附加符)自身存在尺寸大小差别,本书调整了表中字符的字号,目的是让读者感知不同藏文字体的形式和风格之间的差异。

参 考 文 献

[1] Casey, R. and Nagy, G. Autonomous reading machine. *IEEE Trans. Comput.*, C-17, 5, May 1968, 492-503.

[2] Di Jiang. "The Phonological Construction of Tibetan Words and Its Frequency Phenomena". In: Hiroyoshi Ohara (editor), *Collections of International Conference on Multilingual Text Processing '98*, pp. 9-20. Waseda University. Tokyo, Japan. 1998.

[3] Handel, P. W. *Statistical machine*. US. Patent, 1915, 993, June. 1933.

[4] Lee, H. J. A. "Markov language model in handwritten chinese text recognition". *Processing of 2nd ICDAR*, Japan. 1993.

[5] Lei Xu. "Method of Combining Multiple Classifiers and their application to handwritten recognition". *IEEE System, Man and Cybernetics*, 1992, 22.

[6] Casey R. and Nagy G. "Recognition of printed chinese characters." *IEEE Trans. Electronic Computers*, 15(1):91-101, February 1966. 5.

[7] Shaoping Ma, Jin Yijiang, Zhe Jiang, Yu Huang. "A Method of Printing Tibetan Character Recognition". *Proceedings of the World Congress on Intelligent Control and Automation*, 2002(10): 454-457.

[8] The Unicode Consortium. *The Unicode Standard*, Version 4.0, Addison-Wesley Professional, 27 August 2003.

[9] The Unicode Consortium. *The Unicode Standard*, Version 5.0, Addison-Wesley Professional, 27 October 2006.

[10] The Unicode Consortium. *The Unicode Standard*. Version 1.0. Volume 1, Reading, MA, Addison-Wesley Developers Press, 1991.

[11] The Unicode Consortium. *The Unicode Standard*. Version 1.0. Volume 2, Reading, MA, Addison-Wesley Developers Press, 1992.

[12] The Unicode Consortium. *The Unicode Standard*. Version 2.0. Reading, MA, Addison-Wesley Developers Press, 1996.

[13] The Unicode Consortium. *The Unicode Standard*. Version 3.0. Reading, MA, Addison-Wesley, 2000.

[14] The Unicode Consortium. *The Unicode Standard*. Version 5.2, Mountain View, CA. 2009.

[15] The Unicode Consortium. *The Unicode Standard*. Version 6.0, Mountain View,

CA. 2011.

[16] Xiaoqing Ding and Hua Wang. "Multi-Font Printed Tibetan OCR". In: Bidyut B. Chaudhuri (Editor), *Digital Document Processing: Major Directions and Recent Advances* (pp. 73-98). Springer-Verlag London Limited. 2006.

[17] Brown, Peter F., et al. 1992, "An Estimate of an Upper Bound for the Entropy of English", *Computational Linguistics*, Vol. 18, 1: p. 31.

[18] 安见才让:《多编码环境下藏字内码识别算法的研究》,《微处理机》2009 年第 5 期。

[19] 才藏太,李毛措:《网络版班智达藏汉英电子词典的设计》,《计算机工程与应用》2005 年第 6 期。

[20] 才智杰:《藏文自动分词系统中紧缩词的识别》,《中文信息学报》2009 年第 1 期。

[21] 蔡柳,赵晨星:《安多藏语端点检测的方法与实现》,《甘肃科技》2008 年第 5 期。

[22] 陈琪,李永宏,于洪志:《藏文网页抓取及编码统一转换的系统研究》,《西北民族大学学报》(自然科学版)2009 年第 2 期。

[23] 陈玉忠,李保利,俞士汶,兰措吉:《基于格助词和接续特征的书面藏文分词方案》,《语言文字应用》2003 年第 1 期。

[24] 陈玉忠,李保利,俞士汶:《藏文自动分词系统的设计与实现》,《中文信息学报》2003 年第 3 期。

[25] 陈玉忠,俞士汶:《藏文信息处理技术的研究现状与展望》,《中国藏学》2003 年第 4 期。

[26] 崔荣一,张云秋,李永珍:《手写体朝鲜文字竖元音字母识别算法》,《延边大学学报》2000 年第 2 期。

[27] 达瓦次仁:三千年的智慧结晶:《藏文书法的起源和流派》,《西藏旅游》2006 年第 6 期。

[28] 丁晓青,郭繁夏:《汉字识别技术的发展》,《电子科技导报》1994 年第 4 期。

[29] 丁晓青,郭繁夏:《中文 OCR 技术最新进展》,《电子出版》1995 年第 12 期。

[30] 丁晓青:《汉字识别研究的回顾》,《电子学报》2002 年第 9 期。

[31] 窦嵘,加羊吉,黄伟:《统计与规则相结合的藏文人名自动识别研究》,《长春工程学院学报》(自然科学版)2010 年第 2 期。

[32] 噶玛降村:《浅谈德格印经院及其印版》,《西藏研究》1994 年第 11 期。

[33] 古文义,史学礼(编):《藏文书法荟萃》(藏文)。兰州,甘肃人民出版社,1990 年。

[34] 郭超峰:《手写体汉字集成识别技术的研究》,《许昌师专学报》2001 年第 9 期。

[35] 郭军,马跃,盛立东,钟义信:《发展中的文字识别理论与技术》,《电子学报》1995 年第 10 期。

[36] 国家技术监督局:《信息技术信息交换用藏文编码字符集基本集》,北京,中国标准出版社,1998 年 1 月。

[37] 国家技术监督局:《信息技术 藏文编码字符集(基本集)24×48 点阵字型 第 1 部分:白体标准》,北京,中国标准出版社,1998 年 1 月。

[38] 国家技术监督局:《信息技术 藏文编码字符集 扩充集 A》(GB/T 20542—2006),北京,中国标准出版社,2007 年。

[39] 国家技术监督局:《信息技术藏文编码字符集扩充集 B》(GB/T22238—2008),北

京,中国标准出版社,2009年。
[40] 国家质量监督检验检疫总局:《信息技术 藏文编码字符集(基本集及扩充集 A) 24×48点阵字型 吾坚琼体》(GB22323—2008),北京,中国标准出版社,2008年。
[41] 胡家忠:《计算机文字识别技术》,北京,气象出版社,1994年。
[42] 华瑞·桑杰:《藏文书法通论》(藏文),北京,民族出版社,1996年。
[43] 黄昌宁,夏莹:《语言信息处理专论》,北京,清华大学出版社,广西科学技术出版社,1996年。
[44] 江荻,董颖红:《藏文信息处理属性统计研究》,《中文信息学报》1995年第2期。
[45] 江荻,康才俊,严海林:《藏文文字识别实验系统研制报告》,中国社会科学院民族学与人类学研究所,2005年。
[46] 江荻,康才畯:《书面藏语排序的数学模型及算法》,《计算机学报》2004年第4期。
[47] 江荻,孔江平(主编):《中国民族语言工程研究新进展》,北京,社科文献出版社,2005年。
[48] 江荻,龙从军:《藏文字符研究:字母、读音、编码、排序、图形符号与拉丁字母转写规则研究》,北京,社科文献出版社,2010年。
[49] 江荻,王铁琨:《少数民族语言文字标准化、信息化状况》,周庆生主编《中国语言生活状况报告(上编)》,商务印书馆,2006年。
[50] 江荻,周季文:《论藏文的序性及排序方法》,《中文信息学报》2002年第2期。
[51] 江荻:《藏语语音史研究》,北京,民族出版社,2002年。
[52] 江荻:《藏文的拉丁字母转写方法——兼论藏文语料的计算机转写处理》,《民族语文》2006年第1期。
[53] 江荻:《藏文字符的分类与功能描述》,《西藏研究》2010年第5期。
[54] 江荻:《藏语文本信息处理的历程与进展》,曹右琦,孙茂松主编《中文信息处理前沿进展——中国中文信息学会二十五周年学术会议论集》,北京,清华大学出版社,2006年,第83-97页。
[55] 江荻:《单字书写特征汉语分词模型在汉藏语言中的普适性问题》,黄国营,赵丽明主编《汉字的应用与传播》,北京,华语教学出版社,2000年。
[56] 江荻:《面向机器处理的现代藏语句法规则和词类、组块标注集》,江荻,孔江平主编《中国民族语言工程研究新进展》,北京,社会科学文献出版社,2005年。
[57] 江荻:《书面藏语的熵值及相关问题》,《1998年中文信息处理国际会议论文集》,北京,清华大学出版社,1998年第11期。
[58] 江荻:《现代藏语的机器处理及发展之路》,徐波,孙茂松,靳光瑾主编《汉语自然语言处理若干重要问题》,北京,科学出版社,2003年,第438-448页。
[59] 金鹏:《藏语简志》,北京,民族出版社,1982年。
[60] 康才俊:《藏文OCR识别系统的研究》,硕士论文,北京理工大学,2005年。
[61] 康才畯,江荻,戴亚平:《一种基于构件的藏文识别算法》,鲍怀翘等主编《中国少数民族语言信息技术与语言资源库建设学术研讨会论文集》,北京,中科院自动化所印,2004年4月;又载江荻,孔江平主编《中国民族语言工程研究新进展》,北京,社会科学文献出版社,2005年3月。
[62] 李伟,高光来,侯宏旭,李振宏:《印刷体蒙古文字识别技术中切分方法的设计与实

现》,《内蒙古大学学报》2003 年第 3 期。
[63] 李元祥,丁晓青,刘长松:《基于 HMM 的汉语文本识别后处理研究》,《中文信息学报》2001 年第 4 期。
[64] 李振宏,高光来,侯宏旭,李伟:《印刷体蒙古文文字识别的研究》,《内蒙古大学学报》2003 年第 4 期。
[65] 梁弼,王维兰,钱建军:《基于 HMM 的分类器在联机手写藏文识别中的应用》,《微电子学与计算机》2009 年第 4 期。
[66] 梁成秀:《藏文典籍装帧与命名特点初探》,《西藏民族学院学报》2003 年第 6 期。
[67] 蔺志青,郭军:《一种相似汉字的识别算法》,《中文信息学报》2002 年第 5 期。
[68] 刘国威:《国外藏文数位资源,佛学数位资源之应用与趋势研讨会》(台北—台湾大学),2005 年 10 月。
[69] 刘汇丹,芮建武,吴健:《藏文网页的编码识别与转换》,中国中文信息学会二十五周年学术会议论文,2006 年。
[70] 刘静萍,德熙嘉措:《安多藏语辅音识别的设计》,第十一届全国民族语言文字信息学术研讨会论文,2007 年。
[71] 刘瑞正,郑延斌:《NETpocer:一个用于汉字识别后处理的人工神经网络系统》,《计算机工程与应用》1998 年第 8 期。
[72] 刘玉军:《汉字识别系统》,山东电子出版社,1998 年第 4 期。
[73] 刘真真,李永忠,沈晔华:《分形矩在印刷体藏文特征提取中的应用》,《江苏科技大学学报》(自然科学版)2008 年第 2 期。
[74] 刘真真,李永忠,沈晔华:《基于分形矩的印刷体藏文特征提取方法》,《江南大学学报》(自然科学版)2007 年第 6 期。
[75] 刘真真,王茂基,李永忠,沈晔华:《基于分形矩的印刷体藏文特征提取方法》,《模式识别与人工智能》2008 年第 5 期。
[76] 柳洪轶,王维兰:《联机手写藏文识别中字丁规范化处理》,《计算机应用研究》2006 年第 9 期。
[77] 柳洪轶,王晓东,王维兰:《藏文联机手写识别的难点及其解决方法》,《西北民族大学学报》(自然科学版)2005 年第 1 期。
[78] 卢亚军,马少平,张敏,罗广:《基于大型藏文语料库的藏文字符、部件、音节、词汇频度与通用度统计及其应用研究》,《西北民族大学学报》(自然科学版)2003 年第 2 期。
[79] 罗秉芬,安世兴:《浅谈历史上的藏文正字法的修订》,《民族语文》1983 年第 2 期。
[80] 罗圣仪,刘璐:《藏文信息处理标准化的初步探讨》,第二届全国计算机应用联合学术会议论文,1991 年。
[81] 罗圣仪、刘英杰:《藏汉西文混合输入和编辑的藏文处理系统——TCES 研制报告》,鉴定会材料,1986 年 11 月。
[82] 罗圣仪:《计算机处理藏文的初步探讨》,《民族语文》1986 年第 3 期。
[83] 马少平:《一种印刷体藏文识别方法》,*Proceedings of the World Congress on Intelligent Control and Automation*,2002 年第 10 期。
[84] 尼玛扎西,拥错,次仁罗布:《一种基于〈信息交换用藏文编码字符集〉国际、国家标

准的藏文 Windows 平台的实现方案》,《西藏大学学报》(汉文版)2001 年第 3 期。

[85] 尼玛扎西:《藏文信息处理技术的现状、存在的问题及其前景》,《西藏大学学报》1997 年第 2 期。

[86] 欧珠,普次仁,大罗桑朗杰,赵栋才,刘芳,边巴旺堆:《印刷体藏文文字识别技术研究》,《计算机工程与应用》2009 年第 24 期。

[87] 彭寿全,黄可,万国根,袁文君,崔金钟:《东洲藏卡系统的设计与实现》,《中文信息》,1994 年第 3 期。

[88] 彭寿全,黄可,万国根,袁文君:《外挂式藏汉英混合处理系统》,《中文信息学报》1994 年第 6 期。

[89] 彭寿全,黄可,张义刚:《藏文综合编码方案的研究与实现》,《中文信息学报》1996 年第 6 期。

[90] 彭学云:《藏文雕刻印刷初探》,《西藏研究》1993 年第 1 期。

[91] 彭学云:《试论藏文典籍文化》,《中国藏学》2007 年第 1 期。

[92] 祁坤钰:《基于规则的藏文识别后处理研究》,《西北民族大学学报》(自然科学版),2003 年第 4 期。

[93] 秦姣华,向旭宇:《HMM 在汉字识别技术中的应用》,《现代计算机》2000 年第 8 期。

[94] 清华大学电子工程系智能图文信息处理研究室,西北民族大学中国民族信息技术研究院:《多字体印刷藏文(混排汉英)文档识别系统研制报告》,2003 年 10 月 16 日(来源 h=tp://www.tibet.cn/news/)。

[95] 清华大学电子工程系智能图文信息处理研究室:《TH-OCR 2007 统一多民族文字识别系统及帮助文件》。

[96] 斯洛:《藏文书法艺术初探》,《青海民族学院学报》1991 年第 12 期。

[97] 孙淑娟,房培玉:《基于蚁群算法的现代藏文字符轮廓提取技术研究》,《微计算机应用》2008 年第 5 期。

[98] 孙嫣,刘瀚猛,吴健:《藏文联机手写识别概述》,第二届全国少数民族青年自然语言处理学术研讨会论文,2008 年。

[99] 孙嫣,吴健:《藏文联机手写识别研究进展》,中国计算机大会论文,2009 年。

[100] 王恺,王庆人:《中英文混合文章识别问题》,《软件学报》2005 年第 5 期。

[101] 王浩军,赵南元,邓钢轶:《藏文识别的预处理》,《计算机工程》2001 年第 9 期。

[102] 王浩军,赵南元,邓钢轶:《一种现代藏文笔段提取算法》,《中文信息学报》2001 年第 4 期。

[103] 王华,丁晓青:《多字体印刷藏文字符识别》,《中文信息学报》2003 年第 6 期。

[104] 王华,丁晓青:《一种多字体印刷藏文字符的归一化方法》,《计算机应用研究》2004 年第 6 期。

[105] 王华,丁晓青:《一种多字体印刷藏文字符识别方法》,《计算机工程》2004 年第 7 期。

[106] 王维兰,陈万军:《藏文字丁、音节频度及其信息熵》,《术语标准化与信息技术》2004 年第 2 期。

[107] 王维兰,陈万军:《基于笔画特征和 MCLRNN 模型的联机手写藏文识别》,《计算

机工程与应用》2008年第14期。

[108] 王维兰,丁晓青,陈力,王华:《印刷体现代藏文识别研究》,《计算机工程》2003年第3期。

[109] 王维兰,丁晓青,戴玉刚:《藏文识别后处理研究》,《术语标准化与信息技术》2002年第2期。

[110] 王维兰,丁晓青,祁坤钰:《藏文识别中相似字丁的区分研究》,《中文信息学报》2002年第4期。

[111] 王维兰,柳洪轶:《联机手写藏文字符笔画的分类统计与分析》,《科技创新导报》2008年第6期。

[112] 王维兰:《藏文基本字符识别算法研究》,《西北民族学院学报》(自然科学版)1999年第3期。

[113] 王维兰:《现代藏文识别》,《1998中文信息处理国际会议论文集》,北京,清华大学出版社,1998年。

[114] 王维兰:《现代藏文语言单位频率和频级关系的统计分析》,《科学技术与工程》2004年第4卷第5期。

[115] 王玉雷,李永忠,王汝山:《粗网格在印刷体藏文特征提取中的应用》,《科学技术与工程》2009年第18期。

[116] 王裕明:《基于与或数结构的手写汉字识别方法》,《上海工程技术大学学报》1997年第11卷第3期。

[117] 吴刚,德熙嘉措,黄鹤鸣:《印刷体藏文识别技术》,《青海师范大学学报》(自然科学版)2006年第1期。

[118] 吴佑寿,丁晓青:《汉字识别—原理、方法与实现》,北京,高等教育出版社,1992年。

[119] 吴佑寿:《汉文信息处理与信息社会》,《中日演讲讨论会论文集》,1989年。

[120] 吴佑寿:《汉字计算机自动识别研究的进展》,《科学通报》,1991年第3期。

[121] 吴佑寿:《教电脑识字:浅谈汉字识别》,北京,清华大学出版社,2000年。

[122] 吴佑寿:《实验性6763个印刷体汉字识别系统》,《电子通报》,1987年第5期。

[123] 吴佑寿:《一种用于神经网络汉字识别系统的自组织聚类方法》,《电子学报》,1994年第5期。

[124] 谢后芳:《古代藏族民间文学资料》,北京,中央民族学院油印教材,1981年3月。

[125] 熊涛:《CZBIOS2.10藏汉西文处理系统研制》,《第四届全国少数民族语言文字信息处理学术交流会论文集》,1988年。

[126] 徐丽华:《藏文古籍载体述略》,《青海民族学院学报》(社会科学版),2002年第2期。

[127] 徐志明,王晓龙,关毅:《汉语大词表N-gram统计语言模型构造算法》,《计算机应用研究》1999年第6期。

[128] 严海林,江荻,戴亚平:《基于基线分割的藏相似字丁识别方法》,《中国少数民族语言信息技术与语言资源库建设学术研讨会论文集》,中科院自动化所印,2004年4月;又载:江荻,孔江平主编《中国民族语言工程研究新进展》,北京,社会科学文献出版社,2005年3月。

[129] 严海林,江荻:《藏文大藏经信息熵研究》,那顺乌日图,陈玉忠主编《中国少数民族多文种信息处理研究与进展会议论文集》,2004年。

[130] 严海林,江荻:《基于字丁的藏文 N-gram 统计语言模型》,江荻,孔江平主编《中国民族语言工程研究新进展》,北京,社会科学文献出版社,2005年。

[131] 严海林,江荻:《一种基于三级分类器的藏文识别方法》,《第十届全国少数民族语言文字信息处理学术研讨会论文集》,2005年。

[132] 严海林:《印刷体藏文 OCR 系统后处理研究》,硕士论文,北京理工大学,2005年。

[133] 杨阳蕊,李永宏,于洪志:《基于半音节的藏语连续语音语料库设计》,第十届全国人机语音通讯学术会议,2009年。

[134] 杨志华,齐东旭等:《基于经验模式分解的汉字字体识别方法》,《软件学报》2005年第8期。

[135] 杨忠泰:《藏文书法艺术简介》,《西南民族大学学报》(人文社科版)1990年第1期。

[136] 尹伟先:《藏语文辞书编纂简史》,《中国藏学》1995年第1期。

[137] 于道泉:《藏汉对照拉萨口语词典》,北京,民族出版社,1983年。

[138] 于道泉:《藏文数码代字》,《民族语文》1982年第3期。

[139] 于洪志,李永忠:《试论藏文识别技术》,《中国少数民族语言文字现代化文集》,北京,民族出版社,1999年。

[140] 于洪志,杨博,关白:《藏文文本规范化技术的研究与实践》,《西北民族大学学报》(自然科学版)2006年第1期。

[141] 于洪志,杨博:《藏文文本规范问题讨论》,第七届中文信息处理国际会议论文,2007年。

[142] 于洪志:《藏文编码字符集构件集》,《西北民族学院学报》(自然科学版)1998年第1期。

[143] 于洪志:《藏文内码扩展体系》,《中文信息学报》1999年第1期。

[144] 于江苏,葛小冲:《计算机藏文信息处理的研究与设计》,《中文信息学报》1988年第1期。

[145] 俞乐:《计算机辅助藏字信息处理系统》,《中国各民族文字与电脑信息处理》,北京,中央民族学院出版社,1984年。

[146] 俞汝龙,赵晨星,毛继祖:《藏文信息处理系统 TCDOS 的实现》,《中文信息处理国际会议论文集》(I),1987年。

[147] 袁文君:《藏文、汉字、西文计算机混合处理系统藏文字模与打印驱动的研制与实现》,第五届全国青年计算机工作者会议论文,1994年。

[148] 扎西次仁:《〈中华大藏经·丹珠尔〉藏文对勘本字频统计分析》,《中国藏学》1997年第2期。

[149] 扎西次仁:《一个藏文拼写检查系统的设计》,《中文信息处理国际会议论文集》,1998年。

[150] 扎西次仁:《一个人机互助的藏文分词和词登录系统的设计》,《中国少数民族语言文字现代化文集》,北京,民族出版社,1999年。

[151] 扎西次仁等:《珠穆朗玛系列藏文字体》,中国藏学研究中心发布,2010年11月25日。

[152] 张德喜,朱绍文:《一种手写体相似汉字获取方法》,《计算机工程》,1999 年第 4 期。
[153] 张国锋,张维勤:《基于梯度霍夫变换的藏文手写采样表格检测》,《甘肃联合大学学报》(自然科学版)2010 年第 5 期。
[154] 张连生:《藏文号码代字及其计算机排序》,《语言研究》1983 年第 2 期。
[155] 张连生:《计算机藏文文字处理的设计》,《民族语文》1983 年第 5 期。
[156] 张民,李生,赵铁军:《大规模汉语语料库中任意 n 的 n-gram 统计算法及知识获取方法》,《情报学报》1997 年第 1 期。
[157] 张炘中,沈兰生等:《一个高精度的简、繁体印刷体汉字文本识别系统》,《中文信息学报》第 9 卷第 2 期。
[158] 张炘中:《汉字识别技术》,北京,清华大学出版社,1992 年。
[159] 张炘中:《我国汉字识别技术、现状和展望》,《中文信息学报》1995 年第 1 期。
[160] 张怡荪:《藏汉大词典》,北京,民族出版社,1985 年。
[161] 赵晨星,毛继祖,俞汝龙:《信息处理交换用藏文基本字符集国家标准的研究》,《青海师范大学学报》(自然科学版)1989 年第 12 期。
[162] 赵冬香,赵晨星:《脱机手写体藏文的特征提取》,《甘肃科技》2008 年第 5 期。
[163] 赵晓青:《在网络环境下的应用与发展趋势》,华光在线报刊 2008 年 5 月 15 日第二版(学术交流版)http://www.hgzp.cn/hgyx/hgzp/content/20080515/Articel02002CJ.htm.
[164] 赵以宝,孙圣和:《一种基于单字统计二元文法的自组词音字转换算法》,《电子学报》1998 年第 10 期。
[165] 郑南宁:《计算机视觉与模式识别》,长沙,国防工业出版社,1998 年。
[166] 周宏博:《手写汉字识别系统中的识别字典结构》,《沈阳工业学院学报》1995 年第 2 期。
[167] 周季文:《藏语拉萨话拼音教材》,北京,民族出版社,1983 年。
[168] 周季文:《藏文异体字的整理》,《民族语文》1982 年第 2 期。
[169] 周季文,江荻:《藏语计算机统计用语料抽样文本的遴选》,李晋有主编《中国少数民族语言文字现代化文集》,第 297—303 页。北京,民族出版社,1999 年。
[170] 珠杰,欧珠,格桑多吉:《基于 DOM 修剪的藏文 Web 信息提取》,《计算机工程》2008 年第 24 期。
[171] 纵瑞彬:《藏文书法形态发微》,《西藏研究》1999 年第 5 期。

后　　记

　　这本书是以本世纪初一项早期藏文识别实验（中国社会科学院民族学与人类学研究所和北京理工大学）为基础、并融会国内有关汉藏文识别理论和方法编著形成的，其中汉字识别数据和阐述广泛吸收了国内外学者的学术观点和技术论述，藏文识别也详细引用了清华大学和西北民族大学合作的项目成果，因此本书不仅是一本介绍藏文识别的著述，也可兼作藏语文信息处理的科研教学研究参考书。

　　本书为集体合作完成，江荻撰写第一至第三章，周学文撰写第五章，周学文、康才畯合撰第四章，龙从军、严海林合撰第六章，康才畯、周学文合撰第七章，严海林、龙从军合撰第八章，龙从军撰写附录2，江荻审校并整合全书。

　　本书的编撰得到了中国社会科学院语音学与计算语言学重点实验室的支持，并有幸获得国家社科基金后期资助项目出版资助，我们感谢社科基金评审专家的中肯意见，推动这本书内容进一步完善。我们要特别感谢清华大学的王华博士，在工作极为繁忙的时刻细心翻译了"多字体印刷藏文的识别"（附录1），为本书稿增辉不少，感谢北京理工大学戴亚平教授对合作项目的支持。最后还应感谢中国社会科学院民族学与人类学研究所的帮助和支持，为我们提供了良好的科研工作环境和学术氛围，使这项专业的科研工作顺利开展。

作　者

2011年3月20日